ABITUR

Prüfungsaufgaben
mit Lösungen

2014

Mathematik

Leistungskurs
Gymnasium
Sachsen

2010–2013

STARK

ISBN 978-3-8490-0653-2

19. ergänzte Auflage
www.stark-verlag.de

Inhalt

Abiturprüfung 2010

Abiturprüfung Nachtermin 2010

Abiturprüfung 2011

Abiturprüfung Nachtermin 2011

Abiturprüfung 2012

Abiturprüfung 2013

Jeweils zu Beginn des neuen Schuljahres erscheinen die neuen Ausgaben der Abiturprüfungsaufgaben mit Lösungen.

Sitzen alle mathematischen Begriffe?
Unter www.stark-verlag.de/mathematik-glossar/ finden Sie ein kostenloses Glossar zum schnellen Nachschlagen aller wichtigen Definitionen mitsamt hilfreicher Abbildungen und Erläuterungen.

Autorin:

Steffi Hultsch, Radebeul: Musteraufgaben 1 und 2 sowie Lösungen aller Aufgaben

Vorwort

Liebe zukünftige Abiturientinnen und Abiturienten,

im vorliegenden Band finden Sie **Original-Abituraufgaben** sowie **Musteraufgaben** für den **Leistungskurs Mathematik** im Freistaat Sachsen zur zentralen Abiturprüfung; er enthält

- zwei **Musteraufgaben im Stil der Abiturprüfung**,
- die **offiziellen abiturähnlichen Musteraufgaben** des Sächsischen Staatsministeriums für Kultus (im Buch bezeichnet als „Musteraufgabe 3") sowie
- die **Abitur-Prüfungsaufgaben ab Jahrgang 2010**.

Alle diese Aufgaben helfen Ihnen bei der individuellen **Vorbereitung auf das Abitur**. Darüber hinaus kann das Material aber auch zur **Vorbereitung auf Klausuren** verwendet werden. Dazu bietet Ihnen dieses Buch **sehr ausführliche Lösungen mit Zwischenergebnissen** zur Selbstkontrolle. Die angegebenen Lösungswege sind freilich oft nicht die einzig möglichen.

Zu jeder Aufgabe sind **„Tipps und Hinweise"** aufgeführt. Sie sollen im Problemfall den Einstieg in die Aufgabe erleichtern und dazu beitragen, die Aufgabe **möglichst selbstständig** zu lösen.

Noch ein Wort an die zukünftigen Abiturientinnen und Abiturienten: Sicher benötigt man erst einmal mehr Zeit, als für die Aufgabe eigentlich vorgesehen ist. Aber mit der Übung stellen sich Fertigkeiten ein und Standardaufgaben werden bald sicher gelöst, sodass mehr Zeit für die anspruchsvolleren Aufgabenteile bleibt. In unmittelbarer Vorbereitung auf das Abitur sollte aber schon der Zeitfaktor eine zunehmende Rolle spielen. Nutzen Sie auch die Selbstkontrolle mit der Bewertungstabelle.

Sollten nach Erscheinen dieses Bandes noch wichtige Änderungen in der Abiturprüfung 2014 vom Sächsischen Staatsministerium für Kultus bekannt gegeben werden, finden Sie aktuelle Informationen dazu im Internet unter:
http://www.stark-verlag.de/info.asp?zentrale-pruefung-aktuell

Ihnen viel Erfolg bei Ihrer Arbeit und Spaß beim Üben sowie ein gutes Abiturzeugnis!

Steffi Hultsch

Stichwortverzeichnis

Das Verzeichnis gliedert sich in die drei Themenbereiche Analysis, Geometrie/Algebra und Stochastik.
Folgende Abkürzungen wurden zur Kennzeichnung der einzelnen Aufgaben gewählt:

M1/A 1.1	**M**usteraufgabe **1**, Teil **A**, Teilaufgabe **1.1**
M3/B 1.3	**M**usteraufgabe **3**, Teil **B**, Aufgabe 1 *mit CAS*, Teilaufgabe **1.3**
10/B 2.2	Abitur 20**10**, Teil **B**, Aufgabe 2, Teilaufgabe **2.2**
N10/A 4	**N**achtermin Abitur 20**10**, Teil **A**, Teilaufgabe **4**

Analysis

Geometrie/Algebra

Stochastik

Materialien für Aufgaben zur Stochastik: Verteilungsfunktion der Standardnormalverteilung

$$\Phi(z) = \frac{1}{\sqrt{2\pi}} \int_{-\infty}^{z} e^{-\frac{1}{2}t^2} \, dt$$

$$\Phi(-z) = 1 - \Phi(z)$$

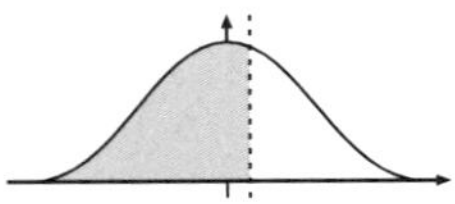

z	0	1	2	3	4	5	6	7	8	9
0,0	0,5000	0,5040	0,5080	0,5120	0,5160	0,5199	0,5239	0,5279	0,5319	0,5359
0,1	0,5398	0,5438	0,5478	0,5517	0,5557	0,5596	0,5636	0,5675	0,5714	0,5753
0,2	0,5793	0,5832	0,5871	0,5910	0,5948	0,5987	0,6026	0,6064	0,6103	0,6141
0,3	0,6179	0,6217	0,6255	0,6293	0,6331	0,6368	0,6406	0,6443	0,6480	0,6517
0,4	0,6554	0,6591	0,6628	0,6664	0,6700	0,6736	0,6772	0,6808	0,6844	0,6879
0,5	0,6915	0,6950	0,6985	0,7019	0,7054	0,7088	0,7123	0,7157	0,7190	0,7224
0,6	0,7257	0,7291	0,7324	0,7357	0,7389	0,7422	0,7454	0,7486	0,7517	0,7549
0,7	0,7580	0,7611	0,7642	0,7673	0,7704	0,7734	0,7764	0,7794	0,7823	0,7852
0,8	0,7881	0,7910	0,7939	0,7967	07995	0,8023	0,8051	0,8078	0,8106	0,8133
0,9	0,8159	0,8186	0,8212	0,8238	0,8264	0,8289	0,8315	0,8340	0,8365	0,8389
1,0	0,8413	0,8438	0,8461	0,8485	0,8508	0,8531	0,8554	0,8577	0,8599	0,8621
1,1	0,8643	0,8665	0,8686	0,8708	0,8729	0,8749	0,8770	0,8790	0,8810	0,8830
1,2	0,8849	0,8869	0,8888	0,8907	0,8925	0,8944	0,8962	0,8980	0,8997	0,9015
1,3	0,9032	0,9049	0,9066	0,9082	0,9099	0,9115	0,9131	0,9147	0,9162	0,9177
1,4	0,9192	0,9207	0,9222	0,9236	0,9251	0,9265	0,9279	0,9292	0,9306	0,9319
1,5	0,9332	0,9345	0,9357	0,9370	0,9382	0,9394	0,9406	0,9418	0,9429	0,9441
1,6	0,9452	0,9463	0,9474	0,9484	0,9495	0,9505	0,9515	0,9525	0,9535	0,9545
1,7	0,9554	0,9564	0,9573	0,9582	0,9591	0,9599	0,9608	0,9616	0,9625	0,9633
1,8	0,9641	0,9649	0,9656	0,9664	0,9671	0,9678	0,9686	0,9693	0,9699	0,9706
1,9	0,9713	0,9719	0,9726	0,9732	0,9738	0,9744	0,9750	0,9756	0,9761	0,9767
2,0	0,9772	0,9778	0,9783	0,9788	0,9793	0,9798	0,9803	0,9808	0,9812	0,9817
2,1	0,9821	0,9826	0,9830	0,9834	0,9838	0,9842	0,9846	0,9850	0,9854	0,9857
2,2	0,9861	0,9864	0,9868	0,9871	0,9875	0,9878	0,9881	0,9884	0,9887	0,9890
2,3	0,9893	0,9896	0,9898	0,9901	0,9904	0,9906	0,9909	0,9911	0,9913	0,9916
2,4	0,9918	0,9920	0,9922	0,9925	0,9927	0,9929	0,9931	0,9932	0,9934	0,9936
2,5	0,9938	0,9940	0,9941	0,9943	0,9945	0,9946	0,9948	0,9949	0,9951	0,9952
2,6	0,9953	0,9955	0,9956	0,9957	0,9959	0,9960	0,9961	0,9962	0,9963	0,9964
2,7	0,9965	0,9966	0,9967	0,9968	0,9969	0,9970	0,9971	0,9972	0,9973	0,9974
2,8	0,9974	0,9975	0,9976	0,9977	0,9977	0,9978	0,9979	0,9979	0,9980	0,9981
2,9	0,9981	0,9982	0,9982	0,9983	0,9984	0,9984	0,9985	0,9985	0,9986	0,9986
3,0	0,9987	0,9987	0,9987	0,9988	0,9988	0,9989	0,9989	0,9989	0,9990	0,9990
3,1	0,9990	0,9991	0,9991	0,9991	0,9992	0,9992	0,9992	0,9992	0,9993	0,9993
3,2	0,9993	0,9993	0,9994	0,9994	0,9994	0,9994	0,9994	0,9995	0,9995	0,9995
3,3	0,9995	0,9995	0,9995	0,9996	0,9996	0,9996	0,9996	0,9996	0,9996	0,9997
3,4	0,9997	0,9997	0,9997	0,9997	0,9997	0,9997	0,9997	0,9997	0,9997	0,9998
3,5	0,9998	0,9998	0,9998	0,9998	0,9998	0,9998	0,9998	0,9998	0,9998	0,9998
3,6	0,9998	0,9998	0,9999	0,9999	0,9999	0,9999	0,9999	0,9999	0,9999	0,9999
3,7	0,9999	0,9999	0,9999	0,9999	0,9999	0,9999	0,9999	0,9999	0,9999	0,9999
3,8	0,9999	0,9999	0,9999	0,9999	0,9999	0,9999	0,9999	0,9999	0,9999	0,9999
3,9	1,0000	1,0000	1,0000	1,0000	1,0000	1,0000	1,0000	1,0000	1,0000	1,0000

Hinweise und Tipps zum Zentralabitur

Ablauf der Prüfung

Die zentrale schriftliche Abiturprüfung

In Sachsen gibt es zentrale schriftliche Abiturprüfungen, die im Auftrag des Ministeriums für Kultus erstellt und begutachtet werden. Die Inhalte richten sich nach den einheitlichen Prüfungsanforderungen aller Länder (EPA) bzw. den Bildungsstandards im Fach Mathematik für die Allgemeine Hochschulreife (Beschluss der Kultusministerkonferenz vom 18.10.2012) sowie dem Lehrplan für das allgemeinbildende Gymnasium in Sachsen.

Seit dem **Schuljahr 2009/2010** besteht die Prüfungsarbeit aus den zu bearbeitenden **Prüfungsteilen A** und **B**. Die Gesamtarbeitszeit für die Prüfungsteile A und B beträgt 300 Minuten.

Ab dem Abitur 2014 wird im Leistungskurs von den Bundesländern Bayern, Hamburg, Mecklenburg-Vorpommern, Niedersachsen, Sachsen und Schleswig-Holstein im Teil A gemeinsam ein Aufgabenpool erarbeitet und bereitgestellt. Aus diesem werden dann von den Ländern Aufgaben für einen Zeitumfang von 45 Minuten ausgewählt.

Jeder Prüfungsteilnehmer hat
- im Prüfungsteil A mehrere Pflichtaufgaben zu grundlegenden Problemen der Analysis, Geometrie/Algebra und Stochastik,
- im Prüfungsteil B bis zu drei Pflichtaufgaben, die Probleme der Analysis, Geometrie/Algebra und Stochastik enthalten,

zu bearbeiten.

Die Aufgaben im Prüfungsteil B berücksichtigen auch Aspekte der
- Vernetzung von Inhalten unterschiedlicher mathematischer Teilgebiete,
- Anwendung mathematischer Kenntnisse und Fähigkeiten auf praxisorientierte Sachverhalte,
- selbstständigen Auswahl und flexiblen Anwendung grundlegender mathematischer Kenntnisse und Fähigkeiten bei offeneren Fragestellungen.

Die Materialien und alle vom Schüler angefertigten Aufzeichnungen zum **Prüfungsteil A** werden **60 Minuten** nach Arbeitsbeginn vom Aufsicht führenden Lehrer eingesammelt.

In den Aufgabenstellungen werden Kompetenzen im

- mathematischen Modellieren,
- algorithmisch-kalkülmäßigen Arbeiten sowie
- Interpretieren und Beurteilen von Lösungen und Lösungswegen

in einem ausgewogenen Verhältnis berücksichtigt.

Im Prüfungsteil B können für einzelne Aufgaben zwei Varianten vorgegeben werden:

- Variante I für Schüler, die einen GTR ohne CAS benutzen.
- Variante II für Schüler, die einen GTR mit CAS bzw. ein CAS auf der Grundlage einer anderen Plattform benutzen.

Hilfsmittel

Den Prüfungsteilnehmern stehen folgende Hilfsmittel zur Verfügung:

- Wörterbuch der deutschen Rechtschreibung
- Zeichengeräte

Zusätzlich im Prüfungsteil B:

- Tabellen- und Formelsammlung
- grafikfähiger, programmierbarer Taschenrechner (GTR) mit oder ohne Computer-Algebra-System (CAS)

Bewertung

Die Durchführung der Prüfung und die Korrektur der Arbeiten sind in der Oberstufen- und Abiturprüfungsverordnung (OAVO) vom Sächsischen Staatsministerium für Kultus festgelegt und werden durch eine Verwaltungsvorschrift zu jeder Abiturprüfung konkretisiert.
Die Bewertung der Abiturarbeit erfolgt unabhängig durch den eigenen Fachlehrer (Erstkorrektor) sowie einen weiteren Fachlehrer eines anderen Gymnasiums (Zweitkorrektor). Weichen deren Punktzahlen um mehr als drei Punkte voneinander ab, erfolgt eine Drittkorrektur.
Gegenstand der Bewertung ist die **sachliche Richtigkeit** der Beantwortung. **Sinnvolle Gedankenführung** und angemessene **sprachliche Darstellung** fließen dabei in die Bewertung ein.
Für die Bewertung der Prüfungsarbeiten werden fachbezogene Korrekturhinweise ausgegeben. Bei schwerwiegenden und gehäuften Verstößen gegen die sprachliche Richtigkeit in der Muttersprache oder gegen die äußere Form kann jeweils ein Punkt der einfachen Wertung abgezogen werden.
An den jeweiligen Aufgabenstellungen sind die verbindlichen Bewertungsmaßstäbe ersichtlich. Im Prüfungsteil A sind 15 Bewertungseinheiten und im Prüfungsteil B 45 Bewertungseinheiten (BE) erreichbar.
Ab dem Abitur 2014 wird es im Teil A 30 Bewertungseinheiten und im Teil B 90 Bewertungseinheiten geben.

60-BE-Skala (passend für die Aufgaben in diesem Buch):

BE	Punkte	Noten
60 … 58	15	1+
57 … 55	14	1
54 … 52	13	1–
51 … 49	12	2+
48 … 46	11	2
45 … 43	10	2–
42 … 40	9	3+
39 … 37	8	3
36 … 34	7	3–
33 … 31	6	4+
30 … 28	5	4
27 … 25	4	4–
24 … 21	3	5+
20 … 17	2	5
16 … 13	1	5–
12 … 0	0	6

Verwendung von Operatoren

Bei der Formulierung der Prüfungsaufgaben werden sogenannte **Operatoren** verwendet, die sicherstellen sollen, dass alle Lehrer und Schüler unter einer bestimmten Aufgabenstellung das Gleiche verstehen. Dies ist insbesondere durch die Nutzung des grafikfähigen Taschenrechners von Bedeutung.
Dazu existiert die im Folgenden auszugsweise beigefügte Handreichung vom Sächsischen Staatsministerium für Kultus zur „Verwendung von ausgewählten Operatoren im mathematisch-naturwissenschaftlichen Unterricht bei Verfügbarkeit des grafikfähigen Taschenrechners (GTR)".

Wesentliche Operatoren bei Nutzung des grafikfähigen Taschenrechners

Operatoren im Aufgabentext	**Schülertätigkeiten**
Geben Sie … an, Nennen Sie …	Ergebnis numerisch oder verbal formulieren, ohne Darstellung des Lösungswegs und ohne Begründungen
Skizzieren Sie …	Die wesentlichen Sachverhalte angeben

Beschreiben Sie …	Darstellen eines Sachverhalts oder Verfahrens in Textform unter Verwendung der jeweiligen Fachsprache I. d. R. sollten grammatikalisch vollständige Sätze gebildet werden.
Ermitteln Sie …, Bestimmen Sie …	Lösungsweg darstellen und Ergebnis formulieren; die Wahl der Mittel (z. B. grafisch oder numerisch) bleibt offen Durch Einschränkungen wie „Ermitteln Sie grafisch“ oder „Bestimmen Sie rechnerisch“ wird die Verwendung der Werkzeugebenen des GTR beschränkt. Die Verwendung von GTR-Programmen ist grundsätzlich gestattet, jedoch muss auf die Nutzung eines Programms (ggf. auch Ein- und Ausgabedaten) verwiesen werden. Beim grafischen Ermitteln von Lösungen kann dies durch das Anfertigen einer Zeichnung auf Papier oder durch die Darlegung der Lösungsschritte beim grafischen Lösen mit GTR erfolgen. Ein Abzeichnen des Displaybildes ist nicht notwendig.
Berechnen Sie …	Ergebnis von einem Ansatz ausgehend durch Rechenoperationen gewinnen Die Nutzung des GTR einschließlich von GTR-Programmen ist zulässig, lediglich die grafische Werkzeugebene ist ausgeschlossen. Wird die Angabe von Zwischenschritten gewünscht, ist dies in der Aufgabenstellung auszuweisen, z. B. durch „Leiten Sie … her“, „Stellen Sie Zwischenschritte der Berechnung dar“, „Geben Sie Zwischenschritte für die Ermittlung einer allgemeinen Lösung an“ oder „Geben Sie Zwischenergebnisse an“.
Zeichnen Sie …, Stellen Sie … grafisch dar	Den Sachverhalt maßstäblich darstellen, konstruktive Elemente nutzen, ggf. Wertepaare berechnen
Untersuchen Sie …,	Eigenschaften von oder Beziehungen zwischen Objekten herausfinden und darlegen
Zeigen Sie …, Weisen Sie nach …, Beweisen Sie …	Eine Aussage, einen mathematischen Satz nach gültigen Schlussregeln bestätigen (durch eine Herleitung oder eine logische Begründung)

Methodische Hinweise und allgemeine Tipps zur schriftlichen Prüfung

Vorbereitung

- Bereiten Sie sich **langfristig** (spätestens ab Januar) auf die Abiturprüfung vor und fertigen Sie sich eine Übersicht über die von Ihnen bereits bearbeiteten Themen, Inhalte und Verfahren an. Teilen Sie die Inhalte in sinnvolle Teilbereiche ein und legen Sie fest, bis wann Sie welche Teilbereiche bearbeitet haben wollen.
  Es ist zweckmäßig, alle schriftlichen Bearbeitungen dieser Aufgaben übersichtlich aufzubewahren, das erleichtert spätere Wiederholungen.
- Benutzen Sie zur Prüfungsvorbereitung neben diesem Übungsbuch Ihre **Unterrichtsaufzeichnungen** und das Lehrbuch.
- Verwenden Sie während der Prüfungsvorbereitung grundsätzlich die **Hilfsmittel**, die auch in der Prüfung zugelassen sind. Prägen Sie sich wichtige Seiten in Ihrer Formelsammlung ein und nutzen Sie Ihren Taschenrechner mit allen Funktionen.
- Oft ist der Zeitfaktor ein großes Problem. Testen Sie, ob Sie eine Aufgabe in der dafür vorgegebenen Zeit allein lösen können. **Simulieren Sie selbst eine Prüfungssituation**.
- Gehen Sie optimistisch in die Prüfung. Wer sich gut vorbereitet hat, braucht sich keine Sorgen zu machen.

Bearbeitung der Prüfung

- Es ist hilfreich, wenn Sie bei der Analyse der Aufgabenstellungen wichtige Angaben oder Informationen (z. B. gegebene Größen, Lösungshinweise) **farbig markieren**.
- Um den Lösungsansatz zu einer Aufgabe zu finden oder die gegebene Problemstellung zu veranschaulichen, kann das **Anfertigen einer Skizze** nützlich sein.
- Beachten Sie, dass in manchen Teilaufgaben **„Zwischenlösungen"** angegeben sind, die Ihnen als Kontrolle dienen bzw. mit denen Sie weiterarbeiten können.
- Falls Sie mit einer Aufgabe gar nicht weiterkommen, so halten Sie sich nicht zu lange daran auf. Versuchen Sie, mit der nächsten Teilaufgabe oder mit einer Aufgabe aus einem anderen Schwerpunkt weiterzumachen. Wenn Sie die anderen Aufgaben bearbeitet haben, kommen Sie nochmals auf die angefangene Aufgabe zurück und versuchen Sie in Ruhe, eine Lösung zu finden.
- Orientieren Sie sich an der angegebenen **Punktezahl**: Je mehr Punkte eine Aufgabe ergibt, desto mehr Zeit sollte für die Bearbeitung eingeplant werden.
- Achten Sie auf die **sprachliche Richtigkeit** und eine **saubere äußere Form** Ihrer Lösungen.

Lösungsplan

Aufgrund des Umfangs und der Komplexität von Aufgaben auf Abiturniveau empfiehlt es sich, beim Lösen systematisch zu arbeiten. Folgende Vorgehensweise hilft Ihnen dabei:

Schritt 1:
Nehmen Sie sich ausreichend Zeit zum **Analysieren** der Aufgabenstellung. Stellen Sie fest, zu welchem Themenbereich die Aufgabe gehört. Sammeln Sie alle Informationen, welche direkt gegeben sind, und achten Sie darauf, ob evtl. versteckte Informationen enthalten sind.

Schritt 2:
Markieren Sie die **Operatoren** in der Aufgabenstellung. Diese geben an, was in der Aufgabe von Ihnen verlangt wird. Vergegenwärtigen Sie sich die Bedeutung der verwendeten Fachbegriffe.

Schritt 3:
Versuchen Sie, den Sachverhalt zu veranschaulichen. Fertigen Sie gegebenenfalls mithilfe der Angaben und Zwischenergebnisse aus vorherigen Teilaufgaben eine **Skizze** an.

Schritt 4:
Erarbeiten Sie nun schrittweise den **Lösungsplan**, um aus den gegebenen Größen die gesuchte Größe zu erhalten. Notieren Sie sich, welche Einzel- bzw. Zwischenschritte auf dem Lösungsweg notwendig sind. Prinzipiell haben Sie zwei Möglichkeiten, oft hilft auch eine Kombination beider Vorgehensweisen:
- Sie gehen vom Gegebenen aus und versuchen, das Gesuchte zu erschließen.
- Sie gehen von dem Gesuchten aus und überlegen „rückwärts", wie Sie zur Ausgangssituation kommen.

Schritt 5:
Suchen Sie nach geeigneten Möglichkeiten, das Endergebnis zu **kontrollieren**. Oftmals sind bereits Überschlagsrechnungen, Punktproben oder Grobskizzen ausreichend.

Anhand der folgenden **Beispielaufgabe** werden diese Schritte veranschaulicht:

Gegeben ist eine Schar von Funktionen f_k durch die Gleichung $f_k(x) = kx^3 + 4x^2$ mit $k \in \mathbb{R} \setminus \{0\}$.
Untersuchen Sie f_k auf lokale Extrempunkte.

Schritt 1:
- Themenbereich: Kurvendiskussion einer Funktionenschar
- Der Funktionsterm weist einen Parameter k auf. Dieser Parameter bereitet jedoch beim Rechnen keine Probleme, solange er nicht im Nenner, unter einer Wurzel usw. steht. Er wird ganz normal wie eine Zahl behandelt.
- Der Definitionsbereich ist nicht angegeben, daher wird $\mathbb{R}$ als der größtmögliche angenommen.

Schritt 2:
Der Operator „Untersuchen Sie" bedeutet, mögliche Eigenschaften festzustellen und anzugeben.

Schritt 3:
Eine Veranschaulichung ist aufgrund des Parameters k nur schwer möglich. Anzahl, Art und Lage der Extrempunkte können zudem von k abhängen. Sie können sich aber für verschiedene k (z. B.: –2; 1; 4; 0,5) die Graphen am GTR veranschaulichen.

Schritt 4:
Ausgehend von der gegebenen Funktionenschar werden mögliche Extremstellen berechnet und damit Art und Lage der Extrempunkte bestimmt:

- f_k ist ein Polynom und lässt sich trotz Parameter leicht ableiten (Summenregel, Faktorregel, Potenzregel):

  $$f_k'(x) = 3kx^2 + 8x$$

  Die Nullstellen der Ableitung sind mögliche Extremstellen:

  $$3kx_E^2 + 8x_E = x_E \cdot (3kx_E + 8) = 0 \overset{k \neq 0}{\Leftrightarrow} x_{E_1} = 0,\ x_{E_2} = -\frac{8}{3k}$$

- Ob tatsächlich Extremstellen vorliegen, lässt sich durch Einsetzen in die zweite Ableitung überprüfen:

  $$f_k''(x) = 6kx + 8$$

  $$f_k''(0) = 8 > 0 \Rightarrow \text{Minimum bei } x_{E_1} = 0$$

  $$f_k''\left(-\frac{8}{3k}\right) = 6k\left(-\frac{8}{3k}\right) + 8 = -8 < 0 \Rightarrow \text{Maximum bei } x_{E_2} = -\frac{8}{3k}$$

- Um die Lage angeben zu können, braucht man noch die y-Koordinate. Dazu werden die Extremstellen in den Funktionsterm f_k eingesetzt:

  $$f_k(0) = 0$$

  $$f_k\left(-\frac{8}{3k}\right) = k\left(-\frac{8}{3k}\right)^3 + 4\left(-\frac{8}{3k}\right)^2 = -\frac{512}{27k^2} + \frac{256 \cdot 3}{3 \cdot 9k^2} = \frac{256}{27k^2}$$

- Ergebnis:

  $E_1(0 \mid 0)$ lokales Minimum

  $E_2\left(-\frac{8}{3k} \,\middle|\, \frac{256}{27k^2}\right)$ lokales Maximum

Schritt 5:
Zur Überprüfung des Ergebnisses könnte man für k wieder konkrete Werte einsetzen, E_2 daraus berechnen und die Extrempunkte am Graphen überprüfen.

Hinweise und Tipps zum Lösen von Aufgaben mit dem CAS-Rechner

Schülerinnen und Schüler, die im Unterricht mit einem CAS gearbeitet haben, bearbeiten in Teil B die dafür vorgesehenen Aufgabenteile.

1. Wichtig ist, bei der Benutzung von Variablen zu kontrollieren, ob diese nicht bereits benutzt bzw. belegt worden sind. Dies kann schnell festgestellt werden, indem der Eingabeterm mit dem Ausgabeterm verglichen wird.
   Dieses Verfahren impliziert, dass Terme zuerst eingegeben bzw. berechnet und dann erst beim nächsten Schritt abgespeichert werden.
2. Mit dem Befehl *DelVar* (siehe Befehlsliste) können Variablen gelöscht werden. Dies ist besonders bei der Verwendung von Variablen im Zusammenhang mit einer neuen Aufgabe zu beachten. Die TI-CAS-Rechner unterscheiden bei Variablen auch nicht zwischen Groß- und Kleinschreibung.
3. Es kommt z. B. beim Lösen von Gleichungen mit mehreren bzw. unendlich vielen Lösungen vor, dass der TI-CAS-Rechner nicht alle Lösungen berechnen kann. Deshalb sollte der Warnhinweis „*weitere Lösungen möglich*" in der untersten Zeile des Rechners beachtet werden. Es ist dann z. B. anderweitig zu prüfen, ob alle Lösungen im gewünschten Intervall berechnet wurden.

Arbeiten mit dem CAS-Rechner

In diesem Abschnitt werden die wichtigsten Befehle und Methoden dargestellt, mit denen mathematische Aufgaben mithilfe eines CAS-Rechners von Texas Instruments bearbeitet werden. Zum Teil werden auch die Verfahren beschrieben, die vom CAS-Rechner benutzt werden.
Jeder CAS-Rechner von Texas Instruments bietet alle Befehle und Methoden eines GTR und zusätzlich viele Rechenverfahren der Algebra und Analysis.
Elementare Grundkenntnisse in der Bedienung eines CAS-Rechners werden vorausgesetzt.

Das methodische Konzept

Das methodische Konzept des Arbeitens mit einem CAS-Rechner ist die Fenster-Methode (Windows-Shuttle-Method), d. h. verschiedene Aufgaben werden in dazugehörigen Fenstern bearbeitet.
Das Standardfenster ist das APPS-Fenster, das beim Einschalten bzw. mit der [APPS]-Taste geöffnet wird.
Die anderen Fenster, Applikationen oder Programme werden mit dem zugehörigen Icon (Symbol) im APPS-Fenster oder mit den Schnelltasten angewählt.

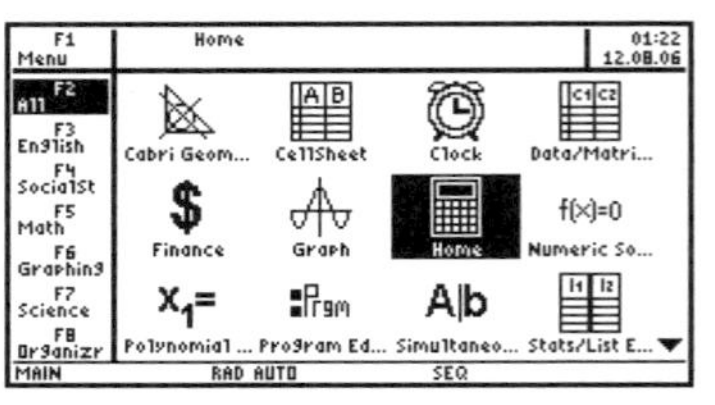

Häufig benötigte Fenster, die im APPS-Fenster oder mit den Schnelltasten aktiviert werden, sind:

- Das **HOME**- bzw. **CALC-Fenster** zum numerischen und algebraischen Rechnen.
  [◆][HOME]
- Das **Y = -Fenster** zur Eingabe von Funktionen, deren Schaubilder gezeichnet werden sollen, und von Plots zur Darstellung von Daten. Die Eingabe von Funktionen erfolgt entsprechend der gewählten Darstellungsform.
  [◆][Y=]
- Das **WINDOW-Fenster** zur Einstellung des GRAPH-Fensters.
  [◆][WINDOW]
- Das **GRAPH-Fenster** zur Darstellung und Untersuchung von Schaubildern bzw. Diagrammen.
  [◆][GRAPH]
- Das **TBLSET-Fenster** zur Eingabe des Startwerts und der Schrittweite der Wertetabelle.
  [◆][TBLSET]
- Das **TABLE-Fenster** für Wertetabellen der Funktionen.
  [◆][TABLE]

In dem aus drei Seiten bestehenden MODE-Fenster können die Grundeinstellungen des CAS-Rechners geändert werden. Das MODE-Fenster wird mit der [MODE]-Taste geöffnet.

Die Grundeinstellungen im MODE-Fenster sind:

Seite 1

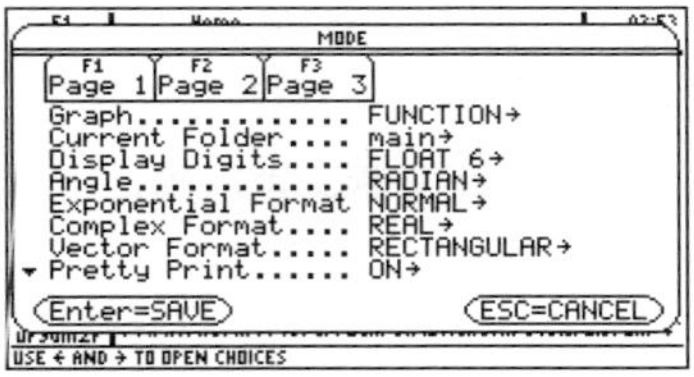

Seite 2

Seite 3

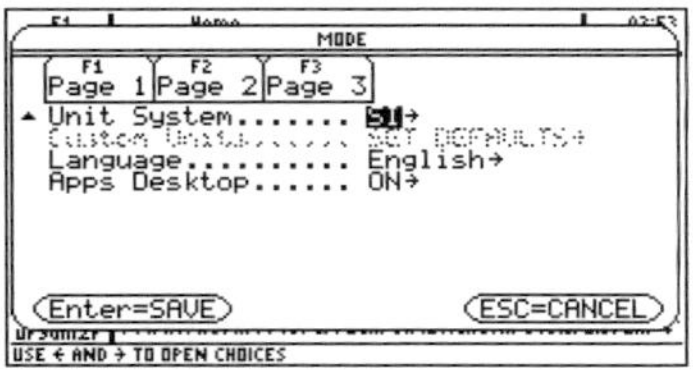

Ferner gibt es drei Möglichkeiten, Befehle einzugeben:

- Buchstabe für Buchstabe oder
- über Tasten bzw. Menüs oder
- aus dem CATALOG-Fenster mit der Tastenfolge [2nd][CATALOG]. Durch Drücken eines Buchstabens springt die Marke ▸ zum ersten Befehl, der mit diesem Buchstaben beginnt.

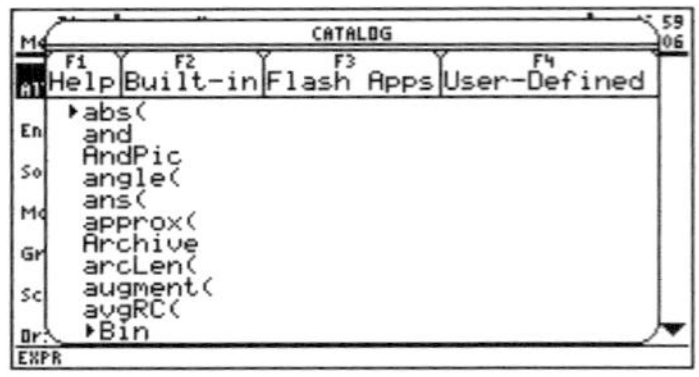

Numerik und Algebra

Alle Taschenrechner rechnen mit 14 Ziffern. In dieser Zahlenmenge gelten viele Rechenregeln nicht, z. B. gibt es Rundungsfehler bei der digitalen Darstellung von Zahlen, bei den Algorithmen usw. Die CAS-Rechner rechnen immer algebraisch. Wenn algebraische Lösungen existieren, werden diese ausgegeben, ansonsten Näherungslösungen. Wenn im Term ein Dezimalpunkt bzw. eine Dezimalzahl auftritt, rechnen die CAS-Rechner immer numerisch. Es ist sinnvoll, bei anwendungsorientierten Aufgaben die Dezimalzahlen als Bruchzahlen einzugeben, algebraisch zu rechnen und die Ergebnisse dann wieder als Dezimalzahlen anzugeben.

Beispiele:
Mit dem solve-Befehl werden Gleichungen und Gleichungssysteme gelöst:

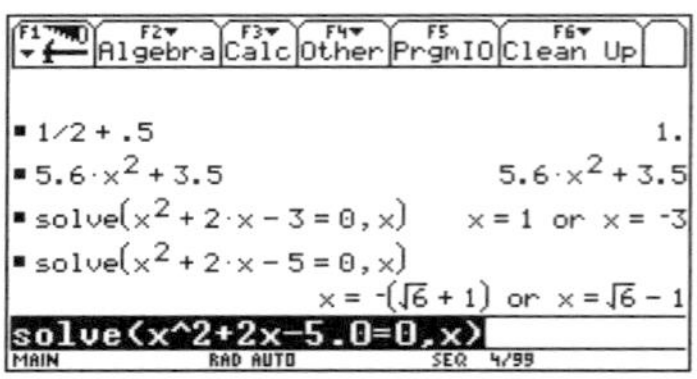

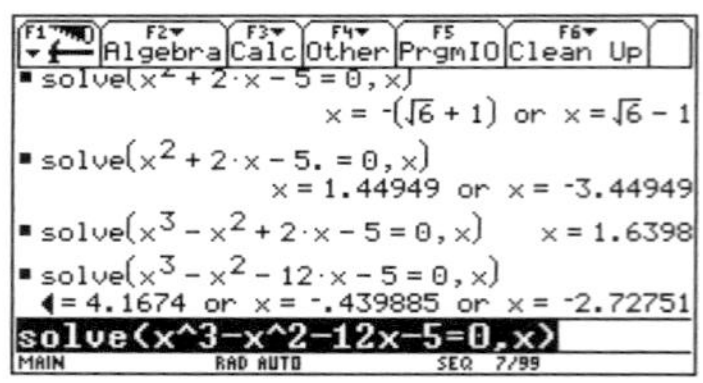

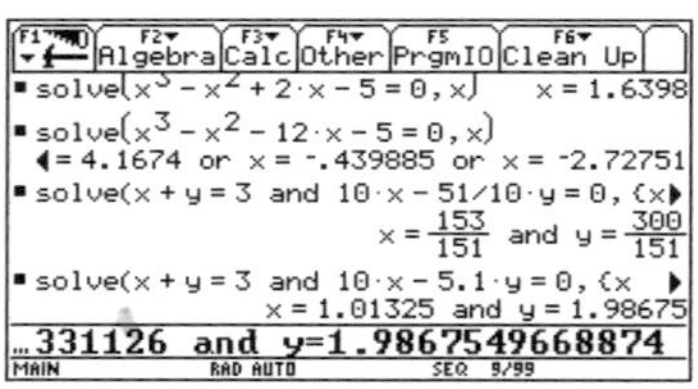

Bearbeiten von Termen

Die Befehle zum Bearbeiten von Termen befinden sich im [F2]-Algebra Menü.
Terme werden bei der Eingabe sofort gekürzt, jedoch wird die Definitionsmenge dabei nicht beachtet.
Zum Testen der Gleichheit von zwei Termen wird deren Differenz oder die Gleichung eingegeben, wobei aber die Definitionsmenge nicht beachtet wird.

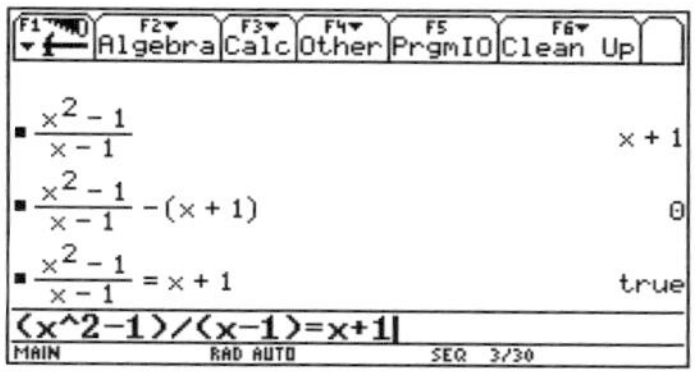

Der Wert eines Terms an einer Stelle wird am einfachsten mit dem „with-Operator" berechnet. Der „with-Operator" wird mit der Tastenfolge [2nd][|] eingegeben und erscheint als | auf dem Bildschirm.
Mit dem „with-Operator" kann auch die Definitionsmenge eingeschränkt werden.

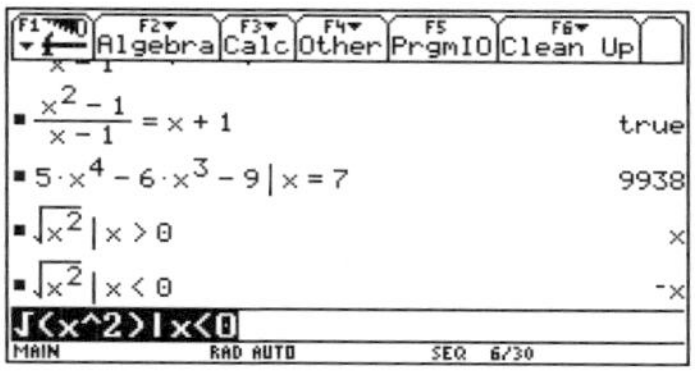

Mit dem Befehl expand*(Term, Variable)* wird ein Term nach der Variablen ausmultipliziert.

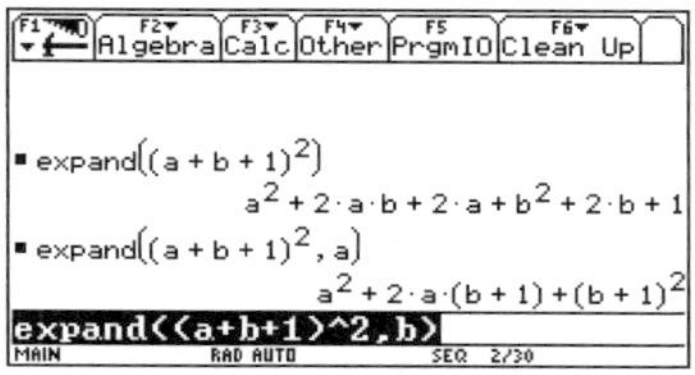

Mit dem Befehl factor*(Term, Variable)* wird ein Term nach der Variablen faktorisiert.

Die Angabe der Variablen spart Rechenzeit, Speicherplatz sowie Platz auf dem Bildschirm und macht den Term verständlicher.

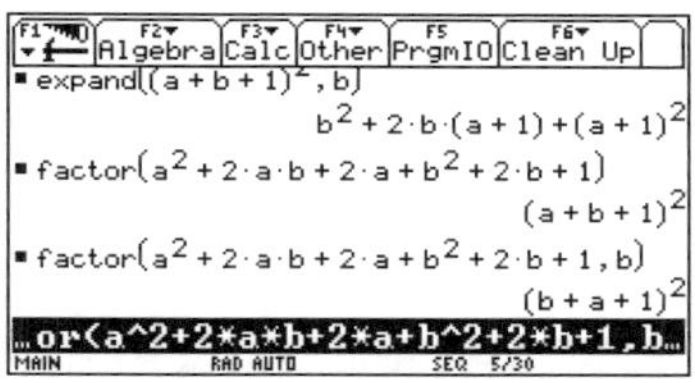

Mit dem Befehl propFrac*(Term, Variable)* wird ein Term nach der Variablen in eine Summe der echten Brüche und ein Polynom zerlegt.
Mit dem Befehl comDenom*(Term, Variable)* werden Bruchterme nach der Variablen zu einem Bruch zusammengefasst und gekürzt.

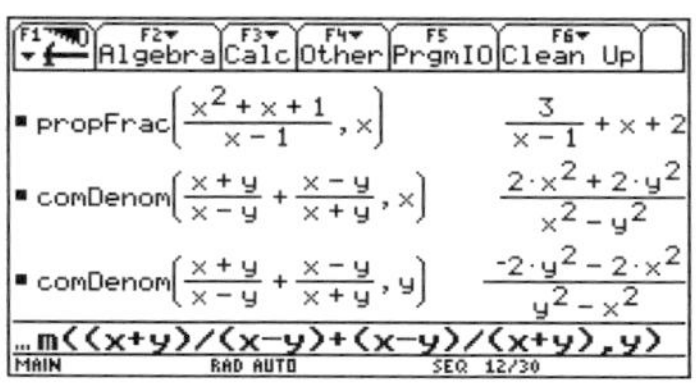

Umformen von Termen und Gleichungen

Um Terme oder Gleichungen Schritt für Schritt umzuformen, wird die Rechenart mit der Zahl bzw. dem Term eingegeben (siehe Statuszeile).

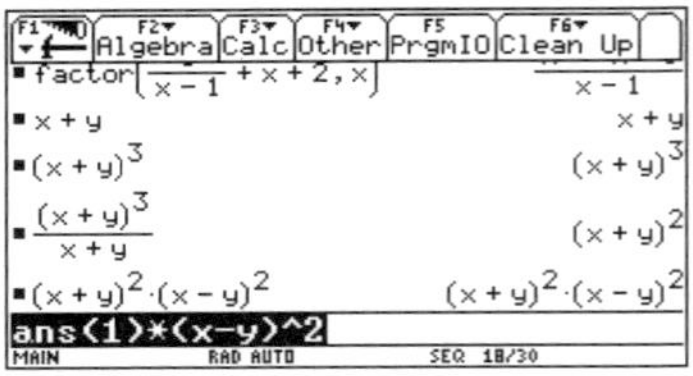

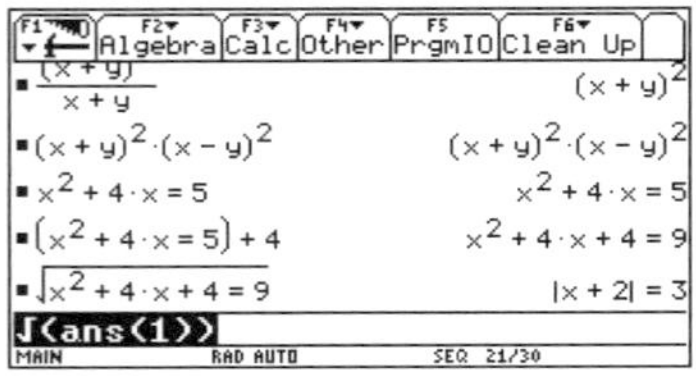

Gleichungen oder Gleichungssysteme lösen

Im HOME- oder CALC-Fenster werden Gleichungen oder Gleichungssysteme mit dem solve-Befehl gelöst:
solve*(Gleichung, Lösungsvariable)*
solve*(Gleichung 1 and Gleichung 2 and…, {Lösungsvariable 1, Lösungsvariable 2, …})*

Beispiele:

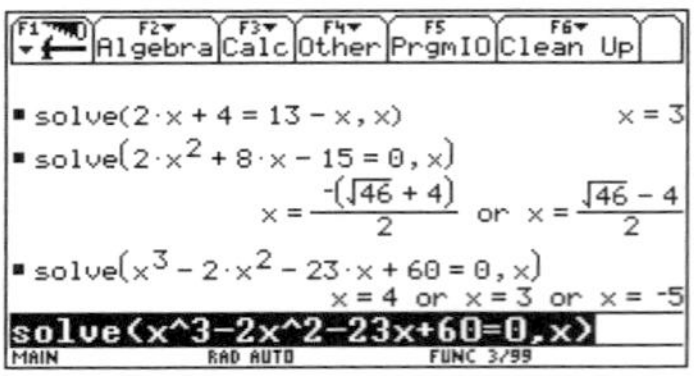

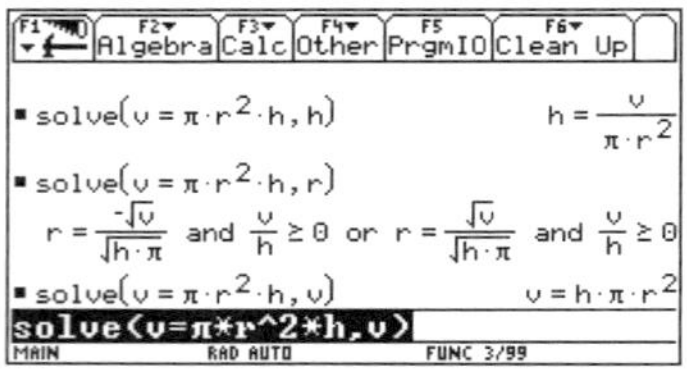

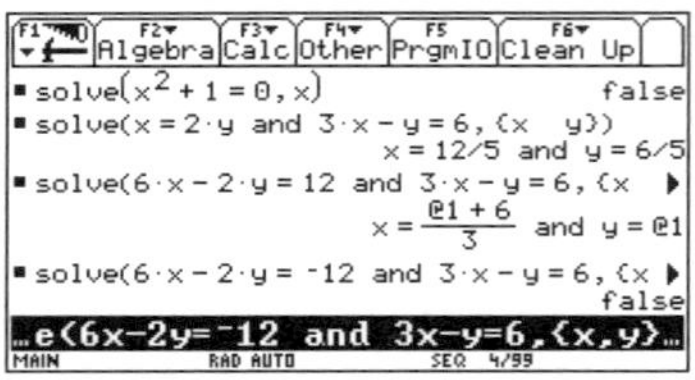

Das Zeichen @, gefolgt von einer Zahl, steht für einen Parameter, d. h. das Gleichungssystem hat unendlich viele Lösungen.

Vektorgleichungen lösen

Ab der OS Version 3.10 (Betriebssystem), die nur für den TI-89 und den Voyage 200 zur Verfügung steht, können auch Vektorgleichungen gelöst werden.

Beispiel:

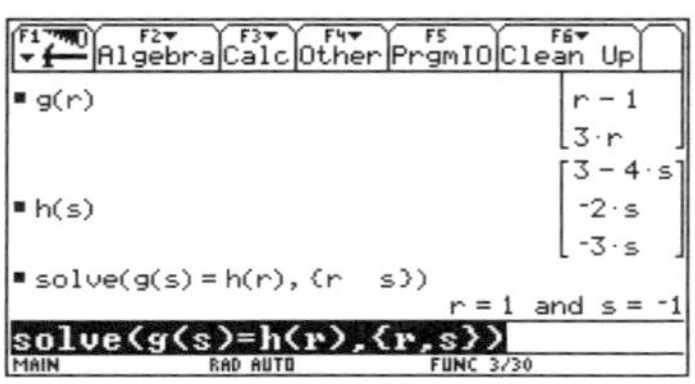

Funktionen abspeichern, Schaubilder untersuchen und Wertetabelle anzeigen

Funktionen und ihre Ableitungen werden im HOME- oder CALC-Fenster eingegeben und abgespeichert. Die Funktionen, deren Schaubilder zu zeichnen sind, werden im Y=-Fenster eingegeben und im GRAPH-Fenster gezeichnet und untersucht. Die Definitionsmenge des zu zeichnenden Schaubildes und die dazugehörige Wertemenge usw. werden im WINDOW-Fenster eingegeben. Im TABLE-Fenster kann die Wertetabelle der Funktionen, deren Schaubilder gezeichnet wurden, betrachtet werden. Im TBLSET-Fenster können der Startwert und die Schrittweite der Wertetabelle eingetragen werden.

Beispiel:

Die Funktion f_t mit $f_t(x) = x^3 - 3 \cdot t \cdot x$ soll untersucht werden.
Der Funktionsterm wird eingegeben, auf Korrektheit geprüft und dann erst abgespeichert. Entsprechend wird der Term der Ableitungsfunktion bearbeitet, damit der Term berechnet wird. Ansonsten würde nur die Formel intern abgespeichert werden und müsste bei jedem Aufruf erst berechnet werden, was zeitaufwendig ist.
Höhere Ableitungen können auch direkt durch Angabe der Ordnung berechnet werden.

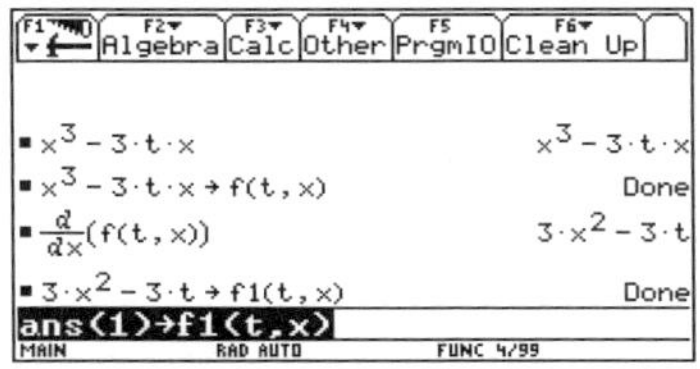

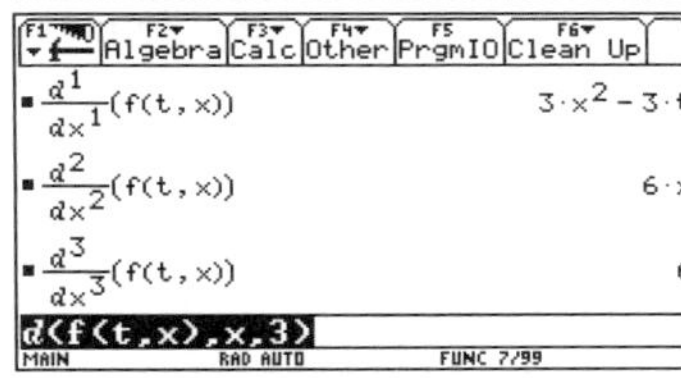

Y=-Fenster

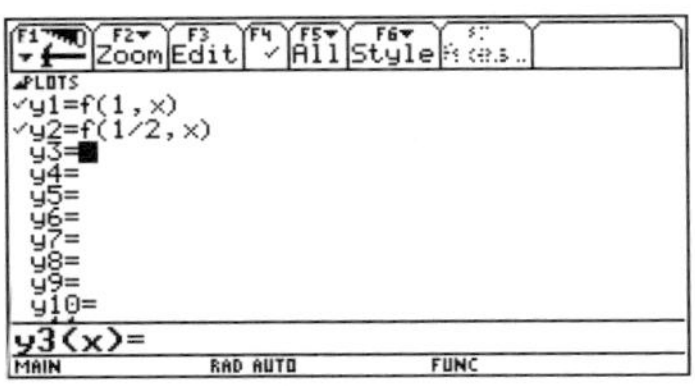

GRAPH-Fenster

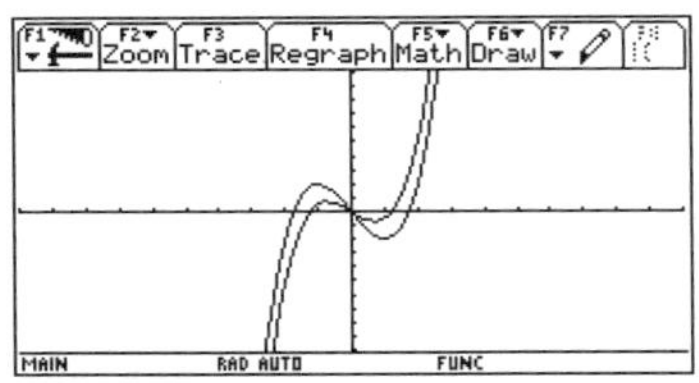

WINDOW-Fenster

Y=-Fenster

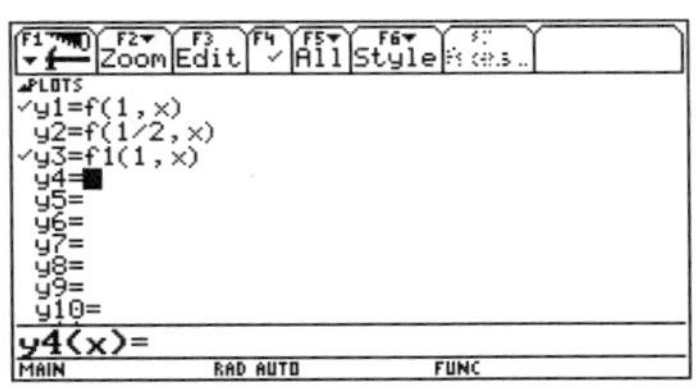

GRAPH-Fenster

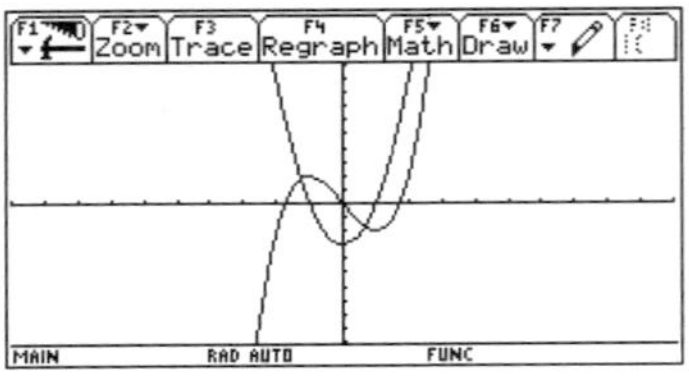

TBLSET-Fenster

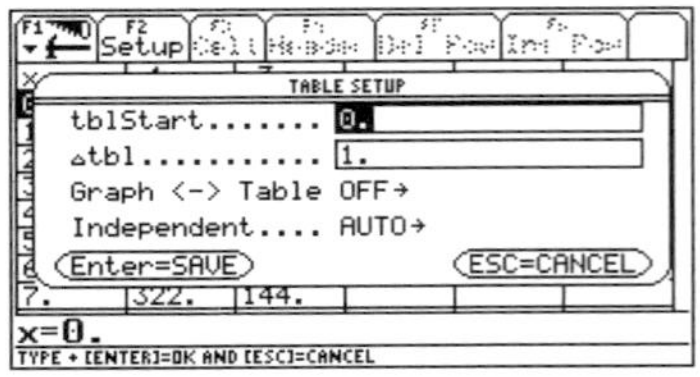

TABLE-Fenster

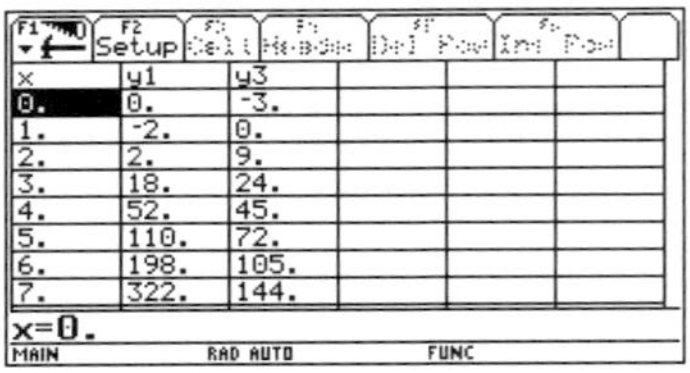

x	y1	y3
0.	0.	-3.
1.	-2.	0.
2.	2.	9.
3.	18.	24.
4.	52.	45.
5.	110.	72.
6.	198.	105.
7.	322.	144.

Tipps:

- Geben Sie zuerst den Funktionsterm im HOME- bzw. CALC-Fenster ein. Prüfen Sie ihn auf Korrektheit und speichern Sie ihn anschließend ab.
- Funktionsterme, deren Schaubilder zu zeichnen sind, werden im Y = -Fenster eingegeben bzw. mit der [F4]-Taste mit einem Häkchen ☑ markiert.
- Betrachten Sie zuerst das Schaubild im GRAPH-Fenster in der Standardeinstellung ([F2] 6 : ZoomStd) und stellen Sie dann im WINDOW-Fenster den gewünschten Ausschnitt ein.
- In jedem Fenster gibt es im [F1]-Menü den Befehl Format…, mit dem die Einstellungen für das Fenster geändert werden können.
- Mit dem [F3]-Trace-Befehl im GRAPH-Fenster kann das gewünschte Schaubild mit den Cursortasten ▶ und ◀ abgetastet oder der Funktionswert an einer Stelle angezeigt werden. Mit den Cursortasten ▲ und ▼ werden die Schaubilder ausgewählt.
- Im [F5]-Menü im GRAPH-Fenster gibt es Befehle zur numerischen Kurvenuntersuchung, z. B. wird mit dem Befehl „5: Intersection" der Schnittpunkt zweier Schaubilder näherungsweise berechnet. Zuerst werden die beiden Schaubilder ausgewählt und dann das linke und rechte Intervallende angegeben, in dem der Schnittpunkt liegt. Der Schnittpunkt wird durch den Cursor angezeigt und die Koordinaten werden unten am Bildschirmrand angegeben.

Beispiel:

Trace-Befehl für das Schaubild 1 an der Stelle 2.

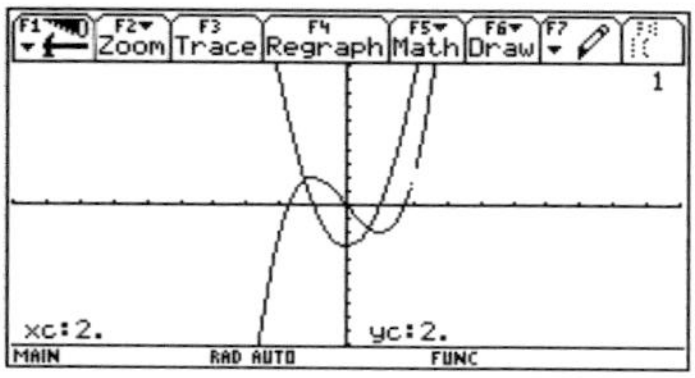

Trace-Befehl für das Schaubild 3 an der Stelle –2.

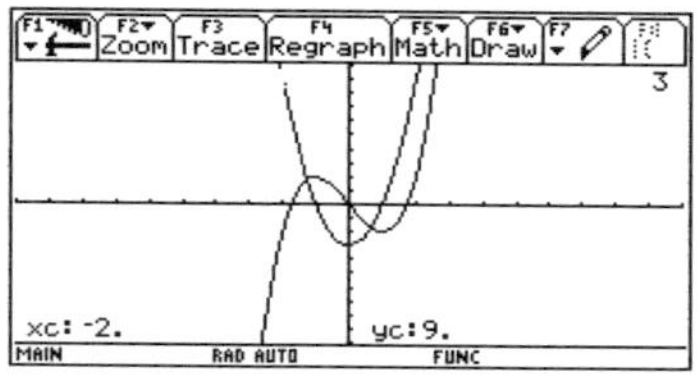

Im [F5]-Menü wird der Befehl zur numerischen Berechnung des linken Schnittpunktes der beiden Kurven ausgewählt und die dazugehörigen Daten eingegeben.

GRAPH-Fenster

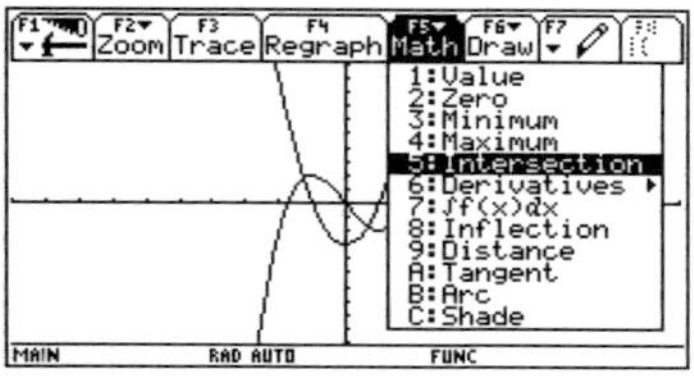

Auswahl der ersten Kurve

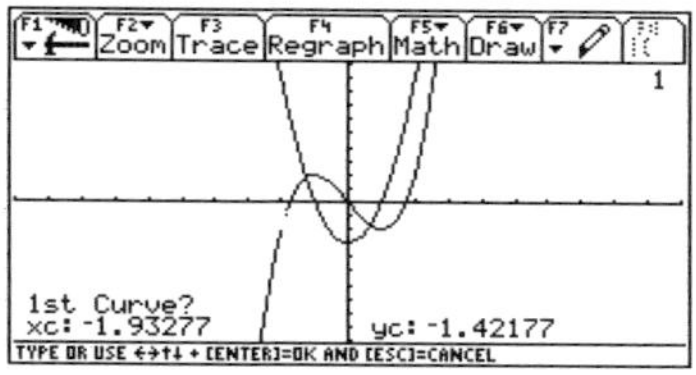

Auswahl der zweiten Kurve

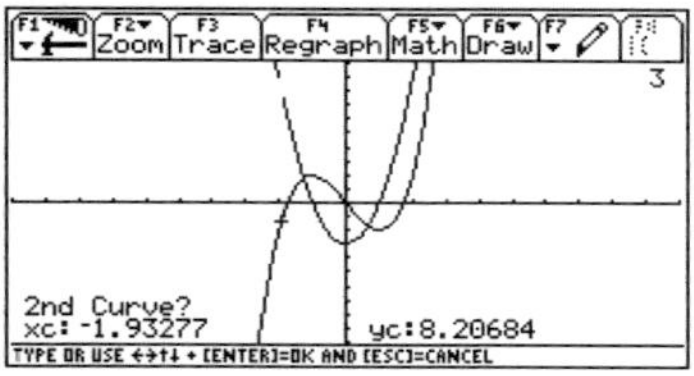

Auswahl der linken Grenze

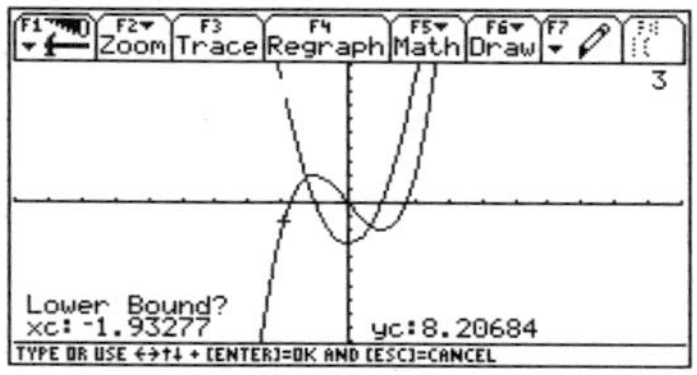

Auswahl der rechten Grenze

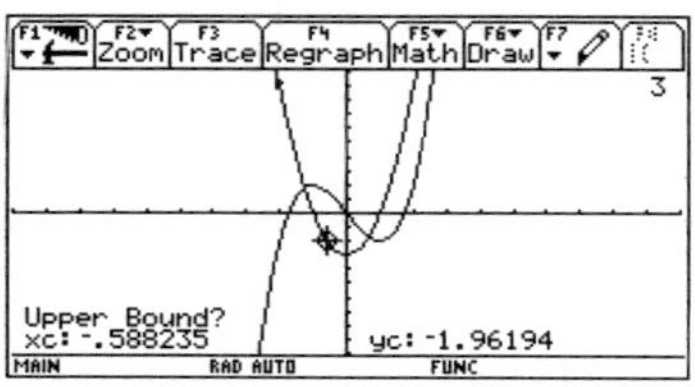

Berechneter Schnittpunkt im angegebenen Intervall

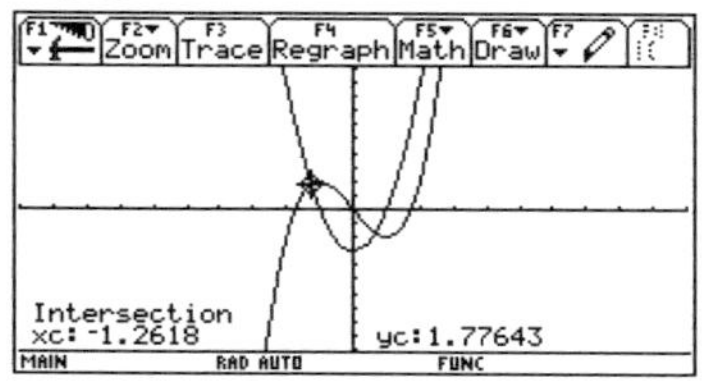

Berechnung der Schnittpunkte im HOME-Fenster

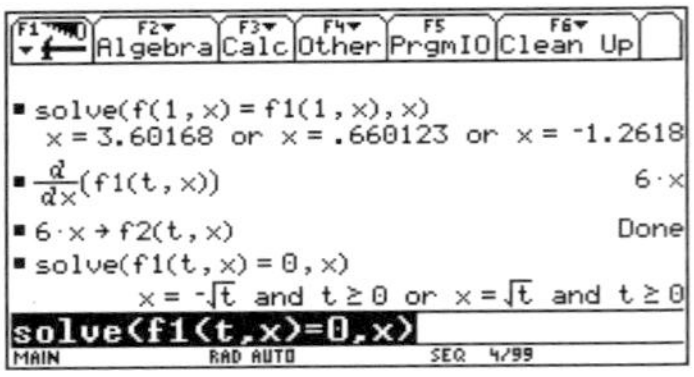

Berechnung der Extrempunkte

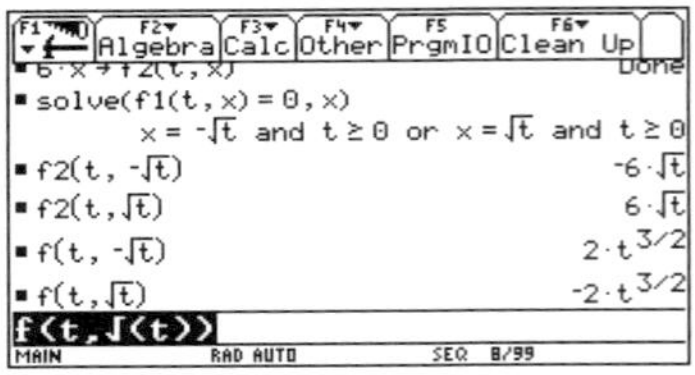

Für $t < 0$ existieren keine Extrempunkte.
Für $t = 0$ existieren keine Extrempunkte, aber ein Sattelpunkt im Nullpunkt.
Für $t > 0$ existieren zwei Extrempunkte: der Hochpunkt $\left(-\sqrt{t} \;\middle|\; 2t^{\frac{3}{2}}\right)$ und der Tiefpunkt $\left(\sqrt{t} \;\middle|\; -2t^{\frac{3}{2}}\right)$.

Funktionsanpassungen

Gegeben sind Wertepaare bzw. Bedingungen, die durch einen Funktionsterm *„geeignet approximiert“* werden sollen. Ist der Typ des Funktionsterms vorgegeben und bestimmen die Wertepaare bzw. Bedingungen den Funktionsterm eindeutig, so heißt diese Funktionsanpassung **Interpolation**. Ist der Typ des Funktionsterms vorgegeben und wird der Funktionsterm dadurch bestimmt, dass die Summe der quadratischen Abweichungen minimal wird, so heißt diese Funktionsanpassung **Regression (Methode der kleinsten Fehlerquadrate)**.

Beispiel:
Zu den Daten $(0|0)$, $(1|2)$, $(2|0)$, $(3|-2)$, $\left(4 \;\middle|\; \frac{1}{10}\right)$ ist ein geeigneter Funktionsterm gesucht.

Die Daten werden in den **Data/Matrix Editor** mit dem Namen **daten1** eingeben.

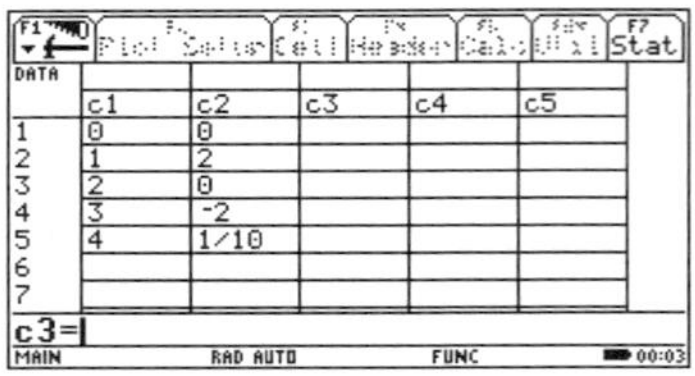

Im [F5]-Calc-Menü werden der Funktionstyp, die Datenspalten und der Name der Funktion, unter dem der Funktionsterm der Regression abgespeichert wird, ausgewählt.
Als Funktionstyp wird ein Polynom 4. Grades ausgewählt.

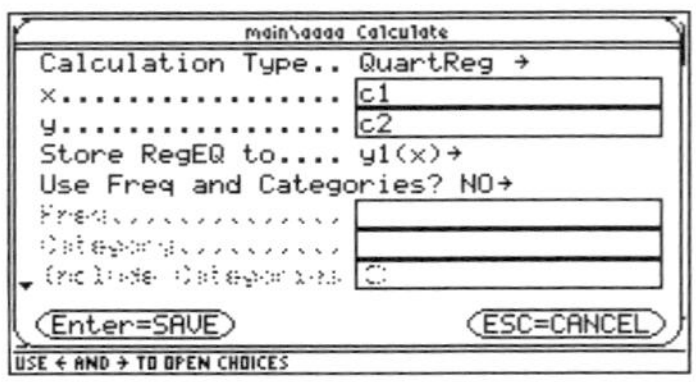

Bei fünf Datenpaaren und einem Polynom 4. Grades entspricht die Regression einer Interpolation.

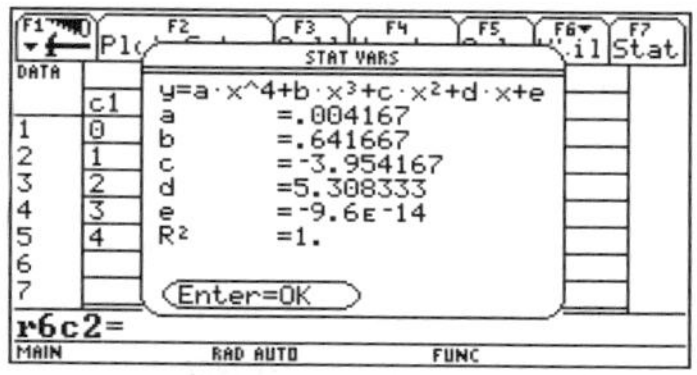

Statt dem Polynom 4. Grades wird nun als Funktionstyp eine Sinusfunktion ausgewählt.

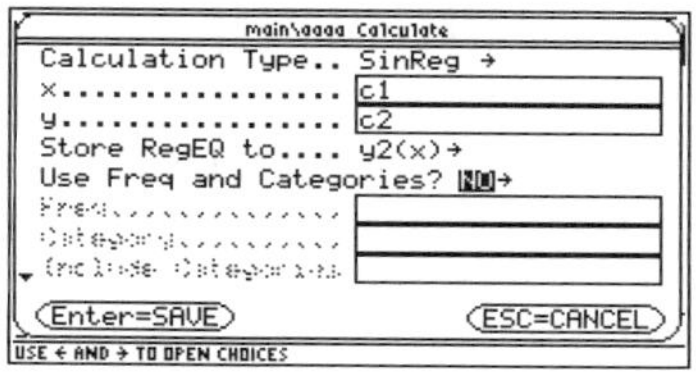

Auch mit der Sinusfunktion können die Daten approximiert werden.
Es gibt vier Parameter a, b, c und d, sodass mindestens vier Datenpaare benötigt werden. Wegen dem 5. Datenpaar ist diese Regression keine Interpolation.
Für eine Interpolation müsste das 5. Datenpaar durch (4 | 0) ersetzt werden.

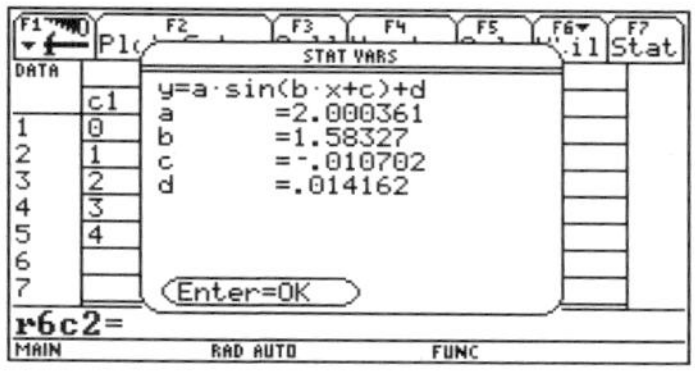

Wird in der Spalte c3 der Term y1(c1) und in der Spalte c4 der Term y2(c1) eingegeben, so werden die dazugehörigen Funktionswerte berechnet.
Die … Punkte in den Zellen c3r1 und c3r3 bedeuten im Rahmen der Rechengenauigkeit die Zahl 0. Die Werte in den Spalten c2 und c3 stimmen also überein, d. h. die Regression entspricht einer Interpolation.

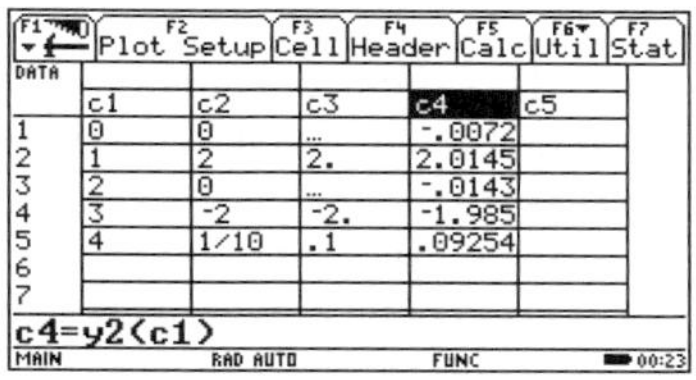

Folgen abspeichern, Schaubilder untersuchen und Wertetabelle anzeigen

Folgen sind Funktionen mit der Definitionsmenge ℕ.
Zum Zeichnen der Schaubilder muss im MODE-Fenster der Folgenmodus eingestellt werden. Damit ändern sich die Eingabemöglichkeiten im WINDOW- und Y = -Fenster.

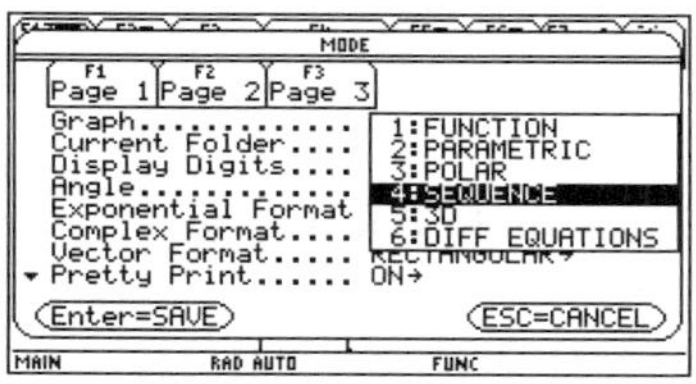

Die Folgen, deren Schaubilder zu zeichnen sind, werden im Y = -Fenster eingegeben. Sie können explizit oder rekursiv eingegeben werden.
Eine explizite und eine rekursive Folge sind eingegeben. Bei der Eingabe ist es wichtig, zu beachten, dass auf der linken Seite der Index n steht und auf der rechten Seite der entsprechende Vorgänger.

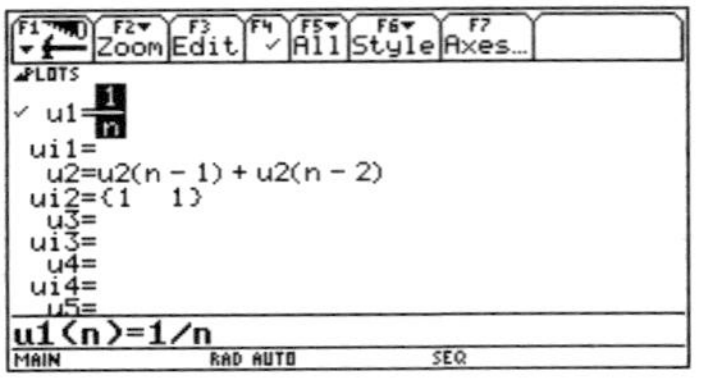

Die Definitionsmenge des zu zeichnenden Schaubildes und die dazugehörige Wertemenge usw. werden im WINDOW-Fenster eingegeben.

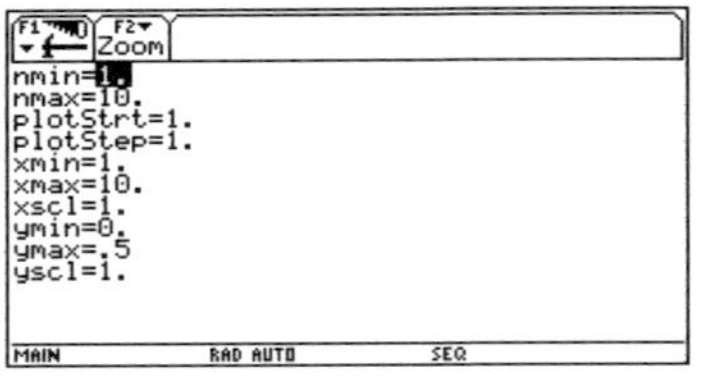

Im GRAPH-Fenster wird die Folge gezeichnet und untersucht.

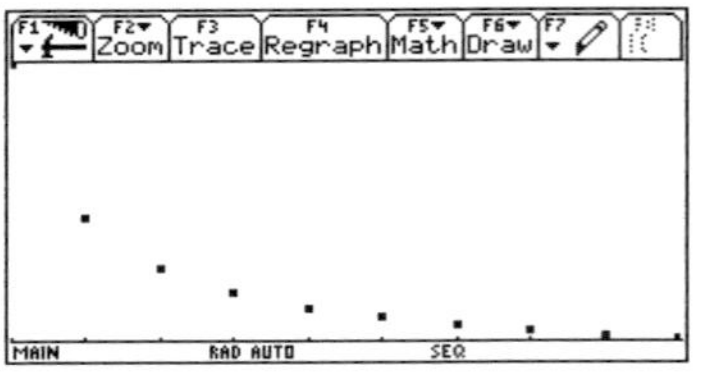

Im TABLE-Fenster kann die Wertetabelle der Funktionen, deren Schaubilder gezeichnet wurden, betrachtet werden.
Im TBLSET-Fenster kann der Startwert usw. der Wertetabelle eingetragen werden. Die Schrittweite ist bei Folgen 1.

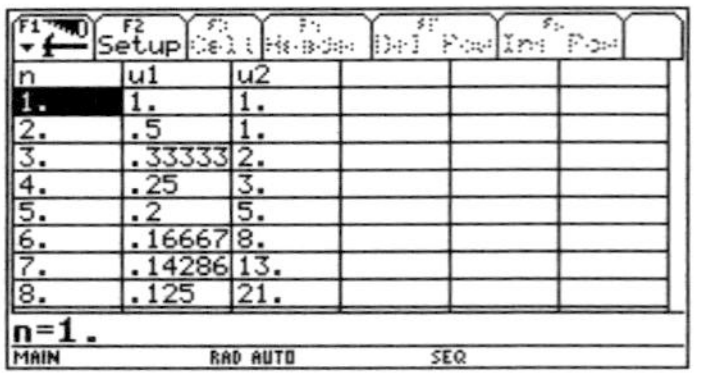

Folgenglieder, deren Term im Y = -Editor eingeben wurde, können auch im HOME-Fenster numerisch berechnet werden.

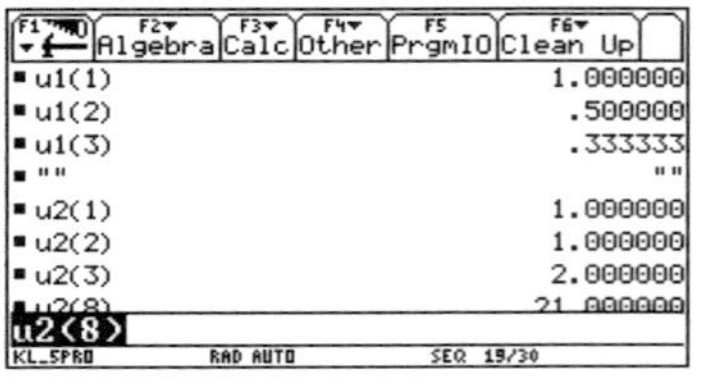

Auch im HOME-Fenster können die Terme der Folgen abgespeichert und berechnet werden.

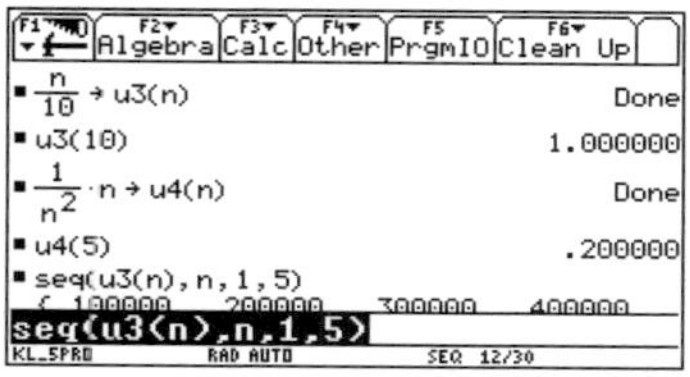

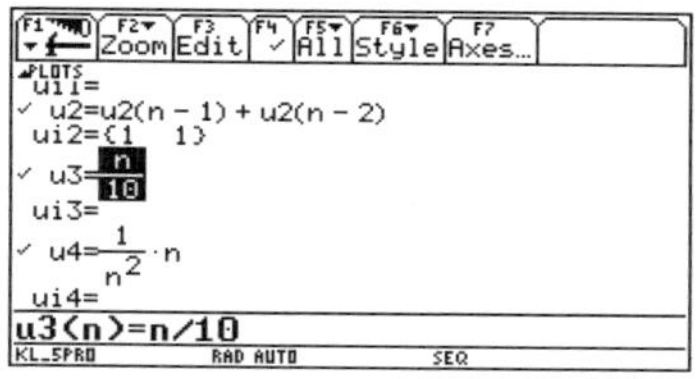

Tipps:

- Betrachten Sie zuerst das Schaubild der Folge im GRAPH-Fenster in der Standardeinstellung (F2 A : ZoomFit) und stellen Sie dann im WINDOW-Fenster den gewünschten Ausschnitt ein.
- Beachten Sie im WINDOW-Fenster die Einstellung des Wertes von nmin.

Rechnen mit Matrizen

Matrizen können direkt im HOME-Fenster eingegeben werden. Eine Matrix beginnt und endet mit einer eckigen Klammer. Die Elemente werden durch Kommata und die Zeilen durch Strichpunkte getrennt. Zur Kennzeichnung einer Matrix bietet es sich an, dass ihr Name mit dem Buchstaben m, z. B. ma, beginnt. Eine Matrix kann auch im Data/Matrix Editor eingegeben werden.

Beispiel:

$$\begin{aligned} 2x + 4y - \frac{1}{2}z &= \frac{5}{2} \\ x - y + 2z &= -1 \\ x - y - 4z &= 5 \end{aligned}$$

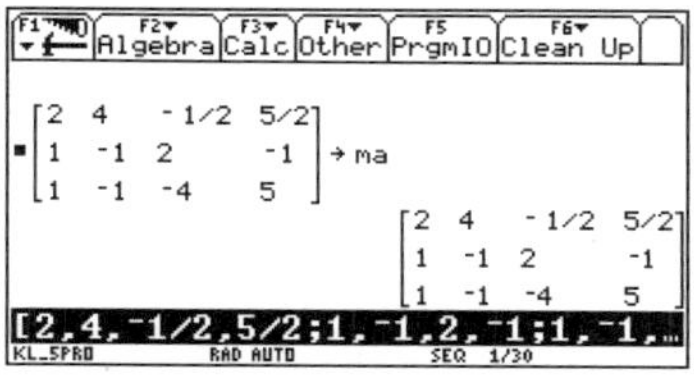

Die Matrix des linearen Gleichungssystems wird eingegeben. Mit dem Befehl rref*(Matrix)* wird die Diagonalform ausgegeben. Aus der Diagonalform kann die Lösung bzw. die Lösbarkeit direkt abgelesen werden. Die Lösung dieses linearen Gleichungssystems ist (1; 0; –1).

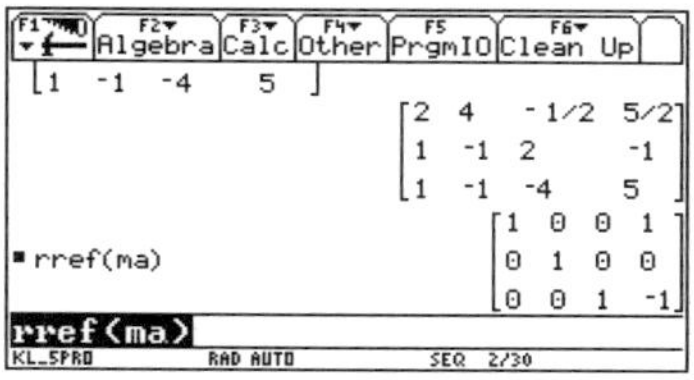

Rechnen mit Vektoren

Ein Vektor ist eine Matrix mit nur einer Spalte, entsprechend der Schreibweise in der Schule. Vektoren können direkt im HOME-Fenster eingegeben werden. Ein Vektor beginnt und endet mit einer eckigen Klammer. Die Zeilen werden durch Strichpunkte getrennt. Zur Kennzeichnung eines Vektors beginnt der Name mit dem Buchstaben v, z. B. va.

Beispiel:

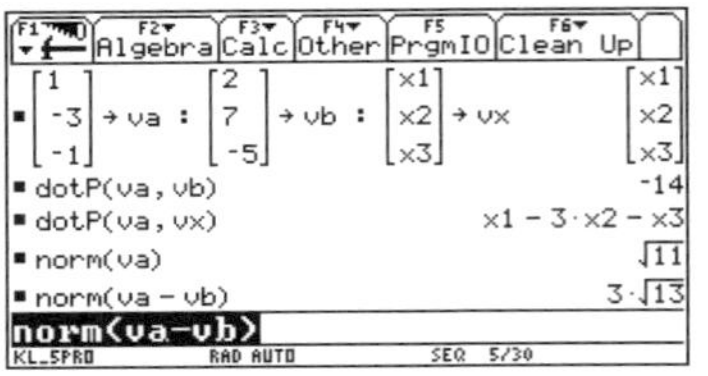

Die Vektoren werden eingegeben. Mehrere Eingaben werden mit Doppelpunkt getrennt. Mit dem Befehl dotP*(Vektor 1, Vektor 2)* wird das Skalarprodukt von zwei Vektoren und mit dem Befehl norm*(Vektor)* die Länge eines Vektors berechnet.

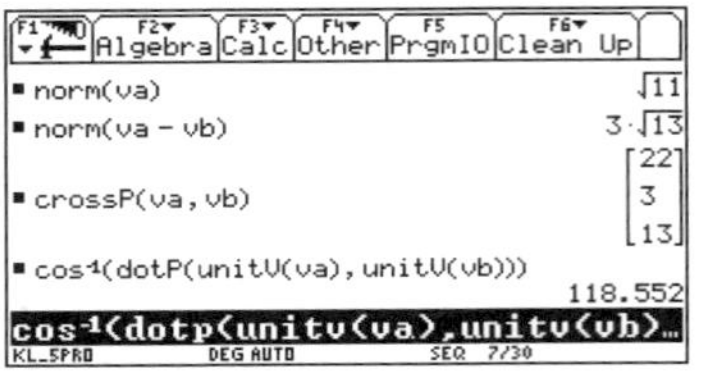

Mit dem Befehl crossP(*Vektor 1, Vektor 2*) wird das Kreuz- oder Vektorprodukt von zwei Vektoren berechnet. Mithilfe der Befehlsfolge $\cos^{-1}$(dotp(unitV(va), unitV(vb))) wird der Winkel zwischen zwei Vektoren berechnet. Dabei muss das Winkelmaß auf DEG eingestellt sein.

Befehle – Analysis

englische Bezeichnung	**deutsche Bezeichnung**	**Bedeutung**
DelVar	EntfVar	Löscht die angegebenen Variablen aus dem Speicher. Es ist sinnvoll, vor jeder neuen Aufgabe die Variablen, die darin benutzt werden sollen, zu löschen.
ClrGraph	LöGraph	Löscht alle Schaubilder und Wertetabellen von Funktionen oder Termen, die mit dem Befehl Graph erstellt wurden. Der Befehl ClrGraph muss immer nach einer Fehlermeldung beim Befehl Graph durchgeführt werden.
Graph	Graph	Stellt die gewünschten Funktionen oder Terme im eingestellten Grafikmodus dar.
factor	Faktor	Faktorisiert den Term nach der angegebenen Variablen.
expand	Entwick	Multipliziert den Term aus und fasst ihn nach der angegebenen Variablen zusammen.
comDenom	gemNenn	Gibt den gekürzten Quotienten einer Summe von Brüchen zurück, der nach der angegebenen Variablen entwickelt wurde.
propFrac	PzlBruch	Gibt die Summe der Brüche eines Terms bezüglich der angegebenen Variablen zurück.

limit	limes	Berechnet den Grenzwert einer Funktion. Durch die zusätzliche Angabe von –1 bzw. 1 wird der linksseitige bzw. rechtsseitige Grenzwert berechnet.
[d] differentiate	[d] differenziere	Berechnet die Ableitung des Terms bzw. die Ableitung der angegebenen Ordnung, welche eine ganze Zahl sein muss.
[∫] integrate	[∫] integriere	Berechnet eine Stammfunktion des Terms bzw. das bestimmte Integral.
[Σ] sum	[Σ] Summe	Summiert den gegebenen Term in den angegebenen Grenzen.
seq	Folge	Berechnet die gewünschten Folgenglieder.
with-Operator	Mit-Operator	Der with-Operator erfüllt drei Bedingungen: 1. Ersetzung, 2. Intervallbeschränkung, 3. Ausschließung

Beispiele:

- Grenzwert

  $\lim\limits_{x \to x_0} f(x)$ limit(f(x), x, x_0)

  $\lim\limits_{\substack{x \to x_0 \\ x < x_0}} f(x)$ limit(f(x), x, x_0, –1)

  $\lim\limits_{\substack{x \to x_0 \\ x > x_0}} f(x)$ limit(f(x), x, x_0, 1)

- Ableitungen

  $f'(x) = \frac{d}{dx} f(x) = \frac{df(x)}{dx}$ [d](f(x), x)

  $f''(x) = \frac{d^2}{dx^2} f(x) = \frac{d^2 f(x)}{dx^2}$ [d](f(x), x, 2)

- Integrale

  $\int f(x)dx$ [∫](f(x), x)

  $\int f(x)dx + c$ [∫](f(x), x, c)

  $\int\limits_a^b f(x)dx$ [∫](f(x), x, a, b)

- Summen

  $\sum_{i=a}^{e} t(i)$ mit $a < e$ [Σ](t(i), i, a, e)

  Die Werte von a und e müssen ganzzahlig oder ∞ sein.
- Folgen

  $\{b(a), b(a+1), \ldots, b(e)\}$ seq(b(n), n, a, e)

  Die Werte von a und e müssen ganzzahlig sein.
- with-Operator

  f(x) mit x = 1, d. h. f(1) f(x) | x = 1

  f(x) = 0 und 0 < x < 2 solve(f(x) = 0, x) | x > 0 and x < 2

  f(x) = 0 und x ≠ 3 solve(f(x) = 0, x) | x ≠ 3

Befehle – Analytische Geometrie

englische Bezeichnung	deutsche Bezeichnung	Bedeutung
CrossP	KreuzP	Berechnet das Kreuzprodukt zweier Vektoren.
DotP	SkalarP	Berechnet das Skalarprodukt zweier Vektoren.
Norm	Norm	Berechnet die Norm bzw. den Betrag bzw. die Länge eines Vektors. (Im Gegensatz dazu berechnet abs den Betrag einer Zahl.)
UnitV	EinhV	Berechnet den Einheitsvektor eines Vektors.
Solve	Löse	Löst eine Gleichung bzw. ein Gleichungssystem.

Beispiele:

- Norm bzw. Länge

  $\|\vec{a}\| = \sqrt{a_1^2 + a_2^2 + a_3^2}$ norm(va)

  $\|\overrightarrow{AB}\| = \|\vec{b} - \vec{a}\| = \|\vec{a} - \vec{b}\|$ norm(vb – va) *oder* norm(va – vb)
- Einheitsvektor

  $\vec{a}_0 = \frac{\vec{a}}{\|\vec{a}\|}$ unitV(va)
- Skalarprodukt

  $\vec{a} \cdot \vec{b} = a_1 b_1 + a_2 b_2 + a_3 b_3$ dotP(va, vb) *oder* dotP(vb, va)
- Winkel

  $\alpha = \cos^{-1}\left(\frac{\vec{a} \cdot \vec{b}}{\|\vec{a}\|\|\vec{b}\|}\right)$ [COS⁻¹](dotP(va, vb)[÷](norm(va)[×]norm(vb)))
  (TI muss auf Gradmaß eingestellt sein.)

- Kreuzprodukt
  $\vec{a} \times \vec{b}$ crossP(va, vb)
- Flächeninhalt eines Dreiecks
  $A = \frac{1}{2} \| \overrightarrow{AB} \times \overrightarrow{AC} \| = \frac{1}{2} \| (\vec{b} - \vec{a}) \times (\vec{c} - \vec{a}) \|$ 1[÷]2[×]norm(crossP(vb – va, vc – va))
- Lösen von Gleichungen
  $x + 5 = 0$ solve(x + 5 = 0, x)
- Lösen eines Gleichungssystems mit zwei Unbekannten
  $x + y = 3$
  $x - y = -1$ solve(x + y = 3 and x – y = –1, {x, y})

Leistungskurs Mathematik (Sachsen): Musteraufgabe 1
Teil A (ohne Rechenhilfsmittel)

1 In den Aufgaben 1.1 bis 1.5 ist von den jeweils fünf Auswahlmöglichkeiten genau eine Antwort richtig. Kreuzen Sie das jeweilige Feld an.

1.1 Welcher der angegebenen Funktionsterme stellt die erste Ableitung der Funktion f_t mit $f_t(x) = \ln\left(\frac{t^2}{x} + x\right)$, $x \in D_{f_t}$, $t \in \mathbb{R}^+$, dar?

☐	☐	☐	☐	☐
$\frac{x^2}{t^2 + x^2}$	$\frac{x^2 - t^2}{x(t^2 + x^2)}$	$\frac{x}{t^2 + x^2}$	$\frac{-t^2 + x^2}{t^2 + x^2}$	$\frac{x}{t^2} + \frac{1}{x}$

1.2 Welchen Wert besitzt das bestimmte Integral $\int_1^2 \left(x^2 + \frac{1}{x^2}\right)dx$?

☐	☐	☐	☐	☐
$2,\overline{6}$	$-2\frac{1}{6}$	$2\frac{5}{6}$	0	$1\frac{2}{3}$

1.3 Die erste Ableitung einer Funktion f ist an einer Stelle x_0 ihres Definitionsbereiches null. Welche der folgenden Aussagen ist wahr?

☐ f besitzt an x_0 einen Wendepunkt.

☐ f besitzt an x_0 einen lokalen Extrempunkt.

☐ f besitzt an x_0 keinen Wendepunkt.

☐ f kann an x_0 keinen Wendepunkt besitzen.

☐ f kann an x_0 einen lokalen Extrempunkt besitzen.

1.4 Gegeben ist die Gerade g mit

$$g \dots \vec{x} = \begin{pmatrix} 1 \\ 2 \\ 4 \end{pmatrix} + t \begin{pmatrix} 0 \\ -1 \\ 3 \end{pmatrix};\ t \in \mathbb{R}.$$

Welches Intervall beschreibt die Strecke $\overline{AB}$ mit A(1; 1; 7) und B(1; –1; 13)?

☐	☐	☐	☐	☐
$t \geq 0$	$1 \leq t \leq 3$	$1 < t < 3$	$0 \leq t \leq 2$	$t \leq 3$

1.5 Wie viele verschiedene dreistellige Zahlen kann man aus den Ziffern 0; 1; 2; 3; 4 und 5 bilden?

☐	☐	☐	☐	☐
180	216	20	81	124

Erreichbare BE-Anzahl: 5

2 Gegeben ist der Graph f einer gebrochenrationalen Funktion. Geben Sie eine mögliche Funktionsgleichung an und begründen Sie diese anhand der Eigenschaften.

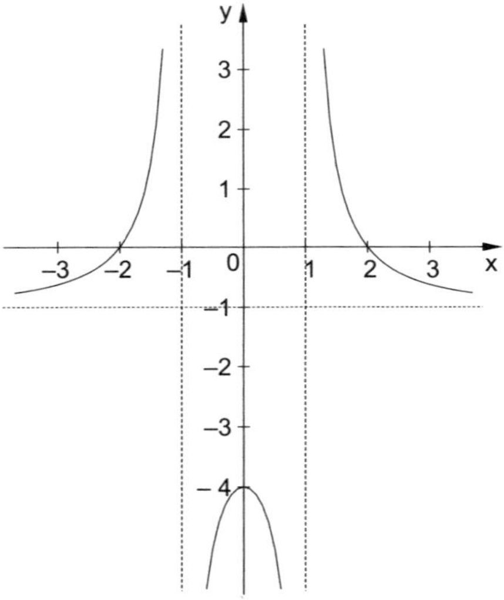

Erreichbare BE-Anzahl: 4

3 Der Punkt P(3; 4; –2) wird an der Ebene E … $2x - y + z = 6$ gespiegelt. Berechnen Sie den Spiegelpunkt P'.

Erreichbare BE-Anzahl: 3

4 Ein Spieler zahlt einen Einsatz a in € und darf dafür dreimal mit einem idealen Würfel würfeln. Für jede geworfene 6 erhält er 1 €.
Ermitteln Sie die Werte für a, für die er sich auf dieses Spiel einlassen kann, und begründen Sie diese.

Erreichbare BE-Anzahl: 3

Tipps und Hinweise

Teilaufgabe 1.1

- Beachten Sie beim Bilden der Ableitung, dass es sich um eine verkettete Funktion handelt und t als Konstante anzusehen ist.
- Sie können die innere Funktion vorher auch in einen Quotienten umformen.

Teilaufgabe 1.2

- Wenden Sie den Hauptsatz der Differenzial- und Integralrechnung an:

$$\int_a^b f(x)dx = F(b) - F(a)$$

- Verwenden Sie zum Bilden einer Stammfunktion für die Summanden jeweils die Potenzregel.

Teilaufgabe 1.3

- Beachten Sie die notwendigen und hinreichenden Bedingungen für lokale Extrema bzw. Wendepunkte.

Teilaufgabe 1.4

- Berechnen Sie vorerst getrennt für A und B den Parameter t und bilden Sie daraus das Intervall. Ersetzen Sie dafür den Ortsvektor $\overrightarrow{OA}$ bzw. $\overrightarrow{OB}$ für $\vec{x}$.

Teilaufgabe 1.5

- Es handelt sich um Variationen mit Wiederholung: ${}^{W}V_6^3 = 6^3$
- Beachten Sie, dass eine dreistellige Zahl gefordert ist, die Variation also nicht mit der Ziffer „0“ beginnen darf.

Teilaufgabe 2

- Notieren Sie vorerst die ablesbaren Eigenschaften: Nullstellen, Polstellen, Verhalten im Unendlichen, Symmetrie, lokales Maximum.
- Bei einer gebrochenrationalen Funktion stehen sowohl im Zähler als auch im Nenner ganzrationale Funktionen.
- Haben Sie eine mögliche Funktion gefunden, prüfen sie nochmals alle Eigenschaften.

Teilaufgabe 3

- Der Spiegelpunkt muss von der Ebene die gleiche Entfernung haben wie das Original.
- Die Gerade PP' verläuft orthogonal zur Spiegelebene.
- Stellen Sie zunächst die Gleichung der Geraden g auf, die orthogonal zur Ebene (Richtungsvektor von g ist gleich Normalenvektor von E) durch den Punkt P verläuft.
- Berechnen Sie den Durchstoßpunkt D von g durch E.
- Wegen der gleichen Entfernung muss gelten: $\overrightarrow{PD} = \overrightarrow{DP'}$ bzw. $\overrightarrow{OP'} = \overrightarrow{OD} + \overrightarrow{PD}$

Teilaufgabe 4

- Der Spieler sollte sich nur auf ein faires Spiel einlassen, d. h. der Erwartungswert für seinen Gewinn sollte null sein. Falls der Wert größer als null ist, ist es natürlich noch günstiger für ihn.
- Erfassen Sie in einer Tabelle die Wahrscheinlichkeitsverteilung für die Zufallsgröße X … Gewinn des Spielers in € in Abhängigkeit vom Einsatz a.
- Berechnen Sie den Erwartungswert in Abhängigkeit von a und setzen Sie diesen null.

Lösungen

1 *Vorbemerkung:* Als Lösung ist nur das Kreuz im jeweils richtigen Feld verlangt; im Folgenden sind zusätzlich Rechnungen und Begründungen für die richtige Antwort angegeben.

1.1 Richtige Antwort: Kreuz in Feld 2

$$f_t(x) = \ln\left(\frac{t^2}{x} + x\right); \quad x \in D_{f_t}; \quad t \in \mathbb{R}^+$$

$$f_t'(x) = \frac{1}{\frac{t^2}{x} + x} \cdot \left(-\frac{t^2}{x^2} + 1\right)$$

$$= \frac{1}{\frac{t^2+x^2}{x}} \cdot \frac{-t^2 + x^2}{x^2}$$

$$= \frac{\overset{1}{\cancel{x}} \cdot (-t^2 + x^2)}{(t^2 + x^2) \cdot x^{\cancel{2}\,1}} = \frac{x^2 - t^2}{x(t^2 + x^2)}$$

oder: $f_t(x) = \ln\left(\frac{t^2 + x^2}{x}\right)$

$$f_t'(x) = \frac{1}{\frac{t^2+x^2}{x}} \cdot \left(\frac{2x \cdot x - (t^2 + x^2) \cdot 1}{x^2}\right)$$

$$= \frac{\overset{1}{\cancel{x}} \cdot (2x^2 - t^2 - x^2)}{(t^2 + x^2) \cdot x^{\cancel{2}\,1}} = \frac{x^2 - t^2}{x(t^2 + x^2)}$$

1.2 Richtige Antwort: Kreuz in Feld 3

$$\int_1^2 \left(x^2 + \frac{1}{x^2}\right) dx = \left[\frac{1}{3}x^3 - \frac{1}{x}\right]_1^2$$

$$= \left(\frac{8}{3} - \frac{1}{2}\right) - \left(\frac{1}{3} - 1\right)$$

$$= 2\frac{1}{6} - \left(-\frac{2}{3}\right) = 2\frac{5}{6}$$

1.3 Richtige Antwort: Kreuz in Feld 5

Stellen x_0, an denen die erste Ableitung einer Funktion f null ist, können lokale Extremstellen sein, da dies eine notwendige, aber keine hinreichende Bedingung dafür ist. An einer Wendestelle müsste die zweite Ableitung null sein. Also kann an x_0 ein lokaler Extrempunkt sein.

1.4 Richtige Antwort: Kreuz in $\underline{\underline{\text{Feld 2}}}$

$$g \ldots \ \vec{x} = \begin{pmatrix} 1 \\ 2 \\ 4 \end{pmatrix} + t \begin{pmatrix} 0 \\ -1 \\ 3 \end{pmatrix}, \ t \in \mathbb{R}$$

A(1; 1; 7): $1 = 1 + 0t \quad \rightarrow \quad t \in \mathbb{R}$
$1 = 2 - 1t \quad \rightarrow \quad t = 1$
$7 = 4 + 3t \quad \rightarrow \quad t = 1$
$\Rightarrow$ Für A ist $t = 1$.

B(1; –1; 13): $1 = 1 + 0t \quad \rightarrow \quad t \in \mathbb{R}$
$-1 = 2 - 1t \quad \rightarrow \quad t = 3$
$13 = 4 + 3t \quad \rightarrow \quad t = 3$
$\Rightarrow$ Für B ist $t = 3$.

Damit wird die Strecke $\overline{AB}$ durch die Geradengleichung für g mit dem Intervall $1 \leq t \leq 3$ beschrieben.

1.5 Richtige Antwort: Kreuz in $\underline{\underline{\text{Feld 1}}}$

Von 6 Elementen werden 3 unter Beachtung der Reihenfolge ausgewählt und es können auch Elemente mehrfach vorkommen. Es handelt sich also um Variationen mit Wiederholung:
${}^{W}V_6^3 = 6^3 = 216$

Da aber dreistellige Zahlen gefordert sind, darf an erster Stelle keine Null stehen. Damit reduzieren sich die Möglichkeiten um ein Sechstel.
$216 : 6 = 36$
$216 - 36 = 180$
Es gibt also 180 dreistellige Zahlen aus den Ziffern 0; 1; 2; 3; 4; 5.

2 Folgende Eigenschaften können abgelesen werden:

(1) Nullstellen: $x_{N_1} = -2; \ x_{N_2} = 2$

(2) Polstellen: $x_{P_1} = -1; \ x_{P_2} = 1$

(3) Verhalten im Unendlichen: $\lim\limits_{x \to \pm\infty} f(x) = -1$

(4) Symmetrie: f ist symmetrisch zur y-Achse

(5) Lokales Maximum: $E_{Max}(0; -4)$

zu (4): Die Symmetrie zur y-Achse spricht für gerade Exponenten (z. B.: x^2; x^4).
zu (1): Der Zähler muss für $x = \pm 2$ null sein, der Nenner darf es nicht.
zu (2): Der Nenner muss für $x = \pm 1$ null sein, der Zähler darf es nicht.
zu (5): An der Stelle null muss der Funktionswert –4 sein.
zu (3): Die höchsten Potenzen im Zähler und Nenner müssen gleich sein (z. B.: x^2; x^4). Die Koeffizienten davor müssen den Quotienten –1 ergeben.

Daraus ergeben sich als einfachste Varianten die Funktionen:

$$\underline{\underline{f_1(x) = \frac{x^2 - 4}{1 - x^2}}} \quad \text{oder} \quad \underline{\underline{f_2(x) = \frac{4 - x^2}{x^2 - 1}}}$$

3 $P(3; 4; -2)$; $E \ldots 2x - y + z = 6$

$g \ldots$ Gerade orthogonal zu E durch P, d. h.: $\vec{a}_g = \vec{n}_E$

$$g \ldots \ \vec{x} = \begin{pmatrix} 3 \\ 4 \\ -2 \end{pmatrix} + t \begin{pmatrix} 2 \\ -1 \\ 1 \end{pmatrix}; \quad t \in \mathbb{R}$$

Durchstoßpunkt D von E und g:

$$\begin{aligned} 2 \cdot (3 + 2t) - (4 - t) + (-2 + t) &= 6 \\ 6 + 4t - 4 + t - 2 + t &= 6 \\ 6t &= 6 \\ t &= 1 \end{aligned}$$

$\Rightarrow \ D(5; 3; -1)$

$$\overrightarrow{OP'} = \overrightarrow{OD} + \overrightarrow{PD}$$

$$= \begin{pmatrix} 5 \\ 3 \\ -1 \end{pmatrix} + \begin{pmatrix} 2 \\ -1 \\ 1 \end{pmatrix} = \begin{pmatrix} 7 \\ 2 \\ 0 \end{pmatrix}$$

$\Rightarrow \ \underline{\underline{P'(7; 2; 0)}}$

4 $X \ldots$ Gewinn des Spielers in €

$a \ldots$ Einsatz in €

$6 \ldots$ „6“ gewürfelt

$\bar{6} \ldots$ keine „6“ gewürfelt

x_i	$-a$	$-a+1$	$-a+2$	$-a+3$
Ergebnisse	$\bar{6}\,\bar{6}\,\bar{6}$	$\bar{6}\,\bar{6}\,6$ $\bar{6}\,6\,\bar{6}$ $6\,\bar{6}\,\bar{6}$	$\bar{6}\,6\,6$ $6\,\bar{6}\,6$ $6\,6\,\bar{6}$	$6\,6\,6$
$P(X = x_i)$	$\left(\frac{5}{6}\right)^3 = \frac{125}{216}$	$3 \cdot \left(\frac{5}{6}\right)^2 \cdot \frac{1}{6} = \frac{75}{216}$	$3 \cdot \frac{5}{6} \cdot \left(\frac{1}{6}\right)^2 = \frac{15}{216}$	$\left(\frac{1}{6}\right)^3 = \frac{1}{216}$

$$E(X) = -\frac{125}{216}a + \frac{75}{216}(-a + 1) + \frac{15}{216}(-a + 2) + \frac{1}{216}(-a + 3)$$

$$E(X) = -a + \frac{1}{2}$$

Für ein faires Spiel muss der Erwartungswert E(X) gleich null sein:

$$0 = -a + \frac{1}{2} \quad \Rightarrow \quad \underline{\underline{a = \frac{1}{2}}}$$

Das bedeutet, dass der Spieler sich auf das Spiel einlassen sollte, wenn der Einsatz nicht mehr als 0,50 € beträgt, da er dann auf lange Sicht keinen Verlust macht.

Leistungskurs Mathematik (Sachsen): Musteraufgabe 1
Teil B – Aufgabe 1 mit CAS

In diesem Schuljahr fand das Skilager für die 8. Klassen zum ersten Mal in Bayrisch-Zell statt.
Die Sportlehrer wollten sich gut darauf vorbereiten. Zur Einteilung in die verschiedenen Leistungsgruppen mussten sie das Höhenprofil der Hänge kennen. Folgende Werte waren ihnen bekannt:

Kartenentfernung in m	0	20	40	60	80	100	120	140	160	180	200	220	240
Höhe in m	40	40,8	45,2	51,9	59,8	67,8	74,7	79,4	80,8	77,6	68,8	53,2	29,7

1.1 Bestimmen Sie die Gleichung einer ganzrationalen Funktion, die das Höhenprofil des Berges wiedergeben könnte, durch Regression.

Erreichbare BE-Anzahl: 2

1.2 Ermitteln Sie den höchsten Punkt des Berges.
Von diesem Punkt aus verläuft nach links eine Skipiste und nach rechts ein noch ungenutzter Hang.

Beim Schwierigkeitsgrad von Skipisten unterscheidet man zwischen
blau: leicht (für Anfänger) mit einer maximalen Neigung von 25 %
rot: mittelschwer mit einer maximalen Neigung von 40 %
schwarz: anspruchsvoll (nur für Könner) mit einer größeren Neigung als 40 %

Ermitteln Sie die maximale Neigung der Skipiste und ordnen Sie sie der entsprechenden Farbe zu.
Der Tourismusverband überlegt, auch den rechten Hang für den Wintersport zu erschließen.
Begründen Sie, warum dieses Vorhaben wieder verworfen werden sollte.

Hinweis: Eine Neigung von 40 % bedeutet, dass bei einer horizontalen Entfernung von 100 m ein Höhenunterschied von 40 m existiert.

Erreichbare BE-Anzahl: 7

1.3 Die Basisstation des Schleppliftes am linken Hang befindet sich an der Stelle $x = 0$.
Berechnen Sie die Länge des Weges, den ein Skifahrer vom Lift geschleppt wird, wenn sich die Ausstiegsstelle in einer Höhe von 75,8 m befindet.

Hinweis: Für die Bogenlänge ℓ eines Graphen einer beliebigen Funktion f im Intervall [a; b] gilt:

$$\ell = \int_a^b \sqrt{1 + [f'(x)]^2}\, dx$$

Erreichbare BE-Anzahl: 3

1.4 Auch die Funktion

$g(x) = 22\sin(0{,}025x - 2) + 60$

beschreibt für $x \in [0;\ 240]$ das Höhenprofil recht gut.

Geben Sie ein Intervall an, in dem die durch g bestimmte Höhe größer ist als die durch f bestimmte.

An welcher Stelle des Intervalls (77; 160) weichen die Höhen am weitesten voneinander ab?

Erreichbare BE-Anzahl: 4

1.5 Viele Schüler leihen sich Skier aus. Erfahrungsgemäß werden 12 % der entliehenen Skier mit Mängeln zurückgegeben. 62 Schüler leihen je 2 Skier aus.

Mit wie vielen beschädigten Skiern muss der Betreiber der Ausleihe nach Rückgabe rechnen?

Mit welcher Wahrscheinlichkeit sind es

(1) höchstens 10 Skier,

(2) weniger als 20 Skier?

Erreichbare BE-Anzahl: 5

1.6 Am Abend üben sich die Schüler im Zielwerfen. Grit und Max werfen auf ein Ziel und treffen mit einer Wahrscheinlichkeit von $\frac{3}{8}$ bzw. $\frac{9}{10}$.

(1) Grit wirft 5-mal. Mit welcher Wahrscheinlichkeit wechseln Treffer und Fehlwürfe dabei ab?

(2) Grit und Max werfen je 2-mal. Berechnen Sie die Wahrscheinlichkeit dafür, dass beide zusammen mindestens 3 Treffer erzielen.

Erreichbare BE-Anzahl: 4

Tipps und Hinweise

Teilaufgabe 1.1

- Geben Sie die Wertepaare im Menü „Data/Matrix“ ein und betrachten Sie die Lage der Punkte im Koordinatensystem.
- Da eine Parabel auszuschließen ist, führen Sie eine Regression für eine ganzrationale Funktion 3. und 4. Grades durch.
- Vergleichen Sie die Koeffizienten und entscheiden Sie sich deshalb für den 3. Grad.
- Speichern Sie die Funktion ab, um nicht mit Näherungswerten arbeiten zu müssen.

Teilaufgabe 1.2

- Ermitteln Sie das lokale Maximum $E_{Max}(x_E; y_E)$. Dafür muss gelten: $f'(x_E)=0$ und $f''(x_E)<0$.
- Die maximale Neigung liegt an Wendepunkten und, falls nicht vorhanden, bei stetigen Funktionen an den Intervallgrenzen.
- Für Wendestellen x_W gilt: $f''(x_W)=0$ und $f'''(x_W)\neq 0$

Teilaufgabe 1.3

- Ermitteln Sie zunächst die Ausstiegsstelle, die der oberen Integrationsgrenze entspricht, und berechnen Sie den Wert des angegebenen Integrals.

Teilaufgabe 1.4

- Stellen Sie auf dem Rechner die Graphen von f und g in einem Koordinatensystem dar und beobachten Sie den Verlauf beim Zeichnen.
- Ermitteln Sie zwei Schnittstellen, zwischen denen g oberhalb von f liegt. Diese bilden die Intervallgrenzen.
- Beachten Sie beim Aufstellen der Zielfunktion für die Extremwertaufgabe, dass sich f und g im vorgegebenen Intervall schneiden, Sie also den Betrag der Differenz der Funktionswerte nehmen müssen.

Teilaufgabe 1.5

- Legen Sie als Zufallsgröße die Anzahl der beschädigten Skier fest und wenden Sie Binomialverteilung an. Berechnen Sie die Wahrscheinlichkeiten über ein Rechnerprogramm oder mithilfe der Näherungsformel von Moivre-Laplace.

Teilaufgabe 1.6

- Beachten Sie bei (1), dass es 2 Möglichkeiten für das Abwechseln von Treffern und Fehlwürfen gibt.
- Beachten Sie bei (2) alle Möglichkeiten für 3 und 4 Treffer.

Lösungen

1.1 Die Lage der Punkte lässt eine Regression durch eine Funktion 3. oder 4. Grades vermuten:

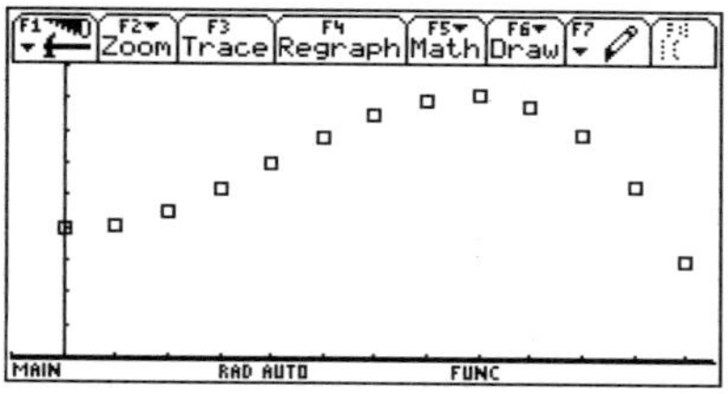

Ergebnisse:

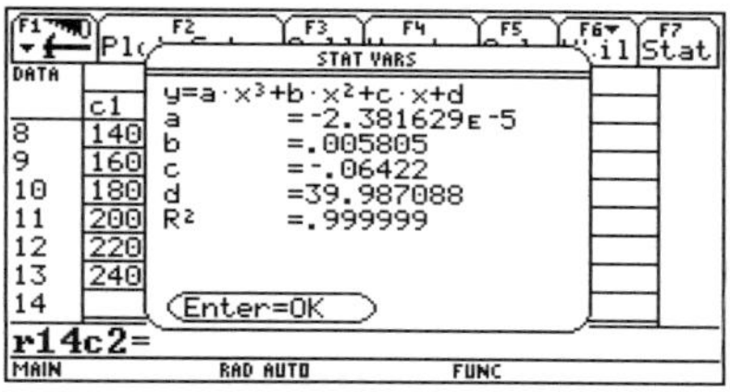

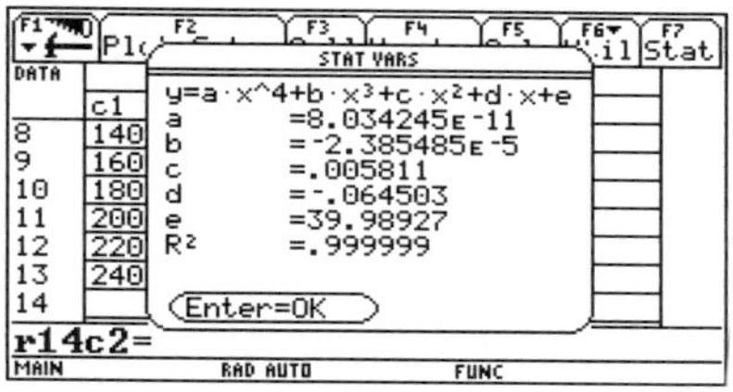

Da a hier sehr klein ist und die anderen Parameter sich nicht sehr von denen der Funktion 3. Grades unterscheiden, reicht die Funktion 3. Grades aus.

$\Rightarrow$ $f(x) = -2{,}381629 \cdot 10^{-5} x^3 + 0{,}005805x^2 - 0{,}06422x + 39{,}987088$

(Speicherung unter y1)

1.2 Ermitteln des lokalen Maximums (höchster Punkt des Berges):

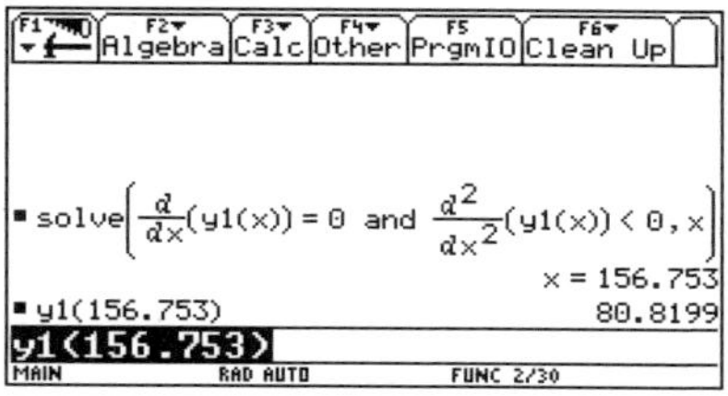

$\Rightarrow$ Der höchste Punkt besitzt folgende Koordinaten (in Metern):
$E_{Max}(156{,}753; 80{,}8199)$

Die maximale Neigung findet man an den Wendepunkten, d. h. dort muss gelten: $f''(x_W) = 0$ und $f'''(x_W) \neq 0$

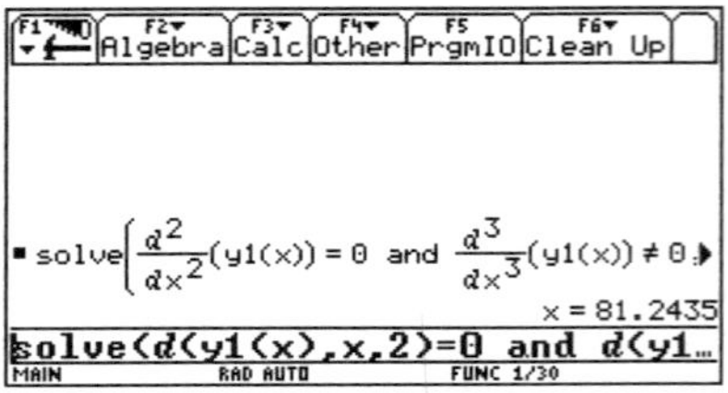

Damit ergibt sich nur eine Wendestelle $x_W = 81{,}2435$ auf dem linken Hang. Die Neigung an dieser Stelle ist dann der Funktionswert der 1. Ableitungsfunktion (hier f1(x) genannt) an der Stelle x_W.

Für den rechten Hang ist die Neigung an der Intervallgrenze ($x = 240$) am größten.

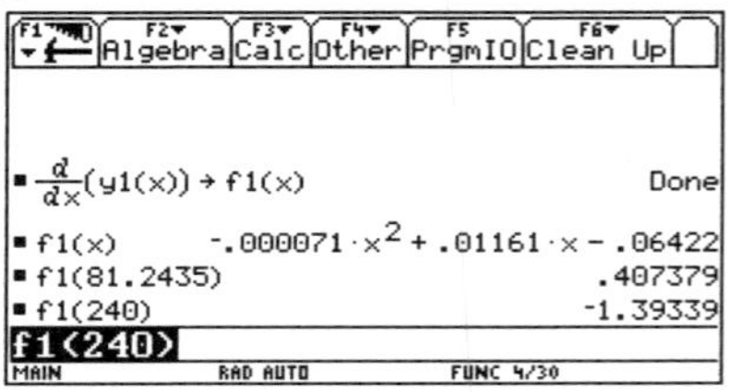

Ergebnisse:

Skihang links: maximale Neigung an $x_W = 81{,}2435$:

$m_\ell = 0{,}407379 \triangleq$ ca. 40 %

Dies ist ein Grenzfall. Theoretisch wäre die Einteilung als schwarze Piste richtig. Sie könnte aber auch gerade noch als rote Piste bezeichnet sein.

Hang rechts: maximale Neigung an $x = 240$:

$m_r = -1{,}39339 \triangleq$ ca. 139 %

$\Rightarrow$ Der rechte Hang ist ein extremer Steilhang und deshalb zum Skifahren zu gefährlich, also als Skipiste ungeeignet. Er könnte höchstens für Extremsportler eine spezielle Herausforderung bieten.

1.3 Ermitteln des x-Wertes der Ausstiegsstelle:

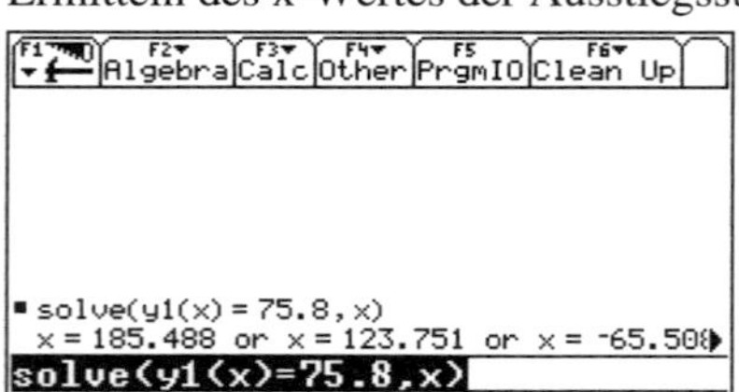

Da der linke Skihang interessiert, ist dies die Stelle $\underline{\underline{x = 123{,}751}}$.

Berechnung der Weglänge mit der angegebenen Formel:

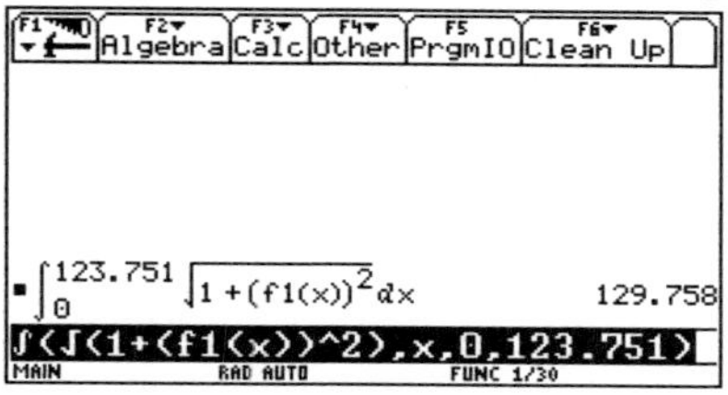

Ein Skifahrer wird also $\underline{\underline{\text{ca. } 130 \text{ m}}}$ geschleppt.

1.4 Die Graphen der Funktionen f und g schneiden sich im Intervall [0; 240] viermal. Durch Beobachtung bei der Darstellung der Graphen auf dem Rechner erkennt man den Verlauf. Eine Auswahl von Schnittpunkten ergibt:

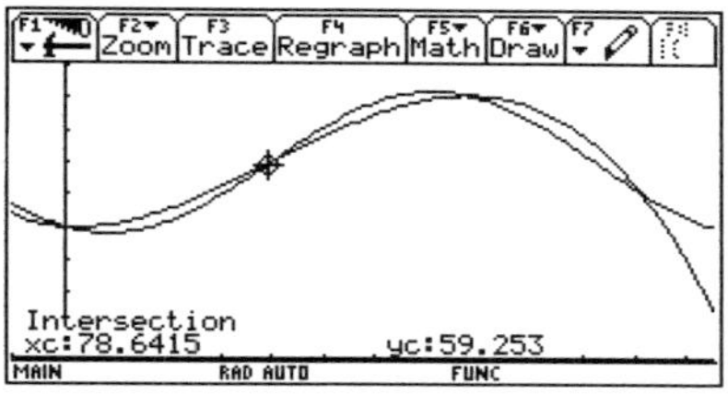

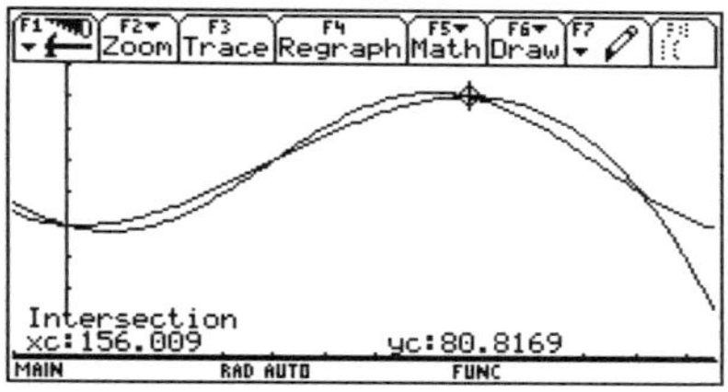

Im Intervall $\underline{\underline{[78{,}6415; 156{,}009]}}$ gibt g größere Höhen an als f.

Da im Intervall (77; 160) Schnittpunkte liegen, muss man bei der Differenz der Höhen auf die Beträge zurückgreifen.
$a(x) = |f(x) - g(x)|;\ x \in (77;\ 160)$

Ermitteln des lokalen Maximums:

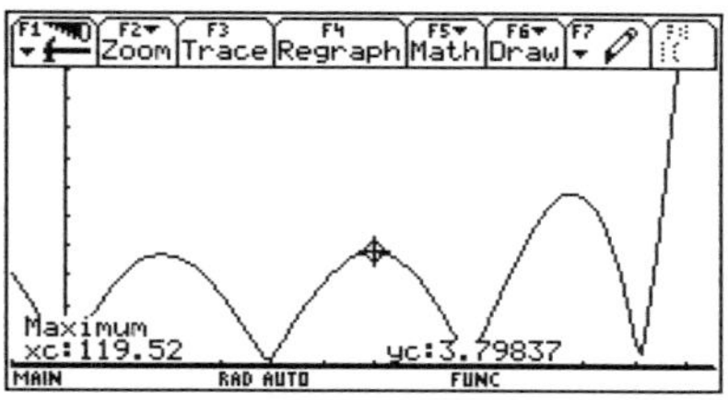

$\Rightarrow$ An der Stelle $\underline{\underline{x = 119{,}52}}$ weichen die Höhen am weitesten voneinander ab ($\Delta h \approx 3{,}8$ m).

1.5 X … Anzahl der beschädigten Skier
Binomialverteilung: $n = 124;\ p = 0{,}12$
$\mu = n \cdot p = 124 \cdot 0{,}12 = \underline{\underline{14{,}88}}$

Der Betreiber muss mit $\underline{\underline{\text{ca. 15}}}$ beschädigten Skiern rechnen.

$n \cdot p \cdot (1-p) = 13{,}0944 > 9; \; \sigma = \sqrt{13{,}0994}$

Berechnung der Wahrscheinlichkeiten mit der Näherungsformel von Moivre-Laplace:

$$P(X \le 10) \approx \Phi\left(\frac{10 - 14{,}88 + 0{,}5}{\sqrt{13{,}0944}}\right) \approx \Phi(-1{,}21)$$

$$\approx 1 - \Phi(1{,}21) \approx \underline{\underline{0{,}1131}}$$

$$P(X < 20) = P(X \le 19) \approx \Phi\left(\frac{19 - 14{,}88 + 0{,}5}{\sqrt{13{,}0944}}\right)$$

$$\approx \Phi(1{,}28) \approx \underline{\underline{0{,}8997}}$$

(Rechnerprogramm zur summierten Binomialverteilung liefert z. B.:
$P(X \le 10) \approx 0{,}1091$; $P(X \le 19) \approx 0{,}8961$)

1.6 G … Treffer Grit; $\overline{G}$ … kein Treffer Grit; $p_G = \frac{3}{8}$
M … Treffer Max; $\overline{M}$ … kein Treffer Max; $p_M = \frac{9}{10}$

(1) A … Treffer und Fehlwürfe bei Grit wechseln sich ab (5 Würfe).
Möglichkeiten: $G\,\overline{G}\,G\,\overline{G}\,G$ und $\overline{G}\,G\,\overline{G}\,G\,\overline{G}$

$$P(A) = \left(\frac{3}{8}\right)^3 \cdot \left(\frac{5}{8}\right)^2 + \left(\frac{3}{8}\right)^2 \cdot \left(\frac{5}{8}\right)^3 \approx \underline{\underline{0{,}0549}}$$

(2) B … Mindestens 3 Treffer, wenn beide je 2-mal werfen.
Möglichkeiten:

$$\left.\begin{array}{l} G\,G\,M\,\overline{M} \\ G\,G\,\overline{M}\,M \\ G\,\overline{G}\,M\,M \\ \overline{G}\,G\,M\,M \end{array}\right\} \text{3 Treffer}$$

$G\,G\,M\,M \;\rightarrow\;$ 4 Treffer

$$P(B) = 2 \cdot \left[\left(\frac{3}{8}\right)^2 \cdot \frac{9}{10} \cdot \frac{1}{10}\right] + 2 \cdot \left[\frac{3}{8} \cdot \frac{5}{8} \cdot \left(\frac{9}{10}\right)^2\right] + \left(\frac{3}{8}\right)^2 \cdot \left(\frac{9}{10}\right)^2 \approx \underline{\underline{0{,}5189}}$$

Leistungskurs Mathematik (Sachsen): Musteraufgabe 1
Teil B – Aufgabe 1 ohne CAS

Eine Firma stellt allseitig geschlossene quaderförmige Behälter her. Je nach Bedarf können die Maße bestimmten Bedingungen angepasst werden.

1.1 Weisen Sie nach, dass ein Quader mit vorgegebenem Volumen V_B und einer quadratischen Grundfläche $A_G = a^2$ $(a > 0)$ genau dann die kleinste Oberfläche hat, wenn er die Form eines Würfels hat.

Erreichbare BE-Anzahl: 5

1.2 Ein Kunde möchte Behälter mit vorgegebenem Volumen V_B so konstruiert haben, dass Länge und Breite der Grundfläche im Verhältnis 1 : 2 stehen. Die Firma möchte die niedrigsten Materialkosten erreichen.
Ermitteln Sie Länge, Breite und Höhe der Behälter auf Millimeter genau, wenn $V_B = 20{,}0\ \text{dm}^3$ betragen soll.

Erreichbare BE-Anzahl: 7

1.3 Für die Verpackung einzelner Vasen (siehe Skizze) stellt die Firma ebenfalls quaderförmige Behälter her. Geben Sie die Mindestmaße eines solchen Behälters an. Die Wandstärke der Vase wird dabei vernachlässigt.

Die Zwischenräume zwischen Vase und Behälter werden mit kleinen Schaumstoffteilen gefüllt. Legen Sie die Mindestmaße zugrunde und berechnen Sie, wie viele Liter Schaumstoff für die Verpackung einer Vase näherungsweise benötigt werden.
Betrachten Sie die Vase als Rotationskörper einer ganzrationalen Funktion 3. Grades.

Skizze (Angaben in cm):

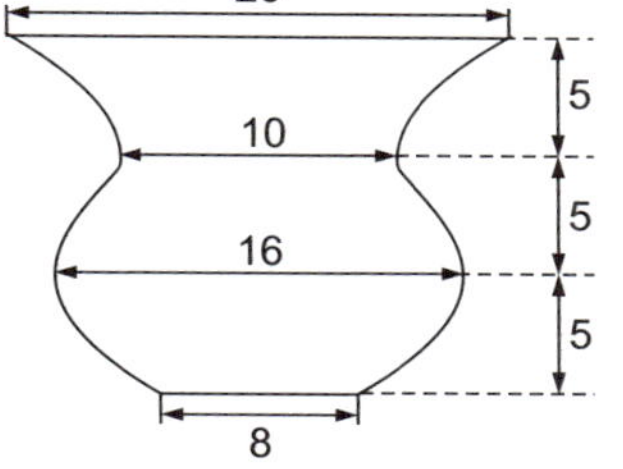

Erreichbare BE-Anzahl: 6

1.4 Die Behälter werden mit Kennzeichen versehen, die vorn aus zwei Buchstaben und anschließend aus vier Ziffern, außer Null, bestehen.
Wie viele Behälter können so unterschiedlich gekennzeichnet werden, wenn sich Buchstaben nicht wiederholen dürfen und die Anordnung von Buchstaben und Ziffern von Bedeutung ist?

Erreichbare BE-Anzahl: 3

1.5 3 % der Behälter weisen Mängel auf, die einer Nacharbeit bedürfen. Es werden zufällig aus einer Produktionsserie von 1 000 Stück 180 Behälter ausgewählt.
Mit welcher Wahrscheinlichkeit weisen davon höchstens 4 einen Mangel auf?
Bei der Kontrolle werden nur 80 % der Mängel entdeckt und 5 % als mangelhaft eingestuft, obwohl sie einwandfrei sind.
Berechnen Sie die Wahrscheinlichkeit dafür, dass ein Behälter falsch beurteilt wird.

Erreichbare BE-Anzahl: 4

Tipps und Hinweise

Teilaufgabe 1.1

- Stellen Sie als Zielfunktion eine Gleichung für den Oberflächeninhalt eines Quaders auf, die nur a als abhängige Variable und V_B als Konstante enthält.
- Ermitteln Sie rechnerisch das lokale Minimum. Es muss gelten:
  Notwendige Bedingung: $f'(a_E) = 0$
  Hinreichende Bedingung: $f''(a_E) > 0$
- Wenn sich als Höhe des Quaders a ergibt, handelt es sich um einen Würfel.

Teilaufgabe 1.2

- Gehen Sie ähnlich wie in Teilaufgabe 1.1 vor.
- Beachten Sie als Nebenbedingung das Seitenverhältnis bei der Grundfläche und nutzen Sie zur Angabe der Höhe das bekannte Volumen.
- Sie können hier das lokale Minimum mit dem Rechner ermitteln.

Teilaufgabe 1.3

- Die Mindestmaße ergeben sich aus dem größten Durchmesser und der Höhe der Vase.
- Betrachten Sie die Vase als Rotationskörper einer ganzrationalen Funktion 3. Grades um die x-Achse.
- Verwenden Sie zum Erstellen der Funktion alle gegebenen Maße (Zuordnung von Punkten).
- Die Differenz des Volumens des Behälters und der Vase ergibt das Volumen des Schaumstoffes.

Teilaufgabe 1.4

- Da die Reihenfolge eine Rolle spielt, handelt es sich um Variationen.
- Ermitteln Sie zunächst die Buchstaben-Variationen (ohne Wiederholung) und die Zahlen-Variationen (mit Wiederholung) getrennt.
- Die Gesamtzahl der Möglichkeiten ergibt sich aus dem Produkt der Teilergebnisse, da gleichzeitig Buchstaben und Zahlen angeordnet werden.

Teilaufgabe 1.5

- Wenden Sie zunächst Binomialverteilung an, indem Sie als Zufallsgröße die Anzahl der mangelhaften Behälter verwenden.
- Fertigen Sie zum zweiten Teil der Aufgabe ein Baumdiagramm an und verwenden Sie zur Lösung den Satz von der totalen Wahrscheinlichkeit bzw. die Pfadregeln.

Lösungen

1.1 **Zielfunktion:**

$A_O = f(a,b,c) = 2(ab + ac + bc)$

Nebenbedingungen:

(1) $b = a$

$V_B = a \cdot b \cdot c \Rightarrow V_B = a^2 \cdot c$

(2) $c = \frac{V_B}{a^2}$

$$A_O = f(a) = 2\left(a \cdot a + a \cdot \frac{V_B}{a^2} + a \cdot \frac{V_B}{a^2}\right)$$

$$= 2\left(a^2 + \frac{V_B}{a} + \frac{V_B}{a}\right)$$

$$A_O = f(a) = 2a^2 + \frac{4V_B}{a}; \quad a > 0; \; V_B = \text{konst.}$$

Ermitteln des lokalen Minimums:

$$f'(a) = 4a - \frac{4V_B}{a^2}$$

$$0 = 4a_E - \frac{4V_B}{a_E^2} \quad \Big| \cdot a_E^2$$

$$0 = 4a_E^3 - 4V_B$$

$$a_E^3 = V_B$$

$$a_E = \sqrt[3]{V_B}; \quad b_E = \sqrt[3]{V_B}; \quad c_E = \frac{V_B}{\sqrt[3]{V_B^2}} = \sqrt[3]{\frac{V_B^3}{V_B^2}} = \sqrt[3]{V_B}$$

$$\Rightarrow \quad a_E = b_E = c_E = \sqrt[3]{V_B}$$

$$f''(a) = 4 + \frac{8V_B}{a^3}$$

$$f''(a_E) = 4 + \frac{8V_B}{\sqrt[3]{V_B^3}} = 12 > 0 \quad \Rightarrow \quad \text{lokales Minimum}$$

Somit hat ein Würfel hier die kleinste Oberfläche.

1.2 Wenig Material $\rightarrow$ Oberfläche muss möglichst klein sein.

Zielfunktion:

$A_O = f(\ell, b, h) = 2(\ell b + \ell h + bh)$

Nebenbedingungen:

(1) $b = 2 \cdot \ell$

$V_B = \ell \cdot b \cdot h \Rightarrow V_B = 2\ell^2 \cdot h$

(2) $h = \dfrac{V_B}{2\ell^2}$

$$A_O = f(\ell) = 2\left(\ell \cdot 2\ell + \ell \cdot \frac{V_B}{2\ell^2} + 2\ell \cdot \frac{V_B}{2\ell^2}\right)$$

$$= 2\left(2\ell^2 + \frac{V_B}{2\ell} + \frac{V_B}{\ell}\right)$$

$$A_O = f(\ell) = 4\ell^2 + \frac{3V_B}{\ell}$$

$$f(\ell) = 4\ell^2 + \frac{60}{\ell}; \quad \ell > 0$$

Einheiten: V_B in dm^3
A_O in dm^2
ℓ, b, h in dm

Ermitteln des lokalen Minimums mittels Rechner:

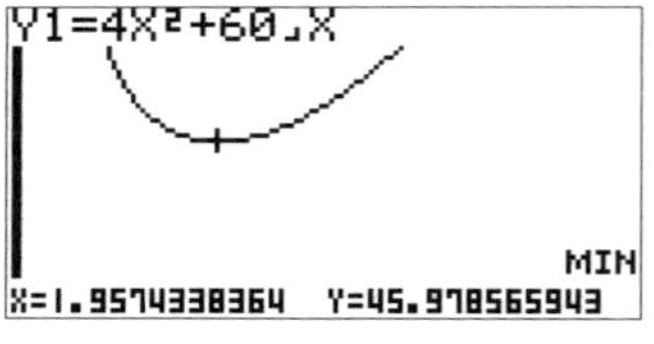

Lokales Minimum: E(1,9574; 45,9786)

$\Rightarrow \ell_E \approx 1{,}96; \; b_E \approx 3{,}92, \; h_E \approx 2{,}61$

Um niedrige Materialkosten zu erreichen, sollte der Behälter eine Länge von 1,96 dm, eine Breite von 3,92 dm und eine Höhe von 2,61 dm haben.

1.3 Größter Durchmesser der Vase: 20 cm
Höhe der Vase: 15 cm

Mindestmaße des Behälters:

$\ell = 20$ cm
$b = 20$ cm
$h = 15$ cm

Näherungsweise Ermittlung des Volumens der Vase:

Die Vase soll als Rotationskörper aufgefasst werden.

Einheiten: V in cm^3
ℓ, b, h in cm

Skizze:

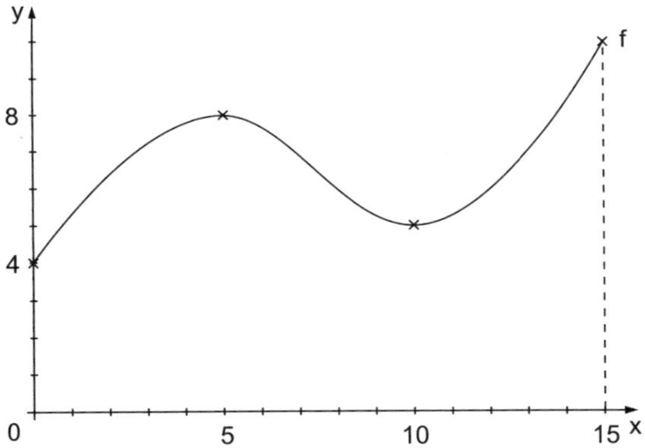

Feststehende Punkte: $P_1(0; 4)$; $P_2(5; 8)$; $P_3(10; 5)$; $P_4(15; 10)$

Es werden hier zwei Möglichkeiten zur Ermittlung der ganzrationalen Funktion vorgeführt.

(1) Ermitteln einer ganzrationalen Funktion im Statistik-Menü:

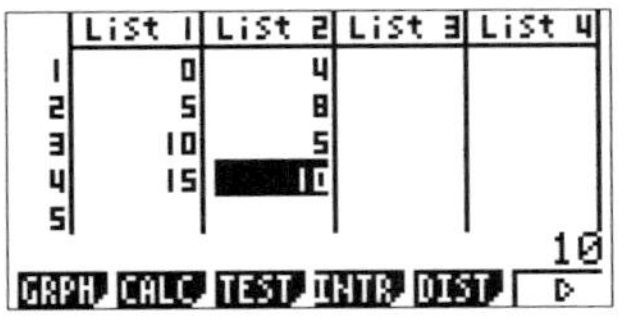

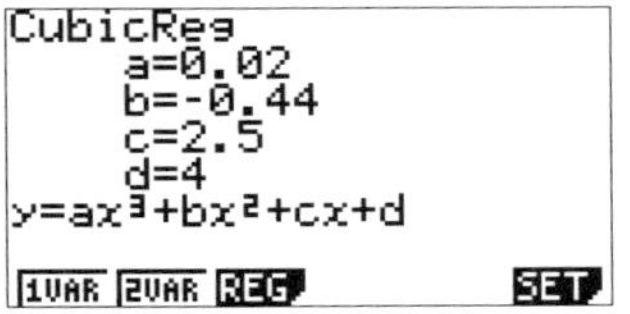

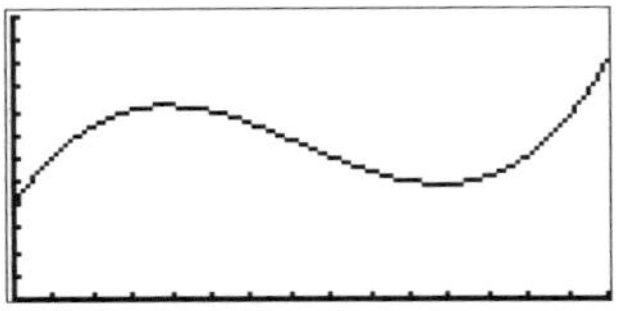

$\Rightarrow \quad f_1(x) = 0{,}02x^3 - 0{,}44x^2 + 2{,}5x + 4$

(2) Ermitteln einer ganzrationalen Funktion unter Beachtung besonderer Eigenschaften:

$f_2(x) = ax^3 + bx^2 + cx + d; \quad f_2'(x) = 3ax^2 + 2bx + c$

$P_1(0; 4) \in f_2$: $\quad d = 4$

$P_4(15; 10) \in f_2$: $\quad 3\,375a + 225b + 15c + 4 = 10$

bzw. $3\,375a + 225b + 15c = 6$

Lokales Maximum an $x_2 = 5$:

$f_2'(5) = 0$: $\quad 75a + 10b + c = 0$

Lokales Minimum an $x_3 = 10$:

$f_2'(10) = 0$: $\quad 300a + 20b + c = 0$

Gleichungssystem:

$$\begin{array}{ll} \text{(I)} & 3\,375a + 225b + 15c = 6 \\ \text{(II)} & 75a + 10b + c = 0 \\ \text{(III)} & 300a + 20b + c = 0 \\ \hline & a = \frac{4}{375};\ b = -\frac{6}{25};\ c = 1\frac{3}{5} \end{array}$$

$$\Rightarrow \quad f_2(x) = \frac{4}{375}x^3 - \frac{6}{25}x^2 + 1\frac{3}{5} + 4$$

Volumen der Vase:

$$V_{x_1} = \pi \int_0^{15} [f_1(x)]^2\,dx \approx 2\,150 \qquad \text{bzw.} \qquad V_{x_2} = \pi \int_0^{15} [f_2(x)]^2\,dx \approx 2\,350$$

$V_{Beh} = 20 \cdot 20 \cdot 15 = 6\,000$ | $V_{Beh} = 20 \cdot 20 \cdot 15 = 6\,000$

$6\,000 - 2\,150 = 3\,850$ | $6\,000 - 2\,350 = 3\,650$

$3\,850\ dm^3 \mathrel{\hat{=}} \underline{\underline{3{,}85\ \ell}}$ | $3\,650\ dm^3 \mathrel{\hat{=}} \underline{\underline{3{,}65\ \ell}}$

Für die Verpackung einer Vase sind ca. 4 ℓ Schaumstoff notwendig.

1.4 2 Buchstaben (ohne Wiederholung) · 4 Ziffern außer „0“ (mit Wiederholung)

$$V_{26}^2 \cdot {}^{W}V_9^4$$

$$= \frac{26!}{24!} \cdot 9^4$$

$$= 650 \cdot 6\,561$$

$$= \underline{\underline{4\,264\,650}} \text{ Möglichkeiten}$$

1.5 X … Anzahl der Behälter mit Mangel

$B(180; 0{,}03; k \leq 4)$

$P(X \leq 4) \approx \underline{\underline{0{,}37}}$ (mittels Rechnerprogramm)

Mit einer Wahrscheinlichkeit von 0,37 (37 %) weisen höchstens 4 von 180 Behältern Mängel auf.

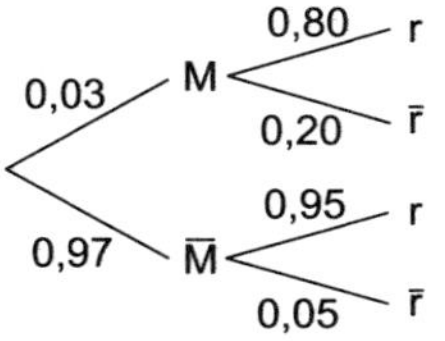

M … Mangel
$\overline{M}$ … kein Mangel
r … richtig erkannt
$\overline{r}$ … nicht richtig erkannt

A … Behälter wird falsch beurteilt

$P(A) = 0{,}03 \cdot 0{,}20 + 0{,}97 \cdot 0{,}05 = \underline{\underline{0{,}0545}}$

Mit einer Wahrscheinlichkeit von 0,0545 (5,45 %) werden die Behälter falsch bewertet.

Leistungskurs Mathematik (Sachsen): Musteraufgabe 1
Teil B – Aufgabe 2

Zur Ortsumgehung der Stadt Zschopau wurde für den Ausbau der Bundesstraße B 174 eine neue Brücke geplant, die sowohl den Fluss Zschopau als auch die Staatsstraße S 228 überqueren soll. Die Fahrbahn der B 174 und damit die Brückenoberfläche liegt näherungsweise in einer Ebene E_t, die mit der Gleichung

$(-6+7t)x+(18-21t)y+180z=-516+1\,232t,\ \ (t\in\mathbb{R})$

beschrieben werden kann.

Der äußere Fahrbahnrand der S 228 kann in diesem Abschnitt näherungsweise durch die Gerade g mit der Gleichung

$$\vec{x}=\begin{pmatrix}-30\\58\\-5\end{pmatrix}+s\begin{pmatrix}3\\1\\0\end{pmatrix};\ \ s\in\mathbb{R}$$

beschrieben werden.

1 LE im kartesischen Koordinatensystem entspricht dabei 1 m.

Skizze (nicht maßstäblich):

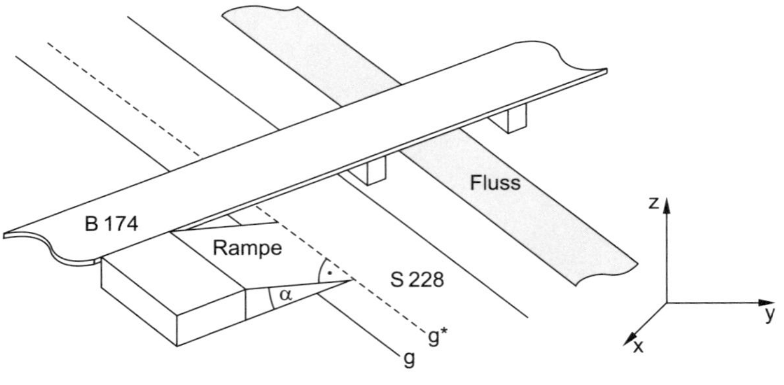

2.1 Alle Ebenen E_t schneiden sich in ein und derselben Geraden s. Ermitteln Sie eine Gleichung für diese Schnittgerade.

Erreichbare BE-Anzahl: 2

2.2 Untersuchen Sie die Lage von g zu den Ebenen E_t.

Erreichbare BE-Anzahl: 2

2.3 Auf der Fahrbahn B 174 befindet sich der Punkt P(–19; 55; 3). Berechnen Sie die Durchfahrtshöhe für die Fahrzeuge auf der S 228, wenn beide Fahrbahnen in parallelen Ebenen liegen und die Brückenstärke 1 Meter beträgt.

Erreichbare BE-Anzahl: 3

2.4 Die Auffahrt von der S 228 zur B 174 erfolgt jeweils rechtwinklig. Die Auffahrt (Rampe) kann ebenfalls näherungsweise durch eine Ebene E_t beschrieben werden. Sie darf einen Neigungswinkel von $\alpha = 2{,}86°$ nicht überschreiten. Deshalb muss die Fahrbahn der S 228 parallel zur alten Straßenführung in z-Richtung angehoben werden. Der ursprüngliche Fahrbahnrand entlang der Geraden g soll nun durch eine Gerade g* beschrieben werden.
Ermitteln Sie, um wie viele Meter die Fahrbahn der S 228 mindestens angehoben werden muss.

Erreichbare BE-Anzahl: 5

2.5 Die S 228 soll auf einem Streckenabschnitt von 2,4 km beidseitig alleeartig angelegt werden. Die Bäume sollen einen Abstand von 6 m haben. Von einem Gartenbaubetrieb werden Container mit je 45 Setzlingen angeboten.
Wie viele solcher Behälter sollten gekauft werden, wenn mit ca. 5 % Verlust der Bäumchen durch mechanische Schäden beim Pflanzen gerechnet werden muss?

Erreichbare BE-Anzahl: 2

2.6 Es werden Bäume mit roten oder weißen Blüten gepflanzt. Beide Arten können Früchte tragen. Bekannt ist, dass 30 % aller Bäume weiße Blüten haben; 40 % haben Früchte und davon die Hälfte auch weiße Blüten.
Berechnen Sie die Wahrscheinlichkeit dafür, dass ein Baum rote Blüten und keine Früchte hat.

Erreichbare BE-Anzahl: 3

2.7 Vom Gartenbaubetrieb G1 wurden 60 % der Bäume gekauft, der Rest vom Betrieb G2. Bei G1 gehen erfahrungsgemäß 4 % der Setzlinge im 1. Jahr ein, bei G2 sogar 5 %.
Ein zufällig ausgewählter Baum geht ein. Mit welcher Wahrscheinlichkeit stammte er vom Betrieb G1?

Erreichbare BE-Anzahl: 3

Aufgabentext sowie Teilaufgaben 2.2 bis 2.4 basieren auf: Abiturprüfung 1999 (Nachtermin) Leistungskurs Mathematik (Sachsen), Wahlaufgabe D 2 – Analytische Geometrie und lineare Algebra

Tipps und Hinweise

Teilaufgabe 2.1

- Da sich alle Ebenen in einer Gerade schneiden, reicht es, sich zwei spezielle Ebenen auszuwählen, z. B. E_0 und E_1.

Teilaufgabe 2.2

- Ebene und Gerade sind parallel, wenn der Normalenvektor der Ebene orthogonal zum Richtungsvektor der Geraden ist, also ihr Skalarprodukt null ergibt.

Teilaufgabe 2.3

- Setzen Sie die Koordinaten des Punktes P in die Ebenengleichung E_t ein, um das spezielle t zu berechnen und damit die spezielle Ebene.
- Da beide Fahrbahnen parallel zur x-y-Ebene verlaufen, brauchen nur die z-Werte betrachtet werden.

Teilaufgabe 2.4

- Für g* ist nur die z-Koordinate des Stützvektors zu verändern.
- Wählen Sie als Ansatz den Winkel zwischen x-y-Ebene und Ebene E_t:
  $\cos\alpha = \frac{\vec{n}_{xy} \circ \vec{n}_{E_t}}{|\vec{n}_{xy}| \cdot |\vec{n}_{E_t}|}$ und lösen Sie die Gleichung grafisch.
- Von den zwei Lösungen muss eine aufgrund des Sachverhaltes ausgeschlossen werden.
- Vergleichen Sie schließlich wieder die z-Koordinaten.

Teilaufgabe 2.6

- Fertigen Sie eine Vier-Felder-Tafel an und tragen Sie die gegebenen Wahrscheinlichkeiten ein.
- Nun können Sie den Rest ergänzen und die gesuchte Wahrscheinlichkeit auswählen.

Teilaufgabe 2.7

- Hier ist ein Baumdiagramm sinnvoll.
- Wenden Sie den Satz von Bayes an.

Lösungen

2.1 $t=0$: $E_0 \ldots -6x+18y+180z=-516$

$t=1$: $E_1 \ldots \quad x-\ 3y+180z=716$

s ist dann auch Schnittgerade von E_0 und E_1.

Mittels Rechnerprogramm:

```
Schnittgerade
   179              3780
x=  1           +t  1260
    3                 0
Winkel= 7.02 °
```

$$\Rightarrow \quad s \ldots \vec{x} = \begin{pmatrix} 179 \\ 1 \\ 3 \end{pmatrix} + r \begin{pmatrix} 3 \\ 1 \\ 0 \end{pmatrix};\ r \in \mathbb{R}$$

2.2 Lagebeziehung g und E_t:

$$(-6+7t)(-30+3s)+(18-21t)(58+s)+180\cdot(-5)=-516+1\,232t$$

$$180-\cancel{18s}-210t+\cancel{21st}+1\,044+\cancel{18s}-1\,218t-\cancel{21st}-900=-516+1\,232t$$

$$-2\,660t=-840$$

$$t=\frac{6}{19}$$

$\Rightarrow$ Für $t=\frac{6}{19}$ liegt g in der Ebene E_t, denn es gibt gemeinsame Punkte und

$g \parallel E_t$ wegen:

$$\vec{a}_g \circ \vec{n}_{E_t} = \begin{pmatrix} 3 \\ 1 \\ 0 \end{pmatrix} \circ \begin{pmatrix} -6+7t \\ 18-21t \\ 180 \end{pmatrix} = -18+21t+18-21t=0$$

Also liegt für $t \neq \frac{6}{19}$ die Gerade g parallel zu E_t.

2.3 $P(-19;\ 55;\ 3) \in E_t$:

$$(-6+7t)(-19)+(18-21t)\cdot 55+180\cdot 3=-516+1\,232t$$

$$-2\,520t=-2\,160$$

$$t=\frac{6}{7}$$

$E_{\frac{6}{7}} \ldots 180z=540$

bzw. $z=3 \ldots$ Fahrbahn B 174

B 174 und S 228 liegen parallel zur x-y-Ebene, d. h. die Durchfahrtshöhe ist die Differenz der z-Koordinaten ihrer Punkte abzüglich der Brückenstärke:

$h=3-(-5)-1=7$

Die Durchfahrtshöhe beträgt 7 Meter.

2.4 $g^* \ldots \vec{x} = \begin{pmatrix} -30 \\ 58 \\ z \end{pmatrix} + s \begin{pmatrix} 3 \\ 1 \\ 0 \end{pmatrix}, \quad s \in \mathbb{R}$

$\alpha = \sphericalangle(E_t;\ \text{x-y-Ebene}) = 2{,}86°$

$\vec{n}_{E_t} = \begin{pmatrix} -6+7t \\ 18-21t \\ 180 \end{pmatrix}; \quad \vec{n}_{xy} = \begin{pmatrix} 0 \\ 0 \\ 1 \end{pmatrix}$

$$\cos\alpha = \frac{180 \cdot 1}{\sqrt{(-6+7t)^2 + (18-21t)^2 + 180^2} \cdot 1}$$

$$\cos 2{,}86° \cdot \sqrt{32\,760 - 840t + 490t^2} - 180 = 0$$

Grafische Lösung:

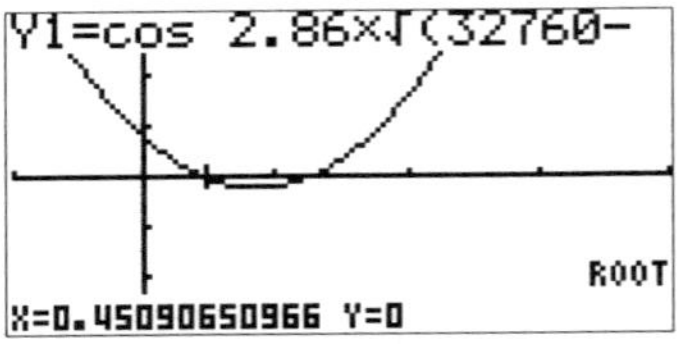

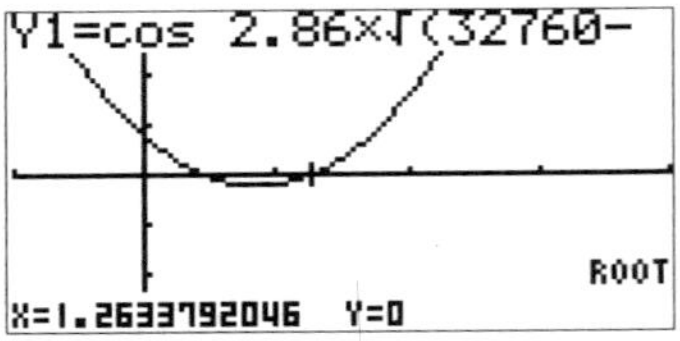

$\Rightarrow \quad t_1 \approx 0{,}45; \quad t_2 \approx 1{,}26$

E_{t_1} und g*:

$$(-6+7t_1)(-30+3s) + (18-21t_1)(58+s) + 180z = -516 + 1\,232t_1$$
$$180z = -1\,740 + 2\,660t_1$$
$$z \approx -3{,}02$$

E_{t_2} und g*:

$$180z = -1\,740 + 2\,660t_2$$
$$z \approx 8{,}95 \quad \text{(entfällt hier)}$$

Der alte Fahrbahnrand hatte das Niveau $z = -5$. Um auf $z = -3$ zu kommen, muss die Fahrbahn ca. 2 Meter angehoben werden.

(Für t_2 läge die S 228 höher als die B 174.)

2.5 $2\,400\text{ m} \cdot 2 = 4\,800\text{ m}$

$4\,800\text{ m} : 6\text{ m} = 800$ (Zwischenräume)

$\Rightarrow$ 802 Bäume werden benötigt.

$802 \cdot 1{,}05 \approx 842$

$842 : 45 \approx 18{,}7$

Es sollten 19 Container gekauft werden.

2.6 R… rote Blüten

W… weiße Blüten

F… Früchte

$\overline{F}$… keine Früchte

Vier-Felder-Tafel:

Gegeben:

	F	$\overline{F}$	
R			
W	0,2		0,3
	0,4		1

Vollständige Berechnung:

	F	$\overline{F}$	
R	0,2	(0,5)	0,7
W	0,2	0,1	0,3
	0,4	0,6	1

Die Wahrscheinlichkeit für rote Blüten und keine Früchte beträgt $\underline{\underline{0,5}}$ oder 50 %.

2.7 Baumdiagramm:

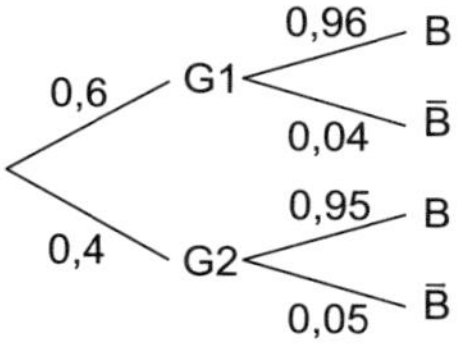

B: Baum gedeiht

$\overline{B}$: Baum geht ein

$$P_{\overline{B}}(G1) = \frac{0,6 \cdot 0,04}{0,6 \cdot 0,04 + 0,4 \cdot 0,05} = \underline{\underline{0,\overline{54} = \frac{6}{11}}}$$

Der Setzling stammt mit einer Wahrscheinlichkeit von $\frac{6}{11}$ vom Betrieb G1.

Leistungskurs Mathematik (Sachsen): Musteraufgabe 2
Teil A (ohne Rechenhilfsmittel)

1 In den Aufgaben 1.1 bis 1.5 ist von den jeweils fünf Auswahlmöglichkeiten genau eine Antwort richtig. Kreuzen Sie das jeweilige Feld an.

1.1 Welche Gleichung hat die Tangente im Punkt P(5; 3) an den Graphen der Funktion f mit $f(x) = \frac{3}{x-4}$?

☐	☐	☐	☐	☐
$y = 3x + 18$	$y = \frac{1}{3}x - 3$	$y = -3x + 15$	$y = -3x + 18$	$y = 3x + 15$

1.2 Welche der angegebenen Funktionen F ist Stammfunktion von $f(x) = \frac{2}{x-4}$ und verläuft durch den Koordinatenursprung?

☐ $F(x) = 2\ln|x-4| - \ln 16$

☐ $F(x) = 2\ln|x-4|$

☐ $F(x) = 2\ln x - 4$

☐ $F(x) = 2\ln|x-4| - 2$

☐ $F(x) = 2\ln|x| - \ln 4$

1.3 Welche zwei der angegebenen Vektoren sind linear abhängig?

$\vec{a} = \begin{pmatrix} 1 \\ 3 \\ -2 \end{pmatrix}$; $\vec{b} = \begin{pmatrix} 0 \\ 6 \\ -4 \end{pmatrix}$; $\vec{c} = \begin{pmatrix} -1 \\ -3 \\ -2 \end{pmatrix}$; $\vec{d} = \begin{pmatrix} -3 \\ -9 \\ 6 \end{pmatrix}$

☐	☐	☐	☐	☐
$\vec{a}$ und $\vec{b}$	$\vec{a}$ und $\vec{c}$	$\vec{a}$ und $\vec{d}$	$\vec{b}$ und $\vec{c}$	$\vec{c}$ und $\vec{d}$

1.4 Welcher Punkt S ist Schwerpunkt des Dreiecks ABC mit A(–1; 0; 1), B(4; 2; 3) und C(2; 2; –1)?

☐	☐	☐	☐	☐
S(5; 4; 3)	$S\left(-\frac{5}{3}; \frac{4}{3}; -\frac{1}{3}\right)$	S(0; 2; 7)	S(1; 3; –7)	$S\left(\frac{5}{3}; \frac{4}{3}; 1\right)$

1.5 Aus einer Urne mit 3 roten Kugeln, 2 gelben Kugeln und 1 schwarzen Kugel werden mit einem Griff zwei Kugeln gezogen. Mit welcher Wahrscheinlichkeit haben sie die gleiche Farbe?

☐	☐	☐	☐	☐
$\frac{13}{36}$	$\frac{4}{15}$	$\frac{2}{15}$	$\frac{7}{36}$	$\frac{5}{12}$

Erreichbare BE-Anzahl: 5

2 h sei eine ganzrationale Funktion 3. Grades. Skizzieren Sie zum vorgegebenen Graphen der Funktion h in dasselbe Koordinatensystem die möglichen Graphen der zugehörigen Ableitungsfunktionen h' und h''.
Begründen Sie jeweils den Verlauf.

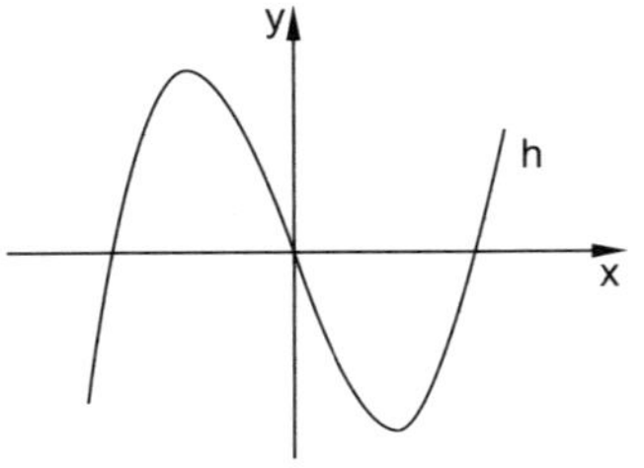

Begründungen:

Erreichbare BE-Anzahl: 3

3 Weisen Sie mittels Vektoren nach: Die Verbindungsstrecke der Mittelpunkte zweier Dreiecksseiten ist stets zur dritten Seite parallel und halb so lang wie diese.

Erreichbare BE-Anzahl: 3

4 Ein Glücksrad ist in drei Sektoren eingeteilt:

Sektor 1 mit Zentriwinkel 126°: Zahl 1
Sektor 2 mit Zentriwinkel 180°: Zahl 2
Sektor 3 mit Zentriwinkel 54°: Zahl 3

Ein Spiel besteht im einmaligen Drehen des Glücksrades. Der Einsatz beträgt 1 €. Wird die Zahl 3 erzeugt, erhält der Spieler 2 €. Bei einer 2 darf er wählen, ob er kostenlos ein zweites Mal dreht oder 1 € ausgezahlt bekommt. Für eine 1 erhält der Spieler nichts.
Entscheiden Sie, welche der folgenden Strategien für den Spieler günstiger ist, und begründen Sie dies.

Strategie I: Der Spieler hört nach einem Spiel sofort auf.
Strategie II: Wird die Zahl 1 oder die Zahl 3 erzeugt, hört der Spieler auf. Bei einer 2 dreht der Spieler das Rad noch einmal und beendet danach das Spiel.

Erreichbare BE-Anzahl: 4

Tipps und Hinweise

Teilaufgabe 1.1

- Der Anstieg der Tangente entspricht dem Wert der 1. Ableitung an der Berührstelle.
- Stellen Sie dann die Punkt-Richtungs-Gleichung auf: $y - y_0 = m(x - x_0)$

Teilaufgabe 1.2

- Geben Sie zunächst die Menge aller Stammfunktionen an, also
$\int f(x)\,dx = F(x) + c,\ c = \text{konst.}$
- Ermitteln Sie nun die Konstante c, indem sie für x und y jeweils null einsetzen.

Teilaufgabe 1.3

- Zwei Vektoren sind linear abhängig, wenn sie parallel sind. Es muss also gelten:
$\vec{a}_1 = r \cdot \vec{a}_2$

Teilaufgabe 1.4

- Ersetzen Sie den Ortsvektor des Schwerpunktes durch bekannte Vektoren.
- Beachten Sie: Der Schwerpunkt teilt die Seitenhalbierenden im Verhältnis 1 : 2.
- Sie können auch die bekannte Beziehung $\overrightarrow{OS} = \frac{1}{3}(\overrightarrow{OA} + \overrightarrow{OB} + \overrightarrow{OC})$ anwenden.

Teilaufgabe 1.5

- Ziehen mit einem Griff bedeutet, dass ohne Zurücklegen gezogen wird und die Reihenfolge keine Rolle spielt.

Teilaufgabe 2

- Wenden Sie folgende Beziehungen an:
$f'(x_E) = 0$ → notwendige Bedingung für lokale Extrema
$f''(x_W) = 0$ → notwendige Bedingung für Wendepunkte
$f'(x_0) > 0$ → f an x_0 streng monoton wachsend (bzw. Tangente an x_0)
$f'(x_0) < 0$ → f an x_0 streng monoton fallend (bzw. Tangente an x_0)

Teilaufgabe 3

- Formulieren Sie Voraussetzung und Behauptung mittels Vektoren.
- Beachten Sie: Gilt z. B. $\vec{a} = \frac{1}{2}\vec{b}$, dann sind $\vec{a}$ und $\vec{b}$ linear abhängig, also parallel, und es gilt $|\vec{a}| = \frac{1}{2}|\vec{b}|$, d. h. die Länge von $\vec{a}$ ist halb so groß wie die von $\vec{b}$.
- Wenden Sie für den Nachweis Vektoraddition an.

Teilaufgabe 4

- Berechnen Sie zunächst aus der Angabe der Zentriwinkel die Wahrscheinlichkeiten für das Eintreten der Ereignisse „Eine 1, 2 bzw. 3 wird erzeugt".
- Ermitteln Sie dann für beide Strategien getrennt die Wahrscheinlichkeitsverteilungen für die Zufallsgröße „Gewinn des Spielers" und vergleichen Sie die Erwartungswerte für diese Gewinne.

Lösungen

1 *Vorbemerkung:* Als Lösung ist nur das Kreuz im jeweils richtigen Feld verlangt; im Folgenden sind zusätzlich Rechnungen und Begründungen für die richtige Antwort angegeben.

1.1 Richtige Antwort: Kreuz in Feld 4

$f(x)=\frac{3}{x-4}$; P(5; 3)

$f'(x)=\frac{-3}{(x-4)^2} \quad \Rightarrow \quad m_t=f'(5)=\frac{-3}{(5-4)^2}=-3$

$P(5;\,3) \in t: \quad y-3=-3(x-5)$

$t\ \ldots \quad y=-3x+18$

1.2 Richtige Antwort: Kreuz in Feld 1

$f(x)=\frac{2}{x-4}$

$F(x)=2\ln|x-4|+c$

$O(0;\,0) \in F: \quad 0=2\ln|0-4|+c$

$c=-2\ln 4 \quad \text{oder} \quad c=-\ln 4^2=-\ln 16$

$\Rightarrow \quad F(x)=2\ln|x-4|-\ln 16$

1.3 Richtige Antwort: Kreuz in Feld 3

Zwei Vektoren sind linear abhängig, wenn sie parallel sind, also gilt:

$\vec{a}_1=r\cdot\vec{a}_2;\ r\in\mathbb{R},\ r\neq 0$

Dies gilt nur für die Vektoren $\vec{a}$ und $\vec{d}$:

$$\begin{pmatrix}1\\3\\-2\end{pmatrix}=r\begin{pmatrix}-3\\-9\\6\end{pmatrix} \quad \rightarrow \quad \begin{array}{rl} 1=-3r & \rightarrow\ r=-\frac{1}{3}\\ 3=-9r & \rightarrow\ r=-\frac{1}{3}\\ -2=6r & \rightarrow\ r=-\frac{1}{3}\end{array}$$

$\Rightarrow \quad \vec{a}=-\frac{1}{3}\vec{d}$, also sind $\vec{a}$ und $\vec{d}$ linear abhängig.

1.4 Richtige Antwort: Kreuz in Feld 5

Skizze:

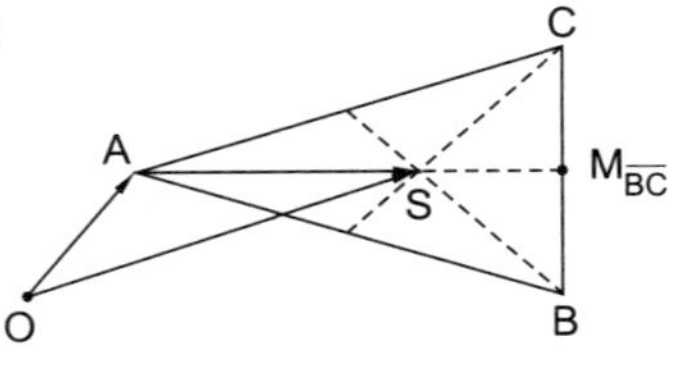

A(–1; 0; 1)
B(4; 2; 3)
C(2; 2; –1)
$M_{\overline{BC}}$(3; 2; 1)

$$\overrightarrow{OS} = \overrightarrow{OA} + \overrightarrow{AS}$$
$$= \overrightarrow{OA} + \frac{2}{3}\overrightarrow{AM_{\overline{BC}}}$$
$$= \begin{pmatrix} -1 \\ 0 \\ 1 \end{pmatrix} + \frac{2}{3}\begin{pmatrix} 4 \\ 2 \\ 0 \end{pmatrix} = \begin{pmatrix} \frac{5}{3} \\ \frac{4}{3} \\ 1 \end{pmatrix}$$
$$\Rightarrow \quad S\left(\frac{5}{3}; \frac{4}{3}; 1\right)$$

Man kann auch die Formel $\overrightarrow{OS} = \frac{1}{3}(\overrightarrow{OA} + \overrightarrow{OB} + \overrightarrow{OC})$ anwenden:

$$\overrightarrow{OS} = \frac{1}{3}\left[\begin{pmatrix} -1 \\ 0 \\ 1 \end{pmatrix} + \begin{pmatrix} 4 \\ 2 \\ 3 \end{pmatrix} + \begin{pmatrix} 2 \\ 2 \\ -1 \end{pmatrix}\right] = \frac{1}{3}\begin{pmatrix} 5 \\ 4 \\ 3 \end{pmatrix} = \begin{pmatrix} \frac{5}{3} \\ \frac{4}{3} \\ 1 \end{pmatrix}$$
$$\Rightarrow \quad S\left(\frac{5}{3}; \frac{4}{3}; 1\right)$$

1.5 Richtige Antwort: Kreuz in Feld 2

$3 \times r$	Ziehen mit einem Griff:
$2 \times g$	– ohne Zurücklegen
$1 \times s$	– Reihenfolge ist egal

A … Kugeln haben die gleiche Farbe

$$P(A) = P(rr) + P(gg)$$
$$= \frac{3}{6} \cdot \frac{2}{5} + \frac{2}{6} \cdot \frac{1}{5} = \frac{1}{5} + \frac{1}{15} = \frac{4}{15}$$

2

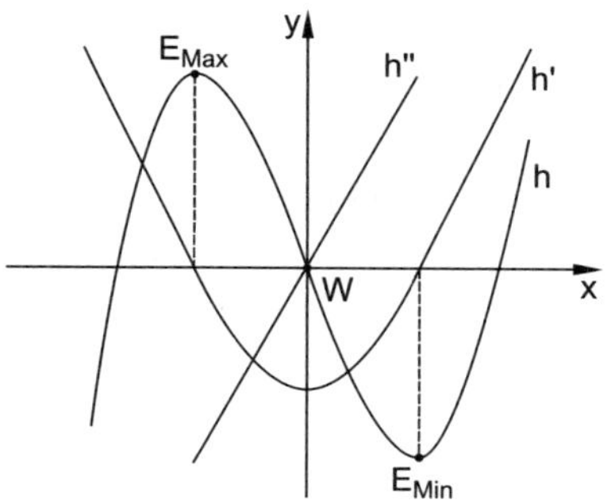

Begründungen:

- Wo h die lokalen Extrempunkte E_{Max} und E_{Min} hat, muss h' Nullstellen besitzen.
- Wo h monoton fallend ist, muss h' negative Funktionswerte haben, und wo h monoton steigt, hat h' positive Funktionswerte.

- Wo h einen Wendepunkt W besitzt, hat h' einen lokalen Extrempunkt.
- Wo h' einen lokalen Extrempunkt hat, muss h'' eine Nullstelle haben.
- Wo h' monoton fällt, hat h'' negative Funktionswerte, wo h' monoton steigt, hat h'' positive Funktionswerte.
- Da h eine ganzrationale Funktion 3. Grades ist, ist h' eine Parabel und h'' eine lineare Funktion.

3 Skizze:

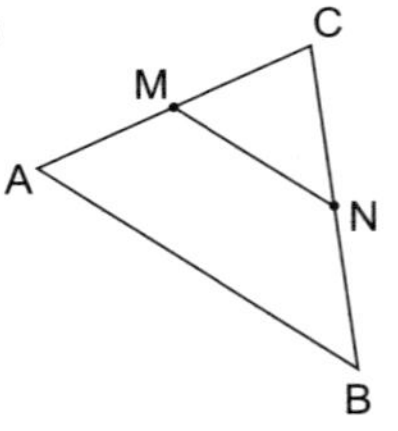

Voraussetzung: ABC ist Dreieck

M ist Mittelpunkt von $\overline{AC}$, also $\overrightarrow{MC} = \frac{1}{2}\overrightarrow{AC}$

N ist Mittelpunkt von $\overline{BC}$, also $\overrightarrow{CN} = \frac{1}{2}\overrightarrow{CB}$

Behauptung:

$\overline{AB} \parallel \overline{MN}$ und $\overline{MN} = \frac{1}{2}\overline{AB}$, also $\overrightarrow{MN} = \frac{1}{2}\overrightarrow{AB}$

Beweis:

$$\begin{aligned}\overrightarrow{MN} &= \overrightarrow{MC} + \overrightarrow{CN} \\ &= \frac{1}{2}\overrightarrow{AC} + \frac{1}{2}\overrightarrow{CB} \\ &= \frac{1}{2}(\overrightarrow{AC} + \overrightarrow{CB}) \\ &= \frac{1}{2}\overrightarrow{AB}\end{aligned}$$

w. z. b. w.

4 $126° \mathrel{\hat{=}} P(1) = 0{,}35$
$180° \mathrel{\hat{=}} P(2) = 0{,}5$
$54° \mathrel{\hat{=}} P(3) = 0{,}15$

Einsatz: 1 €
Gewinn bei 3: 2 € abzüglich Einsatz
Gewinn bei 2: 1 € oder neu drehen abzüglich Einsatz
Gewinn bei 1: 0 € abzüglich Einsatz

Strategie I: G_{S_1} … Gewinn des Spielers bei Strategie I in Euro

g_i	1	0	−1
Ergebnisse	3	2	1
Wahrscheinlichkeiten	0,15	0,5	0,35

$$\begin{aligned}E(G_{S_1}) &= 1 \cdot 0{,}15 + 0 \cdot 0{,}5 - 1 \cdot 0{,}35 \\ &= 0{,}15 - 0{,}35 \\ &= -0{,}2\end{aligned}$$

$\Rightarrow$ Der Spieler büßt durchschnittlich 20 Cent pro Spiel ein.

Strategie II: G_{S_2} ... Gewinn des Spielers bei Strategie II in Euro

g_i	1	0	−1
Ergebnisse	3 2; 3	2; 2	1 2; 1
Wahrscheinlichkeiten	$0{,}15+0{,}5\cdot 0{,}15$ $=0{,}225$	$0{,}5\cdot 0{,}5$ $=0{,}25$	$0{,}35+0{,}5\cdot 0{,}35$ $=0{,}525$

$$
\begin{aligned}
E(G_{S_2}) &= 1\cdot 0{,}225+0\cdot 0{,}25-1\cdot 0{,}525\\
&=0{,}225-0{,}525\\
&=-0{,}3
\end{aligned}
$$

$\Rightarrow$ Der Spieler büßt durchschnittlich 30 Cent pro Spiel ein.

Die erste Strategie ist auf lange Sicht für den Spieler günstiger, da er durchschnittlich weniger je Spiel einbüßt.

Leistungskurs Mathematik (Sachsen): Musteraufgabe 2
Teil B – Aufgabe 1 mit CAS

Biologische Prozesse können häufig mithilfe von Exponentialfunktionen beschrieben werden.
Betrachtet wird das Wachstum von Maispflanzen, die nach der ersten Woche (vom Aufgehen der Saat gerechnet) eine Höhe von 5,0 cm haben und nach ca. 25 Wochen geerntet werden. Für jeden Wert der Parameter a bzw. b soll dieser Wachstumsprozess durch die stetige Wachstumsfunktion h mit

$$h(t) = \frac{220}{1 + be^{-at}} \quad (t \in \mathbb{R};\ 1 \le t \le 25)$$

beschrieben werden, wobei h(t) der Pflanzenhöhe der Maispflanze in cm zur Zeit t (in Wochen) entspricht.

1.1 Weisen Sie nach, dass gilt:

$$h'(t) = \frac{a}{220} \cdot h(t) \cdot (220 - h(t)),$$

wobei h'(t) die 1. Ableitung der Funktion h(t) ist und die Wachstumsgeschwindigkeit der Pflanze beschreibt.

Erreichbare BE-Anzahl: 3

1.2 Für einen Wachstumsprozess gelte $h(5) = 20{,}4$ und $h(10) = 92{,}9$.
Ermitteln Sie Näherungswerte für die Parameter a und b (drei Stellen nach dem Komma).
Berechnen Sie für diesen Prozess die Wachstumshöhe nach 25 Wochen.

Erreichbare BE-Anzahl: 6

1.3 Für einen anderen Wachstumsprozess werden die Parameter $a = 0{,}4$ und $b = 70$ angenommen. Eine Woche vor dem Zeitpunkt, bei dem die Pflanze die größte Wachstumsgeschwindigkeit hat, soll sie gedüngt werden.
Ermitteln Sie, nach wie vielen Wochen etwa die Düngung erfolgen muss.

Erreichbare BE-Anzahl: 5

1.4 Welche Höhe können die Maispflanzen theoretisch maximal erreichen (ohne Zeitbegrenzung)?

Erreichbare BE-Anzahl: 2

Betrachtet wird jetzt allgemein die Funktion

$$f(x) = \frac{a}{1 + be^{-cx}}; \quad a \in \mathbb{R}^+, b \in \mathbb{R}^+, c \in \mathbb{R}^+; x \in \mathbb{R}$$

1.5 Wie ändert sich der Verlauf des Graphen, wenn man
(1) a und b fest lässt und c variiert,
(2) a und c fest lässt und b variiert,
(3) b und c fest lässt und a variiert?
Was haben die Graphen gemeinsam?

Erreichbare BE-Anzahl: 6

1.6 a, b und c können jeweils die natürlichen Zahlen von 3 bis 15 annehmen. Wie viele unterschiedliche Funktionen f kann man dann bilden, wenn
(1) a, b und c unterschiedlich sein sollen,
(2) a, b und c auch gleiche Werte annehmen können?

Erreichbare BE-Anzahl: 3

Aufgabentext sowie Teilaufgaben 1.1 bis 1.3 basieren auf: Abiturprüfung 2004 Leistungskurs Mathematik (Sachsen), Wahlaufgabe D 1 – Analysis

Tipps und Hinweise

Teilaufgabe 1.1

- Bilden Sie die 1. Ableitung von h(t) z. B. über die Quotientenregel.
- Berechnen Sie getrennt die rechte Seite der angegebenen Gleichung.
- Vergleichen Sie die Ergebnisse.

Teilaufgabe 1.2

- Für die rechnerische Lösung von Hand benötigen Sie ein Gleichungssystem mit zwei Gleichungen.
- Sie können a, b und h(25) auch mit dem Rechner ermitteln.

Teilaufgabe 1.3

- Den Zeitpunkt für die größte Wachstumsgeschwindigkeit können Sie als lokales Maximum der Funktion h'(t) ermitteln.
- Beachten Sie, dass von der Lösung noch 1 Woche abgezogen werden muss.

Teilaufgabe 1.4

- Bilden Sie $\lim\limits_{t \to +\infty} h(t)$.

Teilaufgabe 1.5

- Mithilfe des Rechners können Sie sich Funktionsscharen anzeigen lassen und die Eigenschaften ablesen.

Teilaufgabe 1.6

- Wenden Sie Variationen an, da die Reihenfolge von a, b und c eine Rolle spielt.
- Variationen ohne Wiederholung: $V_n^k = \frac{n!}{(n-k)!}$
- Variationen mit Wiederholung: ${}^{W}V_n^k = n^k$

Lösungen

$$h(t) = \frac{220}{1 + be^{-at}} \quad (t \in \mathbb{R};\ 1 \leq t \leq 25)$$

h(t) … Pflanzenhöhe der Maispflanze in cm zur Zeit t (in Wochen)

1.1 $$h'(t) = \frac{0 - 220 \cdot (-abe^{-at})}{(1 + be^{-at})^2} = \underline{\underline{\frac{220abe^{-at}}{(1 + be^{-at})^2}}}$$

$$\frac{a}{220} \cdot h(t) \cdot (220 - h(t)) = \frac{a}{\cancel{220}} \cdot \frac{\cancel{220}}{1 + be^{-at}} \cdot 220 - \frac{a}{\cancel{220}} \cdot \frac{220^{\cancel{2}}}{(1 + be^{-at})^2}$$

$$= \frac{a \cdot 220(1 + be^{-at}) - 220a}{(1 + be^{-at})^2}$$

$$= \underline{\underline{\frac{220abe^{-at}}{(1 + be^{-at})^2}}}$$

$\Rightarrow$ Es gilt: $\underline{\underline{h'(t) = \frac{a}{220} h(t)(220 - h(t))}}$

1.2 $h(5) = 20{,}4$: $\quad 20{,}4 = \frac{220}{1 + be^{-5a}}$

$\Rightarrow \quad 1 + be^{-5a} = 10{,}784 \qquad (1)$

$h(10) = 92{,}9$: $\quad 92{,}9 = \frac{220}{1 + be^{-10a}}$

$\Rightarrow \quad 1 + be^{-10a} = 2{,}368 \qquad (2)$

---

(1)': $be^{-5a} = 9{,}784$
(2)': $be^{-10a} = 1{,}368$

$\frac{(1)'}{(2)'}$: $\quad e^{5a} = 7{,}152$

$$a = \frac{\ln 7{,}152}{5}$$

$$\underline{\underline{a \approx 0{,}393}}$$

$$b = \frac{9{,}784}{e^{-5 \cdot 0{,}393}} \approx \underline{\underline{69{,}810}}$$

$$h(25) = \frac{220}{1 + 69{,}810 \cdot e^{-25 \cdot 0{,}393}} \approx 219{,}17$$

Die Höhe der Pflanzen beträgt nach 25 Wochen $\underline{\underline{\text{ca. } 2{,}20 \text{ m.}}}$

Mittels Rechner:

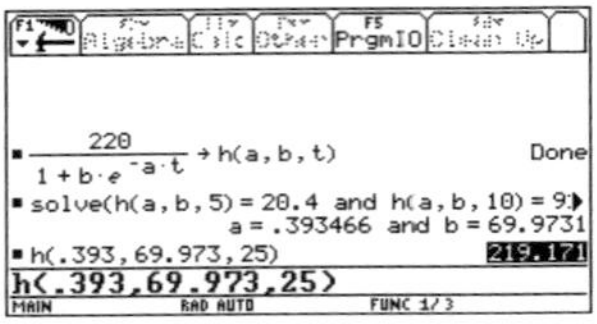

1.3 $h(t)=\dfrac{220}{1+70e^{-0,4t}}$

Größte Wachstumsgeschwindigkeit:

– größter Anstieg von h(t) – Wendepunkt

bzw. – lokales Maximum für h'(t)

$\Rightarrow\ h''(t_E)=0$ und $h'''(t_E)<0$

Mittels Rechner:

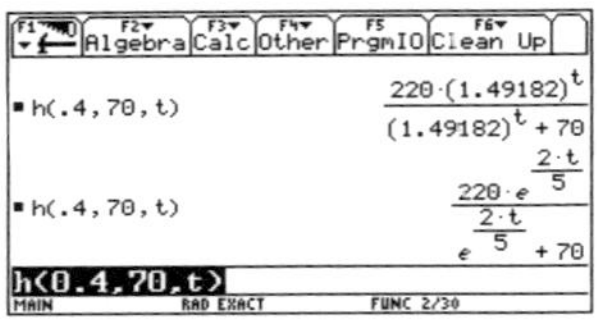

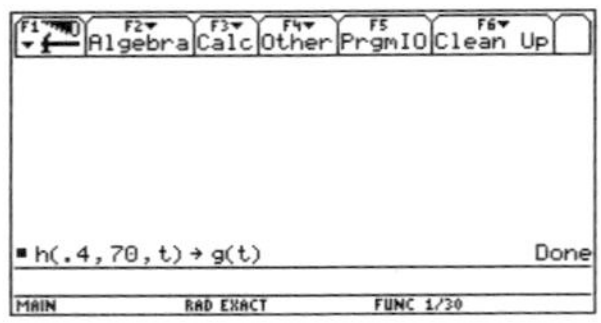

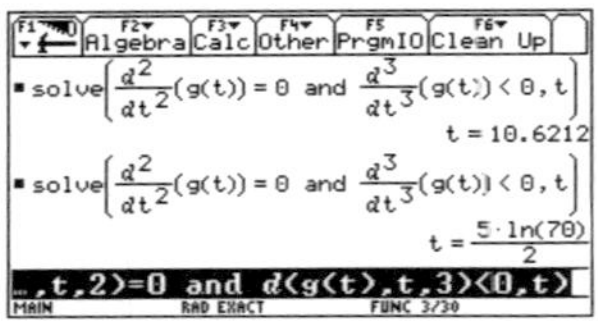

$\Rightarrow$ Der größte Anstieg ist bei $t\approx 10{,}6$, d. h. die Düngung muss nach <u>ca. 9,6 Wochen</u> erfolgen.

1.4 $\lim\limits_{t\to+\infty}\dfrac{220}{1+be^{-at}}=220$, da $\lim\limits_{t\to+\infty} e^{-at}=0$

Die Pflanzen können theoretisch maximal eine Höhe von <u>2,20 m</u> erreichen.

1.5 $f(x)=\dfrac{a}{1+be^{-cx}}$; $a, b, c\in \mathbb{R}^+$; $x\in \mathbb{R}$

zu (1): nur c verändert sich

- alle Graphen haben nur positive Funktionswerte
- alle Graphen haben einen Wendepunkt, der gleichzeitig Spiegelpunkt ist
- alle Graphen sind monoton wachsend
- je größer c, umso steiler f an $x=0$

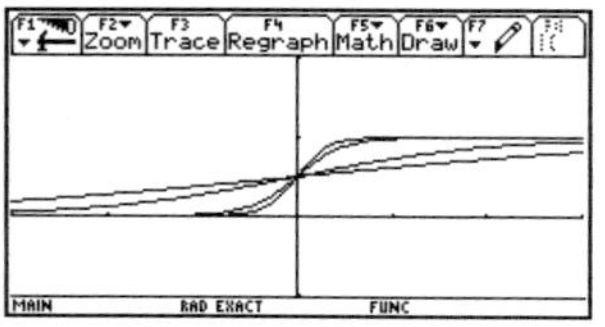

zu (2): nur b verändert sich

- alle Graphen haben nur positive Funktionswerte
- alle Graphen sind monoton wachsend
- je größer b, umso flacher ist der Graph am Wendepunkt
- Wende- bzw. Spiegelpunkte sind unterschiedlich

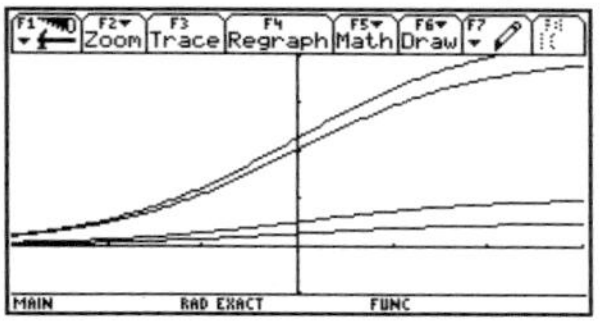

zu (3): nur a verändert sich

- vgl. (2), aber:
- je größer a, umso steiler ist der Graph am Wendepunkt

1.6 Zahlen 3, …, 15 $\rightarrow$ 13 Zahlen

(1) a, b, c unterschiedlich (Variationen ohne Wiederholung)

$$V_{13}^{3} = \frac{13!}{10!} = 13 \cdot 12 \cdot 11 = \underline{\underline{1\,716}}$$

(2) $^{W}V_{13}^{3} = 13^3 = \underline{\underline{2\,197}}$ (Variationen mit Wiederholung)

Leistungskurs Mathematik (Sachsen): Musteraufgabe 2
Teil B – Aufgabe 1 ohne CAS

Eine Firma stellt trichterförmige Gefäße her, deren Formen sich ergeben, wenn die Graphen der Funktionen
$f_k(x) = 2e^{-kx} + 1$; $k > 0, k \in \mathbb{R}$;
$0 \leq x \leq a$; $a > 0$; $a \in \mathbb{R}$;
im Intervall [0; a] um die x-Achse rotieren.
Eine Koordinateneinheit entspricht dabei 1 cm. Die Wanddicke wird vernachlässigt.

Skizze:

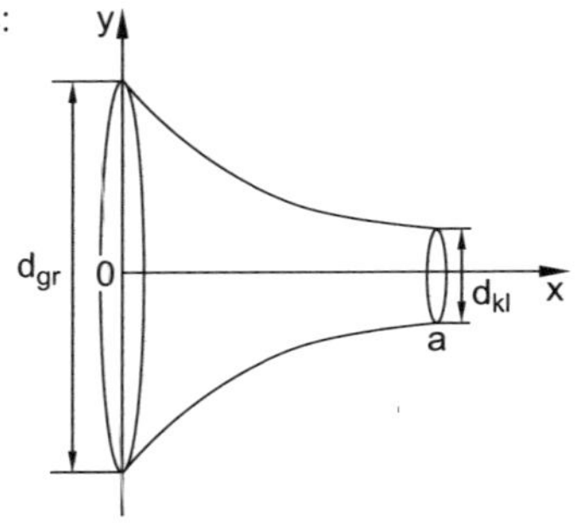

1.1 Berechnen Sie für alle solchen Gefäße die jeweiligen Durchmesser der großen und kleinen Öffnung der Gefäße ggf. in Abhängigkeit von k und a.
Der kleine Durchmesser nähert sich für größer werdende a einem Wert d_0.
Ermitteln Sie d_0.

Erreichbare BE-Anzahl: 4

1.2 Es sollen Gefäße hergestellt werden, für die $k = 3$ und $a = 5$ gilt. Bestimmen Sie den Rauminhalt eines solchen Trichters.
In Höhe des halben Volumens eines solchen Trichters soll eine Markierung im Inneren des Gefäßes angebracht werden. Ermitteln Sie den Abstand dieser Markierung von der großen Öffnung.

Erreichbare BE-Anzahl: 5

1.3 Ein Trichter soll 3 cm tief sein und ein Volumen von 15 cm^3 besitzen.
Bestimmen Sie dafür den Wert für k.

Erreichbare BE-Anzahl: 5

1.4 Der Graph f_2 soll näherungsweise im Intervall [0; 3] durch eine ganzrationale Funktion 3. Grades beschrieben werden. Ermitteln Sie eine mögliche Gleichung dafür.
Eine solche Gleichung könnte z. B.
$g(x) = -0{,}25x^3 + 1{,}56x^2 - 3{,}08x + 2{,}98$; $x \in [0; 3]$; sein.
Ermitteln Sie für Ihre oder die hier angegebene Funktion die größte Abweichung der y-Werte in Bezug auf f_2.

Erreichbare BE-Anzahl: 6

1.5 Die Trichter werden auf zwei verschiedenen Maschinen hergestellt. Maschine M1 produziert 40 %, davon durchschnittlich 3 % Ausschuss, Maschine M2 produziert 60 % mit 2 % Ausschuss.
Mit welcher Wahrscheinlichkeit ist ein zufällig ausgewählter Trichter Ausschuss?
500 von Maschine 1 und 2 hergestellte Trichter werden geprüft. Wie viele Ausschussteile sind dabei zu erwarten? Mit welcher Wahrscheinlichkeit sind es höchstens 10?

Erreichbare BE-Anzahl: 3

1.6 Das Verhältnis der Produktionsanteile von Maschine 1 und 2 war im Vorjahr anders, die Ausschussrate je Maschine aber dieselbe. Damals wurde ermittelt, dass die Wahrscheinlichkeit, ein Qualitätsstück zu erhalten (unabhängig von der Herstellungsmaschine) bei 97,3 % lag.
Ermitteln Sie den prozentualen Anteil der Trichter, die im Vorjahr von Maschine 1 hergestellt wurden.

Erreichbare BE-Anzahl: 2

Tipps und Hinweise

Teilaufgabe 1.1

- Die Durchmesser sind jeweils die doppelten Funktionswerte an den Intervallgrenzen.
- Ermitteln Sie d_0 als Grenzwert des kleinen Durchmessers für $a \to +\infty$.

Teilaufgabe 1.2

- Volumen bei Rotation um die x-Achse:

$$V_x = \pi \cdot \int_a^b [f(x)]^2 \, dx$$

- Sie können das Volumen näherungsweise mit dem Rechner ermitteln (ohne Stammfunktion).
- Für den zweiten Teil wählen Sie das Integrationsintervall [0; b] und setzen für V_x die Hälfte des vorher ermittelten Volumens ein.
- Beachten Sie beim Quadrieren der Funktion, dass es sich um ein Binom handelt (binomische Formel anwenden).
- Ermitteln sie b grafisch.

Teilaufgabe 1.3

- Sie können ähnlich wie im zweiten Teil der Teilaufgabe 1.2 vorgehen, nur dass jetzt k als Unbekannte zu bestimmen ist.
- Lösen Sie die Gleichung wieder grafisch.

Teilaufgabe 1.4

- Nutzen Sie das Statistik-Menü, um eine ganzrationale Funktion 3. Grades zu finden. Geben Sie dazu mehrere Punkte von f_2 im Intervall [0; 3] ein.
- Da die Differenz der Funktionswerte positiv oder negativ sein kann, können Sie den Betrag verwenden und dabei auf die Untersuchung von Schnittpunkten verzichten.
- Da ein abgeschlossenes Intervall gegeben ist, kann das globale Maximum an den Randpunkten des Intervalls liegen oder ein lokales Maximum im Intervall sein.

Teilaufgabe 1.5

- Wenden Sie die totale Wahrscheinlichkeit an und zeichnen Sie zur Veranschaulichung ein Baumdiagramm.
- Für den zweiten Teil nutzen Sie ein Rechnerprogramm zur Binomialverteilung oder näherungsweise zur Normalverteilung.

Teilaufgabe 1.6

- Gehen Sie ähnlich wie im ersten Teil der Teilaufgabe 1.5 vor, setzen Sie für den Produktionsanteil der Maschine 1 statt vorher 40 % jetzt p ein (für Maschine 2: $1-p$).

Lösungen

$f_k(x) = 2e^{-kx} + 1;\ k > 0, k \in \mathbb{R};\ x \in [0; a], a > 0, a \in \mathbb{R}$

1.1 Große Öffnung: $d_{gr} = 2 \cdot f_k(0)$

$$= 2 \cdot (2e^{-k \cdot 0} + 1) = 2 \cdot (2 + 1) = \underline{\underline{6}}$$

Der Durchmesser der großen Öffnung beträgt $\underline{\underline{\text{stets 6 cm}}}$.

Kleine Öffnung: $d_{kl} = 2 \cdot f_k(a)$

$$= 2 \cdot (2e^{-ak} + 1) = \underline{\underline{4e^{-ak} + 2}}$$

Der Durchmesser der kleinen Öffnung beträgt $\underline{\underline{(4e^{-ak} + 2)\text{ cm}}}$.

$$d_0 = \lim_{a \to +\infty} d_{kl} = \lim_{a \to +\infty} (4e^{-ak} + 2) = 4 \cdot 0 + 2 = \underline{\underline{2}}$$

Der kleine Durchmesser nähert sich dem Wert $\underline{\underline{2\text{ cm}}}$ an.

1.2 $f_3(x) = 2e^{-3x} + 1;\ x \in [0; 5]$

$$V_x = \pi \int_0^5 [f_3(x)]^2\, dx$$

$$= \pi \int_0^5 [2e^{-3x} + 1]^2\, dx \approx \underline{\underline{7\pi \approx 22}}$$

Der Rauminhalt eines solchen Trichters beträgt $\underline{\underline{\text{ca. } 22\text{ cm}^3}}$.

$$3{,}5\pi = \pi \cdot \int_0^b [f_3(x)]^2\, dx$$

$$3{,}5 = \int_0^b [2e^{-3x} + 1]^2\, dx$$

$$= \int_0^b (4e^{-6x} + 4e^{-3x} + 1)\, dx$$

$$= \left[-\frac{2}{3}e^{-6x} - \frac{4}{3}e^{-3x} + x \right]_0^b$$

$$3{,}5 = \left(-\frac{2}{3}e^{-6b} - \frac{4}{3}e^{-3b} + b \right) - \left(-\frac{2}{3} - \frac{4}{3} \right)$$

$$1{,}5 = -\frac{2}{3}e^{-6b} - \frac{4}{3}e^{-3b} + b$$

Grafische Lösung mittels Rechner:
S(1,51; 1,5), also b = 1,51

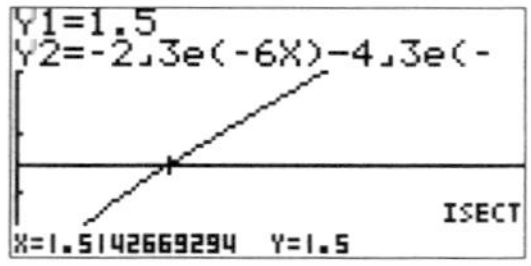

$\Rightarrow$ Ca. 1,5 cm von der großen Öffnung entfernt muss die Markierung angebracht werden, damit sie das halbe Volumen kennzeichnet.

1.3 $f_k(x) = 2 \cdot e^{-kx} + 1;\quad x \in [0; 3],\ V = 15\ \text{cm}^3$

$$V_x = \pi \int_0^3 [f_k(x)]^2\,dx$$

$$15 = \pi \int_0^3 [2e^{-kx} + 1]^2\,dx$$

$$\frac{15}{\pi} = \int_0^3 (4e^{-2kx} + 4e^{-kx} + 1)\,dx$$

$$\frac{15}{\pi} = \left[-\frac{4}{2k}e^{-2kx} - \frac{4}{k}e^{-kx} + x\right]_0^3$$

$$\frac{15}{\pi} = \left(-\frac{2}{k}e^{-6k} - \frac{4}{k}e^{-3k} + 3\right) - \left(-\frac{2}{k} - \frac{4}{k}\right)$$

$$\frac{15}{\pi} - \frac{6}{k} - 3 = -\frac{2}{k}e^{-6k} - \frac{4}{k}e^{-3k}$$

Grafische Lösung mittels Rechner:
S(3,38; –0,00005), also k = 3,38

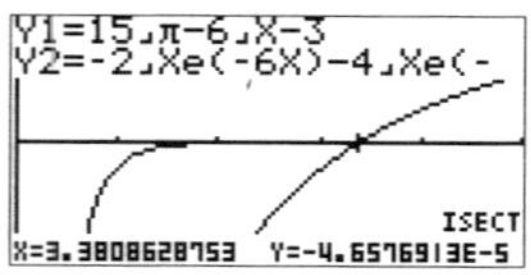

Für $k \approx 3{,}4$ hat der Trichter die Tiefe 3 cm und ein Volumen von 15 cm³.

1.4 $f_2(x) = 2e^{-2x} + 1;\quad x \in [0; 3]$
$g(x) = ax^3 + bx^2 + cx + d$
Die Eingabe folgender Punkte in das Statistik-Menü führt zur angegebenen ganzrationalen Funktion 3. Grades:
$P_1(0; 3)$, $P_3(1; 1{,}27)$, $P_5(3; 1{,}005)$
$P_2(0{,}5; 1{,}74)$, $P_4(2; 1{,}0366)$

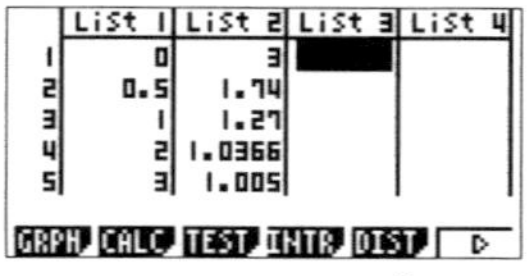

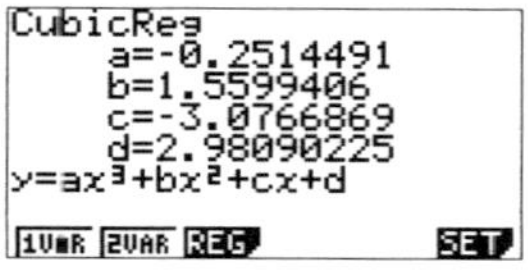

$\Rightarrow$ $g(x) = -0{,}25x^3 + 1{,}56x^2 - 3{,}08x + 2{,}98$ ist eine solche Funktion.

$a(x)$ … Funktion für die Abweichung der y-Werte der Funktionen f_2 und g

$$a(x) = |f_2(x) - g(x)|$$
$$= |2e^{-2x} + 1 + 0,25x^3 - 1,56x^2 + 3,08x - 2,98|; \quad x \in [0; 3]$$

Ermitteln des globalen Maximums im angegebenen Intervall:

(1) Betrachtung der Randprodukte des Intervalls:

$$a(0) = |2 + 1 - 2,98| = \underline{0,02}$$
$$a(3) = |2e^{-6} + 1 + 0,25 \cdot 27 - 1,56 \cdot 9 + 3,08 \cdot 3 - 2,98|$$
$$= \underline{0,025}$$

(2) Lokale Maxima im Intervall:

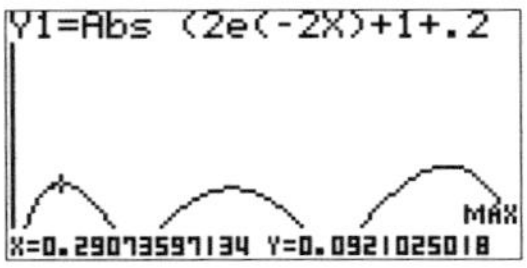

$E_1(0,29; \underline{0,092})$

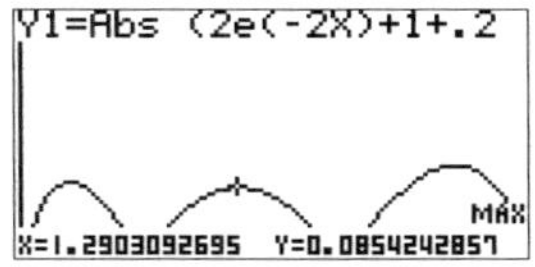

$E_2(1,29; \underline{0,085})$

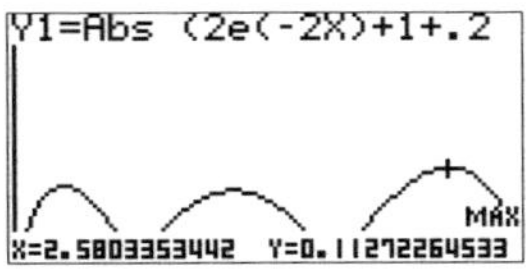

$E_3(2,58; \underline{0,1127})$

$\Rightarrow$ Die größte Abweichung der Funktionswerte beträgt ca. 0,1127. (Sie liegt an der Stelle $x_0 \approx 2,58$.)

1.5

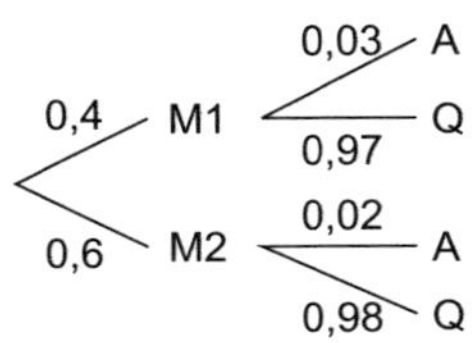

A … Ausschuss
Q … Qualität (kein Ausschuss)

$$P(A) = 0,4 \cdot 0,03 + 0,6 \cdot 0,02 = \underline{\underline{0,024}}$$

X … Anzahl der Ausschussteile (von M1 oder M2)
Binomialverteilung: $n = 500$; $p = 0,024$

$$\mu = n \cdot p = 500 \cdot 0,024 = \underline{\underline{12}}$$

Es sind 12 Ausschussteile zu erwarten.

$P(X \leq 10) \approx \underline{\underline{0,3447}}$ (mittels Rechnerprogramm)

Mit einer Wahrscheinlichkeit von 0,3447 sind es höchstens 10 Ausschussteile.

1.6

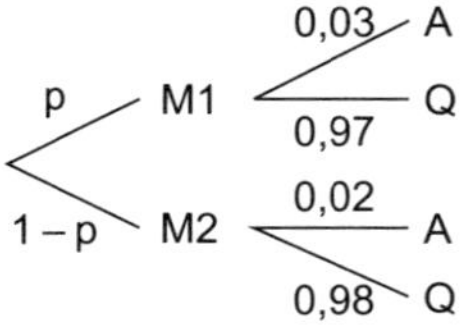

$$P(Q) = p \cdot 0,97 + (1-p) \cdot 0,98 = 0,973$$
$$0,97p + 0,98 - 0,98p = 0,973$$
$$-0,01p = -0,007$$
$$\underline{\underline{p = 0,7}}$$

Damals wurden 70 % der Trichter auf Maschine 1 hergestellt.

Leistungskurs Mathematik (Sachsen): Musteraufgabe 2
Teil B – Aufgabe 2

Im Neustädter Tierpark soll ein Wasserbecken gebaut werden. Es besteht aus einem Quader mit quadratischer Grundfläche der Seitenlänge a und der Höhe h. An gegenüberliegenden Seitenflächen schließt sich je ein Halbzylinder mit dem Durchmesser a und der gleichen Höhe h an. Das Becken wird bis zum Rand mit 30 Kubikmeter Wasser gefüllt. Die Wanddicke wird vernachlässigt.

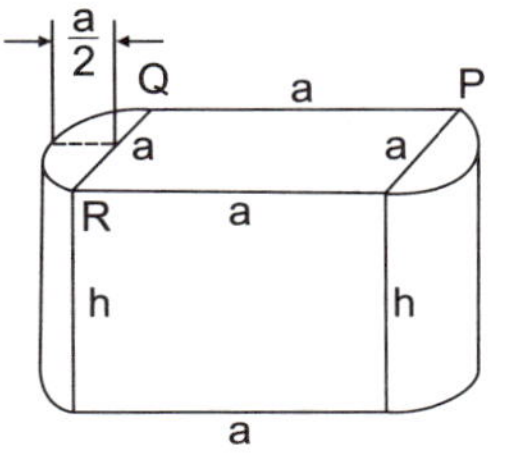

2.1 Der Boden und die Innenwand werden mit Kacheln gefliest. Berechnen Sie die geflieste Fläche A in Abhängigkeit von a und h.

Erreichbare BE-Anzahl: 2

2.2 Ermitteln Sie, wie die Seite a und die Höhe h gewählt werden müssen, dass möglichst wenig Kacheln verwendet werden. Die Fugen zwischen den Kacheln bleiben dabei unberücksichtigt. Ermitteln Sie die Lösung ohne Verwendung von Näherungswerten.
Geben Sie an, wie viele Quadratmeter Kacheln näherungsweise in diesem Fall verarbeitet werden.

Erreichbare BE-Anzahl: 9

2.3 Denken Sie sich ein kartesisches Koordinatensystem mit dem Ursprung Q, der x-Achse in Richtung $\overrightarrow{QR}$, der y-Achse in Richtung $\overrightarrow{QP}$ und der z-Achse senkrecht im Punkt Q zur x-y-Ebene, die damit die Wasseroberfläche beinhaltet. Im Punkt P ist ein 3 Meter hoher, senkrechter Stab als Haltevorrichtung angebracht.
Es fällt Sonnenlicht in Richtung des Vektors $\vec{s} = \begin{pmatrix} 2 \\ -4 \\ -3 \end{pmatrix}$ ein.
Die Seitenlänge a sei jetzt 3 Meter. Ermitteln Sie, ob der Schatten des Stabes dabei über den Beckenrand hinausgeht.
Berechnen Sie die Länge des Schattens.

Erreichbare BE-Anzahl: 4

2.4 Zur Finanzierungsunterstützung des Beckens führt der Tierpark eine Lotterie durch. Es werden Lose verkauft. Folgende Gewinnlose sind enthalten, der Rest sind Nieten:

	Anzahl der Lose	Ausgezahlter Gewinn in €
Bild eines Affen	5	10
Bild eines Elefanten	10	5
Bild einer Giraffe	20	2
Bild eines Papageis	50	1

Es werden insgesamt 500 Lose angefertigt. Für wie viele Euro muss ein Los verkauft werden, damit der Tierpark nach allen verkauften Losen je Los einen durchschnittlichen Gewinn von 50 Cent verbuchen kann?
Wie viel Gewinn macht der Tierpark, wenn er jedes Los für 1 € verkauft?

Erreichbare BE-Anzahl: 5

Tipps und Hinweise

Teilaufgabe 2.1

- Die Grundfläche setzt sich aus einem Quadrat und zwei Halbkreisen zusammen.
- Die Innenwandfläche setzt sich aus zwei Rechteckflächen und der Mantelfläche eines Kreiszylinders zusammen.

Teilaufgabe 2.2

- Verwenden Sie die Formel von Teilaufgabe 2.1 und ersetzen Sie die Höhe h durch die gegebene Nebenbedingung, dass das Volumen des Beckens 30 m^3 beträgt.
- Da keine Näherungswerte anzugeben sind, muss das lokale Minimum berechnet werden.
  Notwendige Bedingung: $f'(x_E) = 0$
  Hinreichende Bedingung: $f''(x_E) > 0$
- Für die Angabe der Kachelfläche können Sie entweder Näherungswerte von a_E und h_E in die Ausgangsgleichung einsetzen oder grafisch das lokale Minimum bestimmen.

Teilaufgabe 2.3

- Stellen Sie zunächst die Gleichung der Geraden durch die Spitze des Stabes in Richtung des Sonnenlichtes auf.
- Ermitteln Sie den Durchstoßpunkt dieser Geraden durch die x-y-Ebene (Wasseroberfläche), und prüfen Sie, ob dieser Punkt wirklich auf der Wasseroberfläche liegt.
- Die Länge des Schattens entspricht dem Abstand dieses Durchstoßpunktes vom Fuß des Stabs.

Teilaufgabe 2.4

- Führen Sie als Zufallsgröße den Gewinn des Tierparks je Los ein und fertigen Sie eine Wahrscheinlichkeitsverteilung für diese Zufallsgröße an. Führen Sie für den Preis eines Loses eine Variable ein.
- Aus der Beziehung, dass der Erwartungswert für diese Zufallsgröße 0,50 € sein soll, können Sie den Preis berechnen.
- Für den zweiten Teil ersetzen Sie die eingeführte Variable durch 1 € und berechnen schließlich den Gesamtgewinn für 500 Lose.

Lösungen

Angaben für Längen in Meter, Flächen in Quadratmeter und Rauminhalte in Kubikmeter

2.1 A_G … Grundfläche des Beckens
A_i … Innenwandfläche des Beckens
A … zu fliesende Fläche

$$A_G = a^2 + \pi \cdot \frac{a^2}{4} = a^2\left(1 + \frac{\pi}{4}\right)$$

$$A_i = 2ah + \pi ah = ah(2+\pi)$$

$$\Rightarrow \quad \underline{\underline{A = a^2\left(1+\frac{\pi}{4}\right) + ah(2+\pi)}}$$

2.2 $A = f(a;h) = a^2\left(1+\frac{\pi}{4}\right) + ah(2+\pi)$

NB: $V = a^2h + \pi \cdot \frac{a^2}{4}h$

$$30 = h\left(a^2 + \frac{\pi}{4}a^2\right)$$

$$30 = h \cdot \frac{4a^2 + \pi a^2}{4}$$

$$h = \frac{120}{(4+\pi)a^2}$$

$$A = f(a) = a^2\left(1+\frac{\pi}{4}\right) + a \cdot \frac{120}{(4+\pi)a^2} \cdot (2+\pi)$$

$$A = f(a) = \frac{1}{4}a^2(4+\pi) + \frac{120(2+\pi)}{(4+\pi)a}; \quad a > 0$$

Berechnen des lokalen Minimums:

$$f'(a) = \frac{1}{2}a(4+\pi) - \frac{120(2+\pi)}{(4+\pi)a^2}$$

$$0 = \frac{1}{2}a_E(4+\pi) - \frac{120(2+\pi)}{(4+\pi)a_E^2} \qquad | \cdot a_E^2$$

$$0 = \frac{1}{2}a_E^3(4+\pi) - \frac{120(2+\pi)}{(4+\pi)}$$

$$a_E^3 = \frac{240(2+\pi)}{(4+\pi)^2}$$

$$\underline{\underline{a_E = \sqrt[3]{\frac{240(2+\pi)}{(4+\pi)^2}}}}$$

$$h_E = \frac{120}{(4+\pi)\sqrt[3]{\left(\frac{240(2+\pi)}{(4+\pi)^2}\right)^2}} = 120\sqrt[3]{\frac{(4+\pi)^{\cancel{4}}}{57\,600(2+\pi)^2\,\cancel{(4+\pi)^3}}}$$

$$\underline{\underline{h_E = 120\sqrt[3]{\frac{(4+\pi)}{57\,600(2+\pi)^2}}}}$$

$$f''(a) = \frac{1}{2}(4+\pi) + \frac{240(2+\pi)}{(4+\pi)a^3}$$

$$f''(a_E) = 2 + \frac{1}{2}\pi + \frac{\cancel{240}\,\cancel{(2+\pi)}\cdot(4+\pi)^{\cancel{2}}}{\cancel{(4+\pi)}\cdot\cancel{240}\,\cancel{(2+\pi)}}$$

$$= 2 + \frac{1}{2}\pi + 4 + \pi$$

$$= 6 + 1{,}5\pi > 0 \;\Rightarrow\; \underline{\underline{\text{lokales Minimum}}}$$

Berechnung der Kachelfläche für diesen Fall:

(1) Näherungswerte: $a_E \approx 2{,}89$

$h_E \approx 2{,}01$

$\rightarrow$ Einsetzen in $A = f(a; h)$

$\Rightarrow$ $A_{Min} \approx 44{,}8$

(2) Ermitteln des lokalen Minimums mithilfe des Rechners:

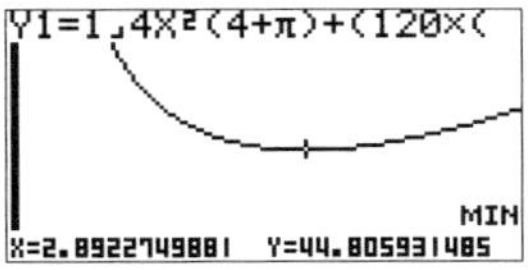

Lokales Minimum: E(2,89; 44,8)

$\Rightarrow$ Die zu fliesende Fläche beträgt in diesem Fall $\underline{\underline{\text{ca. } 45\ m^2}}$.

2.3 $\vec{s} = \begin{pmatrix} 2 \\ -4 \\ -3 \end{pmatrix}$; P(0; 3; 0); S(0; 3; 3) … Spitze des Stabes

g_s … Gerade durch S mit Richtung des Sonnenlichtes

$g_s \ldots\ \vec{x} = \begin{pmatrix} 0 \\ 3 \\ 3 \end{pmatrix} + t\begin{pmatrix} 2 \\ -4 \\ -3 \end{pmatrix};\quad t \in \mathbb{R}$

$g_s \cap$ x-y-Ebene: $D_{xy}(2; -1; 0)$ (mittels Rechnerprogramm)

Skizze:

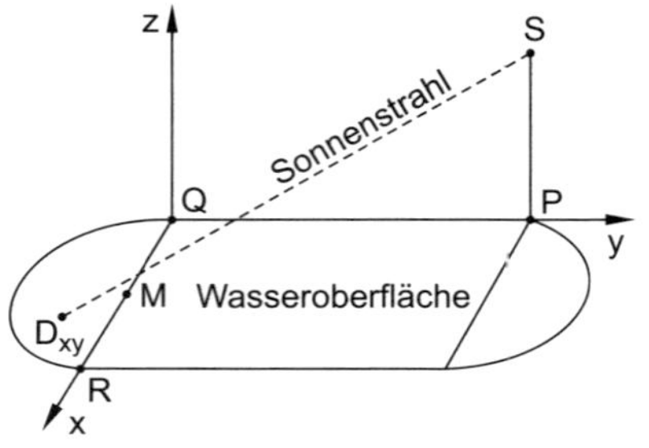

M(1,5; 0; 0) ist Mittelpunkt des Halbkreises mit dem Radius $r = \overline{MQ} = 1{,}5$.

$\overline{D_{xy}M} = \sqrt{(2-1{,}5)^2 + (-1-0)^2} = \sqrt{1{,}25} \approx 1{,}12 < 1{,}5 = r$

$\Rightarrow$ D_{xy} liegt innerhalb des Halbkreises und damit geht der Schatten nicht über den Beckenrand hinaus.

$\ell_S \ldots$ Länge des Schattens

$\ell_S = \overline{D_{xy}P} = \sqrt{4+16} = \sqrt{20} \approx 4{,}47$

Die Länge des Schattens beträgt $\sqrt{20}$ m (ca. 4,47 m).

2.4 G … Gewinn des Tierparks je Los in €
x … Einsatz in € ≙ Preis eines Loses in €

Wahrscheinlichkeitsverteilung von G:

g_i	$-10+x$	$-5+x$	$-2+x$	$-1+x$	x
Ergebnisse	Affe	Elefant	Giraffe	Papagei	Niete
$P(G=g_i)$	$\frac{5}{500}=0{,}01$	$\frac{10}{500}=0{,}02$	$\frac{20}{500}=0{,}04$	$\frac{50}{500}=0{,}1$	$\frac{415}{500}=0{,}83$

$$\begin{aligned}E(G) &= (-10+x)\cdot 0{,}01 + (-5+x)\cdot 0{,}02 + (-2+x)\cdot 0{,}04 + (-1+x)\cdot 0{,}1 + x\cdot 0{,}83\\ &= -0{,}1 + 0{,}01x - 0{,}1 + 0{,}02x - 0{,}08 + 0{,}04x - 0{,}1 + 0{,}1x + 0{,}83x\\ &= -0{,}38 + x\end{aligned}$$

$$0{,}50 = -0{,}38 + x$$
$$x = 0{,}88$$

Das Los müsste bei einem durchschnittlichen Gewinn von 50 Cent je Los für 0,88 € verkauft werden.

Für x = 1 €:

$E(G) = -0{,}38 + 1 = 0{,}62$

$500 \cdot 0{,}62 = 310$

Werden die Lose für je 1 € verkauft, macht der Tierpark je Los einen Gewinn von 0,62 €, also insgesamt 310 €.

Leistungskurs Mathematik (Sachsen): Musteraufgabe 3
Teil A (ohne Rechenhilfsmittel)

1 In den Aufgaben 1.1 bis 1.5 ist von den jeweils fünf Auswahlmöglichkeiten genau eine Antwort richtig. Kreuzen Sie das jeweilige Feld an.

1.1 Welche Steigung besitzt die Tangente an den Graphen der Funktion f mit $f(x) = \sqrt{2 \cdot x}$ $(x \in D_f)$ an der Stelle a ihres Definitionsbereichs?

☐	☐	☐	☐	☐
$\frac{2}{3} \cdot \sqrt{2 \cdot a^3}$	$\frac{2}{\sqrt{2 \cdot a}}$	$\frac{1}{\sqrt{2 \cdot a}}$	$\frac{4}{\sqrt{2 \cdot a}}$	$-\frac{1}{\sqrt{2 \cdot a}}$

1.2 Welcher der angegebenen Funktionsterme charakterisiert eine Stammfunktion der Funktion g mit $g(x) = \frac{1}{7 - 3 \cdot x}$ $(x \in D_g)$?

☐	☐	☐	☐	☐
$-\frac{3}{7 - 3 \cdot x}$	$-\frac{1}{3} \cdot \ln(7 - 3 \cdot x)$	$-3 \cdot \ln\lvert 7 - 3 \cdot x \rvert$	$\frac{3}{(7 - 3 \cdot x)^2}$	$-\frac{1}{3} \cdot \ln\lvert 7 - 3 \cdot x \rvert$

1.3 Die erste Ableitung einer Funktion h ist an einer Stelle s ihres Definitionsbereichs negativ. Welche der Aussagen ist unter dieser Voraussetzung wahr?

☐ Der Graph von h ist achsialsymmetrisch zu $x = s$.
☐ h hat an der Stelle s ein lokales Maximum.
☐ Die Tangente an den Graphen von h an der Stelle s ist monoton fallend.
☐ s ist eine negative Nullstelle von h.
☐ s ist eine Wendestelle von h.

1.4 Bei einem Turnier mit 8 Mannschaften spielt jede Mannschaft gegen jede andere ohne Rückrunde.
Wie groß ist die Gesamtanzahl der Spiele?

☐	☐	☐	☐	☐
16	28	49	56	64

1.5 Gegeben ist die Strecke $\overline{AB}$ mit A(7; –4) und B(–3; –5). Der Punkt T teilt diese Strecke so, dass $\overline{AT} : \overline{TB} = 3 : 2$ gilt.
Welche Koordinaten hat der Punkt T?

☐	☐	☐	☐	☐
T(1; –4,6)	T(3; –4,4)	T(1; –4,4)	T(–10; –1)	T(3; –4,6)

Erreichbare BE-Anzahl: 5

2 Skizzieren Sie zum vorgegebenen Graphen einer Funktion m in dasselbe Koordinatensystem den Graphen einer zugehörigen Stammfunktion M im dargestellten Intervall.

Begründen Sie den Verlauf des Graphen der Stammfunktion an markanten Stellen.

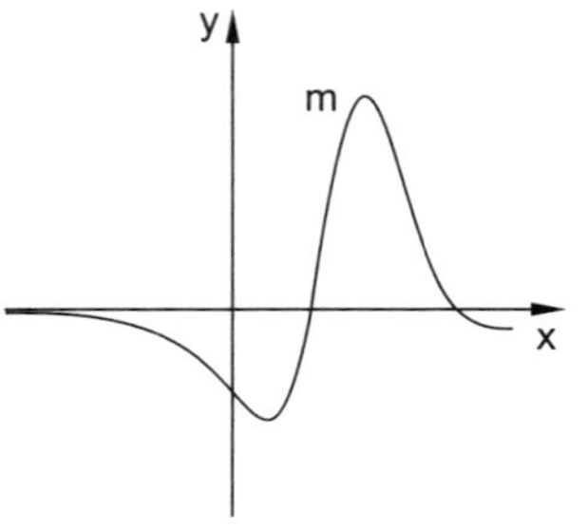

Begründung:

____

____

____

____

____

____

____

____

____

Erreichbare BE-Anzahl: 4

3 Verbindet man jeden Mittelpunkt einer Seitenfläche des Würfels ABCDEFGH mit den vier Mittelpunkten der benachbarten Seitenflächen, dann erhält man den Körper IJKLMN, wobei I und N Mittelpunkte gegenüberliegender Seitenflächen sind.
Weisen Sie nach, dass der Winkel zwischen den Kanten $\overline{JI}$ und $\overline{JN}$ ein rechter Winkel ist.

Erreichbare BE-Anzahl: 3

4 Ein Glücksrad besitzt genau zwei Sektoren, die durch einen roten bzw. blauen Anstrich unterschieden werden. Für einen Einsatz von 4 € wird das Rad genau dreimal gedreht.

Wird dreimal die Farbe rot ermittelt, dann erhält der Spieler 8 €;
wird dreimal die Farbe blau ermittelt, dann erhält der Spieler 4 €;
wird einmal die Farbe rot und zweimal blau ermittelt, dann erhält der Spieler 7 €.
In allen anderen Fällen wird nichts ausgezahlt.

Ermitteln Sie die Größe des Zentriwinkels des Sektors mit rotem Anstrich so, dass ein faires Spiel entsteht.

Erreichbare BE-Anzahl: 3

Tipps und Hinweise

Teilaufgabe 1.1

- Die Steigung der Tangente an der Stelle a entspricht dem Wert der 1. Ableitung von f an der Stelle a: $f'(a) = m_t$
- Wenden Sie die Kettenregel zum Bilden der 1. Ableitung an.

Teilaufgabe 1.2

- Wenden Sie zum Bilden der Stammfunktion folgende Regel an:
  $\int f(ax+b)\,dx = \frac{1}{a}F(ax+b)+c$

Teilaufgabe 1.3

- Das Vorzeichen der 1. Ableitung an einer Stelle gibt Auskunft über die Monotonie.

Teilaufgabe 1.4

- Da ohne Rückrunde gespielt wird, handelt es sich um Kombinationen.

Teilaufgabe 1.5

- Ermitteln Sie die Koordinaten über den Ortsvektor $\overrightarrow{OT}$. Setzen Sie diesen aus bekannten Vektoren zusammen.

Teilaufgabe 2

- Es gilt also: $M'(x) = m(x)$
- Nullstellen von m sind demnach Extremstellen von M.
- Die Art der Extrema ergibt sich aus den Vorzeichen der Funktionswerte von m (Monotonie).
- Lokale Extrema von m sind Wendepunkte von M.

Teilaufgabe 3

- Durch die Lage der Punkte ist IJKLMN ein regelmäßiges Oktaeder und z. B. IJNL ein Quadrat mit der Diagonale a (Seitenkante des Würfels).

Teilaufgabe 4

- Wählen Sie als Zufallsgröße den Gewinn des Spielers und ermitteln Sie dafür die Wahrscheinlichkeitsverteilung und den Erwartungswert in Abhängigkeit von p (Wahrscheinlichkeit für rot).
- Ein faires Spiel entsteht, wenn der Erwartungswert null ist. Lösen Sie die Gleichung nach p und Sie erhalten den Anteil des roten Sektors.

Lösungen

1 *Vorbemerkung:* Als Lösung ist nur das Kreuz im jeweils richtigen Feld verlangt; im Folgenden sind zusätzlich Rechnungen und Begründungen für die richtige Antwort angegeben.

1.1 Richtige Antwort: Kreuz in Feld 3

$$f(x) = \sqrt{2x}$$

$$f'(x) = \frac{1}{\cancel{2}\sqrt{2x}} \cdot \cancel{2} = \frac{1}{\sqrt{2x}}$$

$$f'(a) = \frac{1}{\sqrt{2a}}$$

1.2 Richtige Antwort: Kreuz in Feld 5

$$g(x) = \frac{1}{7-3x}$$

$$G(x) = \frac{1}{-3}\ln|7-3x| = -\frac{1}{3}\ln|7-3x|$$

1.3 Richtige Antwort: Kreuz in Feld 3

Gilt: $h'(s) < 0$, ist h an der Stelle s monoton fallend und damit auch die Tangente an h an der Stelle s.

1.4 Richtige Antwort: Kreuz in Feld 2

Ohne Rückrunde $\Rightarrow$ Reihenfolge spielt keine Rolle.

$$\binom{8}{2} = \frac{8 \cdot 7}{1 \cdot 2} = 28$$

1.5 Richtige Antwort: Kreuz in Feld 1

A(7; –4)

B(–3; –5)

$\overline{AT} : \overline{TB} = 3 : 2$

Skizze:

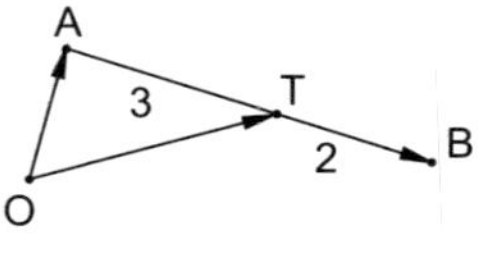

$$\overrightarrow{OT} = \overrightarrow{OA} + \overrightarrow{AT} = \overrightarrow{OA} + \frac{3}{5}\overrightarrow{AB}$$

$$= \begin{pmatrix} 7 \\ -4 \end{pmatrix} + \frac{3}{5}\begin{pmatrix} -10 \\ -1 \end{pmatrix}$$

$$= \begin{pmatrix} 7 \\ -4 \end{pmatrix} + \begin{pmatrix} -6 \\ -0{,}6 \end{pmatrix} = \begin{pmatrix} 1 \\ -4{,}6 \end{pmatrix}$$

$\Rightarrow$ T(1; −4,6)

2

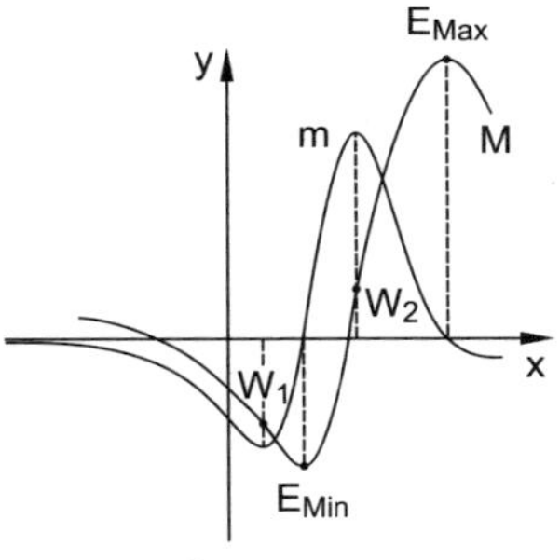

Begründung:

M ist Stammfunktion von m bzw. m ist Ableitungsfunktion von M.
Nullstellen von m sind lokale Extrema von M.
Wo m positive Funktionswerte besitzt, ist M monoton wachsend, wo m negative Funktionswerte besitzt, ist M monoton fallend. Daraus kann man auf ein Minimum bzw. Maximum schlussfolgern.
Wo m lokale Extrema hat, hat M Wendepunkte.
Je größer der Betrag der Funktionswerte von m, umso steiler verläuft M.

3 Skizze:

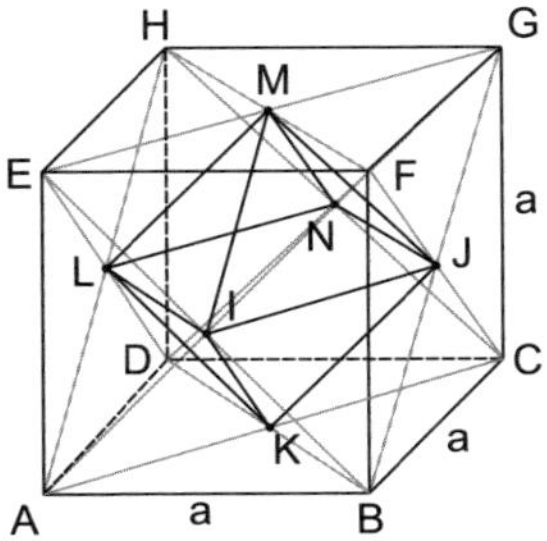

Draufsicht/Ebene IJN:

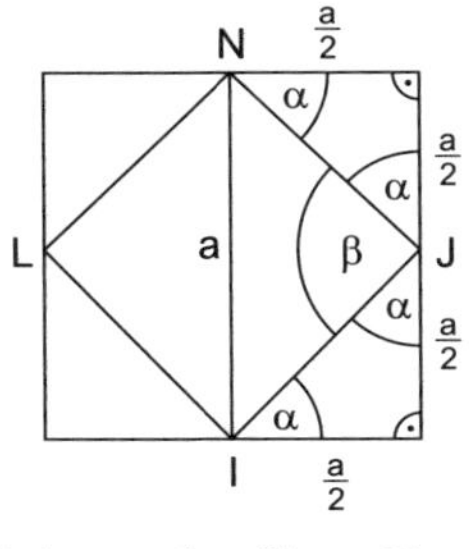

Da ABCDEFGH ein Würfel ist, ist IJKLMN ein regelmäßiges Oktaeder und IJNL ein Quadrat mit der Diagonale a.
Da I, J, N und L Mittelpunkte der Quadratseiten sind, entstehen vier gleichschenklige rechtwinklige Dreiecke, deren Basiswinkel α je $\underline{45°}$ betragen.
Da $2\alpha + \beta = 180°$ gilt, muss β, der gesuchte Winkel zwischen $\overline{JI}$ und $\overline{JN}$, 90° groß sein.

4 X … Gewinn des Spielers in €
(Einsatz von 4 € bereits berücksichtigt)
p … Wahrscheinlichkeit für rot

x_i	4	0	3	–4
Ergebnisse	rrr	bbb	rbb brb bbr	brr rbr rrb
$P(X=x_i)$	p^3	$(1-p)^3$	$3p(1-p)^2$	$3p^2(1-p)$

Ein Spiel ist fair, wenn der Erwartungswert für den Gewinn des Spielers null ist.

$$E(X) = 4p^3 + 3\cdot 3p(1-p)^2 - 4\cdot 3p^2(1-p)$$
$$= 4p^3 + 9p - 18p^2 + 9p^3 - 12p^2 + 12p^3$$
$$= 25p^3 - 30p^2 + 9p = 0$$
$$p(25p^2 - 30p + 9) = 0$$

$p_1 = 0$ entfällt hier.

$$p^2 - \frac{30}{25}p + \frac{9}{25} = 0$$
$$p_{2,3} = \frac{3\not{0}}{5\not{0}} \pm \sqrt{\frac{9}{25} - \frac{9}{25}}$$
$$p_{2,3} = \frac{3}{5} = 0{,}6$$

$360° \cdot 0{,}6 = \underline{\underline{216°}}$ ⇒ Der rote Sektor hat einen Zentriwinkel von 216°.

Leistungskurs Mathematik (Sachsen): Musteraufgabe 3
Teil B – Aufgabe 1 mit CAS

Für die Modellierung von Wachstumsprozessen in Natur und Gesellschaft spielen Exponentialfunktionen eine wichtige Rolle. Beispielsweise wird die Entwicklung der durchschnittlichen Lebenserwartung y (in Jahren) eines Neugeborenen in vielen Ländern über längere Zeiträume statistisch untersucht und mithilfe der Funktionen $f_{a;\,b;\,c}$ durch $y = f_{a;\,b;\,c}(x) = \frac{a}{1 + b \cdot e^{-c \cdot x}}$ $(a, b, c \in \mathbb{R},\ a, b, c > 0;\ x \in \mathbb{R},\ x \geq 0)$ modelliert (x beschreibt dabei die Differenz des Geburtsjahres vom Anfangsjahr der Untersuchungen).

1.1 In einem Land wurde die durchschnittliche Lebenserwartung eines Neugeborenen seit dem Jahr 1900 durch die Funktion $f_{80;\,1,2;\,0,05}$ modelliert.
Ermitteln Sie den Wertebereich dieser Funktion.
Interpretieren Sie den Verlauf des Graphen dieser Funktion bezüglich der Entwicklung der durchschnittlichen Lebenserwartung eines Neugeborenen.
Bestimmen Sie, in welchem Jahr mit dieser Modellierung bei einem Neugeborenen mit einer durchschnittlichen Lebenserwartung von 65 Jahren gerechnet werden konnte.

Erreichbare BE-Anzahl: 6

1.2 Zeigen Sie mittels Termumformungen, dass die Funktionen $f_{a;\,b;\,c}$ auch durch $y = f_{a;\,b;\,c}(x) = \frac{a \cdot e^{c \cdot x}}{b + e^{c \cdot x}}$ beschrieben werden können.

Erreichbare BE-Anzahl: 2

1.3 Ermitteln Sie diejenigen Werte für b so, dass die Bedingungen I und II erfüllt sind.
(I) Die Graphen der Funktionen $f_{a;\,b;\,c}$ besitzen für $x > 0$ jeweils einen Wendepunkt.
(II) Die Tangenten an die Graphen der Funktionen $f_{a;\,b;\,c}$ in den Wendepunkten schneiden die Ordinatenachse jeweils im positiven Bereich.

Erreichbare BE-Anzahl: 8

1.4 Das Statistische Bundesamt in Deutschland untersucht die durchschnittliche Lebenserwartung von Neugeborenen seit 1871, dabei wird zwischen Jungen und Mädchen unterschieden. Folgende Daten wurden für Jungen veröffentlicht:

Geburtsjahr	1871	1891	1910	1924	1932	1949	1965	1980	1991	2001
Lebenserwartung Jungen in Jahren	35,6	40,6	47,4	56,0	59,9	64,6	67,6	70,2	72,5	75,6

Modellieren Sie mittels logistischer Regression die durchschnittliche Lebenserwartung neugeborener Jungen seit dem Jahr 1871 in Deutschland.

Hinweis: Eine mögliche Lösung lautet $y = f(x) = \frac{102{,}926}{1 + 1{,}761 \cdot e^{-0{,}012 \cdot x}}$ ($x \in \mathbb{R}$, $x \geq 0$).

Ermitteln Sie nach Ihrem oder dem angegebenen Modell das Jahr, in dem die durchschnittliche Lebenserwartung am meisten stieg.
Welche durchschnittliche Lebenserwartung hätte ein neugeborener Junge im Jahr 2007 in Deutschland?

Erreichbare BE-Anzahl: 5

1.5 Um Voraussagen zur Rentenentwicklung zu geben, sind Aussagen zur durchschnittlichen Lebenserwartung notwendig.

Die im Jahr 2002 geborenen Jungen haben laut Statistischem Bundesamt eine durchschnittliche Lebenserwartung von 76 Jahren. Es wird angenommen, dass die durchschnittliche Lebenserwartung annähernd normalverteilt ist. 88 % aller 2002 geborenen Jungen haben laut Statistischem Bundesamt eine durchschnittliche Lebenserwartung von mindestens 60 Jahren.

Bestimmen Sie unter diesen Annahmen, wie viel Prozent der 2002 geborenen Jungen das gegenwärtig festgelegte Rentenalter von 67 Jahren erreichen.

Erreichbare BE-Anzahl: 4

Tipps und Hinweise

Teilaufgabe 1.1

- Da dieser Funktionstyp stetig ist und keine lokalen Extrempunkte besitzt, wird der Wertebereich durch die Intervallgrenzen des Intervalls $[0; +\infty)$ bestimmt.
- Berechnen oder ermitteln Sie also mittels Rechner den Funktionswert an der Stelle null sowie $\lim\limits_{x \to +\infty} f(x)$.
- Bestimmen Sie das Argument zum Funktionswert 65 und addieren Sie es zu 1900, um das Jahr zu erhalten.

Teilaufgabe 1.2

- Wenden Sie das Potenzgesetz $x^{-n} = \frac{1}{x^n}$ an, bilden Sie den Hauptnenner im Nenner und beseitigen Sie den Doppelbruch.

Teilaufgabe 1.3

- Notwendige Bedingung für einen Wendepunkt: $f''(x_W) = 0$
- Hinreichende Bedingung für einen Wendepunkt: $f'''(x_W) \neq 0$
- Sie können zur Ermittlung des Wendepunktes den Rechner nutzen, müssen aber alle Bedingungen für die Parameter mit eingeben.
- Ist $y = mx + n$ eine Gleichung der Wendetangente, muss $n > 0$ sein, um die Bedingung II zu erfüllen.

Teilaufgabe 1.4

- Beachten Sie bei der Eingabe der Werte, dass x das Geburtsjahr abzüglich 1871 ist.
- Die durchschnittliche Lebenserwartung steigt im Wendepunkt am meisten.

Teilaufgabe 1.5

- Berechnen Sie zunächst aus den gegebenen Daten die Standardabweichung σ.

Lösungen

$y = f_{a;\,b;\,c}(x) = \frac{a}{1 + b \cdot e^{-c \cdot x}}$ $(a, b, c \in \mathbb{R}^+;\ x \in \mathbb{R},\ x \geq 0)$

x … Differenz des Geburtsjahres vom Anfangsjahr der Untersuchungen

1.1 Beginn der Untersuchung: 1900

$$f_{80;\,1,2;\,0,05}(x) = \frac{80}{1 + 1,2e^{-0,05x}}$$

Wertebereich: $x = 0$: $\quad y = \frac{80}{1 + 1,2 \cdot e^0} = \frac{80}{2,2} = \frac{800}{22} = \frac{400}{11}$

$x \to +\infty$: $\quad \lim\limits_{x \to +\infty} \frac{80}{1 + 1,2e^{-0,05x}} = 80,$

da $\lim\limits_{x \to +\infty} e^{-0,05x} = 0$

$\Rightarrow$ $W_f = \left\{ y \mid \frac{400}{11} \leq y < 80;\ y \in \mathbb{R} \right\}$

Mittels Rechner:

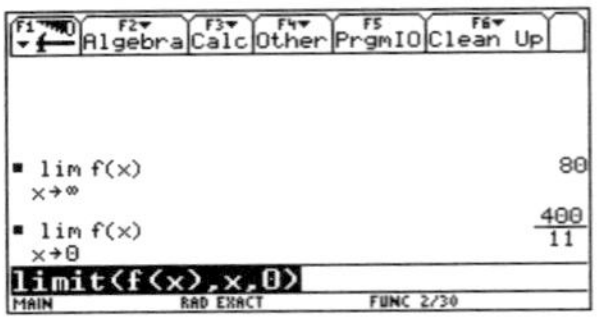

Die durchschnittliche Lebenserwartung steigt permanent, je später ein Neugeborenes zur Welt kommt, aber die Steigung wird im Vergleich zum Vorjahr geringer und nähert sich asymptotisch der Lebenserwartung von 80 Jahren an.

$$65 = \frac{80}{1 + 1,2e^{-0,05x}}$$

Rechnerische Lösung:

$$65 = \frac{80}{1 + 1,2e^{-0,05x}}$$

$$1 + 1,2e^{-0,05x} = \frac{80}{65}$$

$$e^{-0,05x} = \frac{5}{26}$$

$$x = \frac{\ln \frac{5}{26}}{-0,05} \approx 33$$

Mittels Rechner:

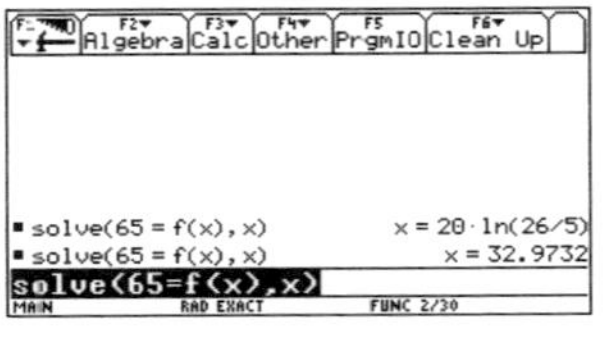

$\Rightarrow$ Im Jahre 1933 konnte mit einer Lebenserwartung von 65 Jahren gerechnet werden.

1.2 $\frac{a}{1+be^{-cx}}=\frac{a}{1+\frac{b}{e^{cx}}}=\frac{a}{\frac{e^{cx}+b}{e^{cx}}}=\underline{\underline{\frac{a\cdot e^{cx}}{b+e^{cx}}}}$

1.3 *Bedingung I:*

$W(x_W;\,y_W)$ ist Wendepunkt mit $x_W>0$

$$f(x)=\frac{ae^{cx}}{b+e^{cx}}$$

$$f'(x)=\frac{ace^{cx}\cdot(b+e^{cx})-ae^{cx}\cdot ce^{cx}}{(b+e^{cx})^2}=\frac{abce^{cx}}{(b+e^{cx})^2}$$

$$f''(x)=\frac{abc^2e^{cx}(b+e^{cx})^{\cancel{2}1}-abce^{cx}\cdot 2\,\cancel{(b+e^{cx})}\cdot ce^{cx}}{(b+e^{cx})^{\cancel{4}3}}$$

$$=\frac{abc^2e^{cx}(b-e^{cx})}{(b+e^{cx})^3}=\frac{ab^2c^2e^{cx}-abc^2e^{2cx}}{(b+e^{cx})^3}$$

$$0=abc^2e^{cx_W}(b-e^{cx_W})$$

$$0=b-e^{cx_W}$$

$$e^{cx_W}=b$$

$$x_W=\frac{\ln b}{c};\quad y_W=\frac{ae^{c\cdot\frac{\ln b}{c}}}{b+e^{c\cdot\frac{\ln b}{c}}}=\frac{a}{2}$$

$$f'''(x)=\frac{(ab^2c^3e^{cx}-2abc^3e^{2cx})\cdot(b+e^{cx})^{\cancel{3}1}}{(b+e^{cx})^{\cancel{6}4}}-$$

$$-\frac{(ab^2c^2e^{cx}-abc^2e^{2cx})3\,\cancel{(b+e^{cx})^2}\cdot ce^{cx}}{(b+e^{cx})^{\cancel{6}4}}$$

$$=\frac{ab^3c^3e^{cx}+ab^2c^3e^{2cx}-2ab^2c^3e^{2cx}-2abc^3e^{3cx}-3ab^2c^3e^{2cx}+3abc^3e^{3cx}}{(b+e^{cx})^4}$$

$$=\frac{abc^3e^{cx}(b^2+e^{2cx}-4be^{cx})}{(b+e^{cx})^4}$$

$$f'''\left(\frac{\ln b}{c}\right)=\frac{abc^3e^{c\cdot\frac{\ln b}{c}}\left(b^2+e^{2c\frac{\ln b}{c}}-4be^{c\frac{\ln b}{c}}\right)}{\left(b+e^{c\frac{\ln b}{c}}\right)^4}$$

$$=\frac{-2ab^4c^3}{(2b)^4}<0,\text{ da } a,b,c>0$$

$\Rightarrow$ $\underline{\underline{W\left(\frac{\ln b}{c};\frac{a}{2}\right)}}$ wegen $x_W>0$ muss $\underline{\underline{b>1}}$ gelten

Mittels Rechner:

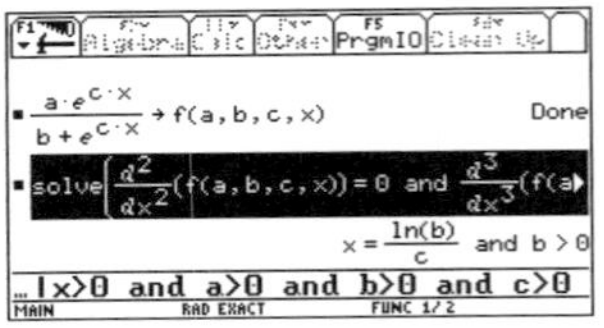

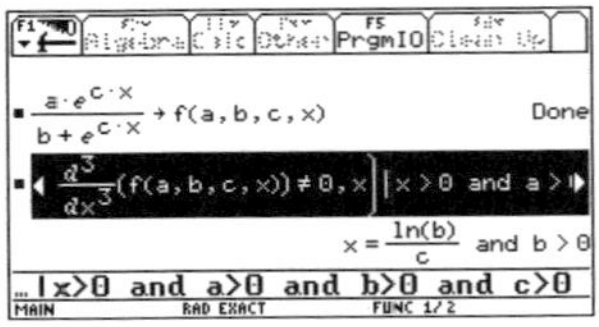

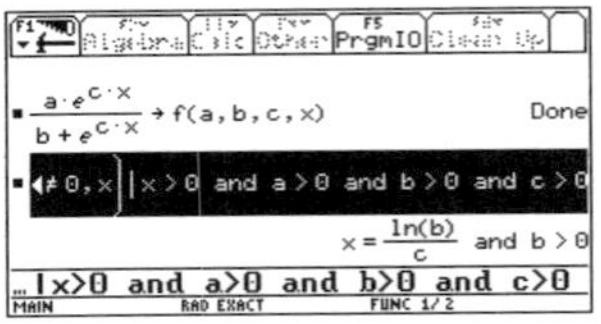

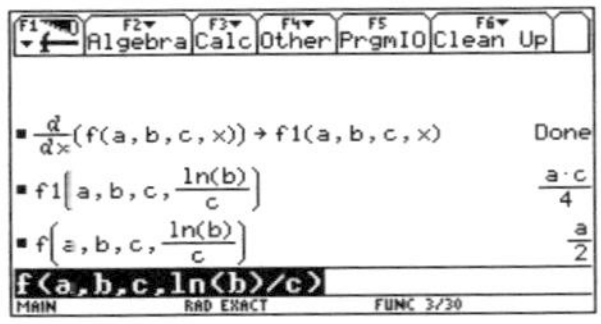

Bedingung II:

Wendetangenten schneiden die y-Achse im positiven Bereich

($t_W \ldots\ y = m_{t_W} x + n \quad \Rightarrow \quad n > 0$)

$$f'\left(\frac{\ln b}{c}\right) = \frac{abce^{c \cdot \frac{\ln b}{c}}}{\left(b + e^{c \cdot \frac{\ln b}{c}}\right)^2} = \frac{1}{4}ac = m_{t_W}$$

$$t_W \ldots\ y - \frac{a}{2} = \frac{1}{4}ac\left(x - \frac{\ln b}{c}\right)$$

$$y = \frac{1}{4}acx + \underbrace{\frac{a(2 - \ln b)}{4}}_{n}$$

$$\frac{a(2 - \ln b)}{4} > 0 \text{ und } b > 1 \text{ (wegen } x_W > 0)$$

$$\ln b < 2 \Rightarrow b < e^2$$

$$\Rightarrow \underline{\underline{1 < b < e^2}}$$

Ermittlung von n mittels Rechner:

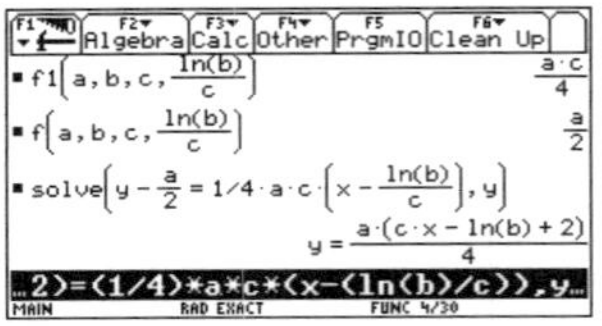

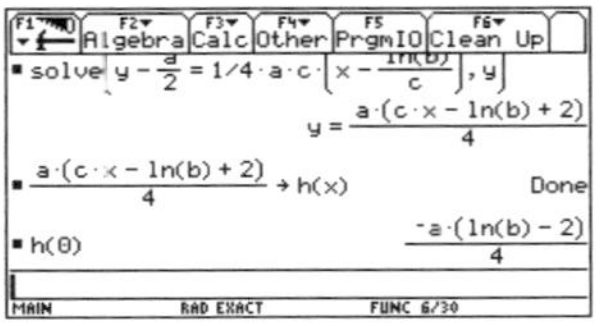

1.4 Eingabe der Wertepaare und logistische Regression:

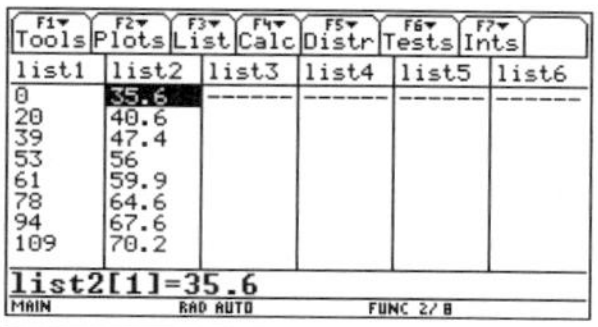

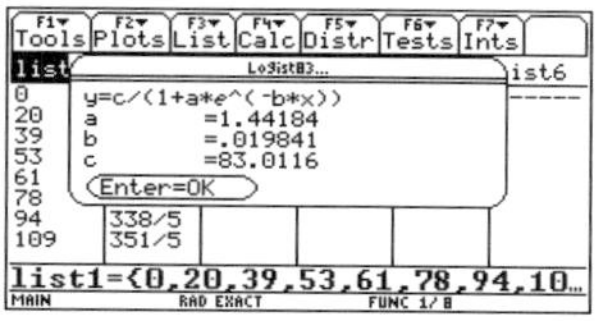

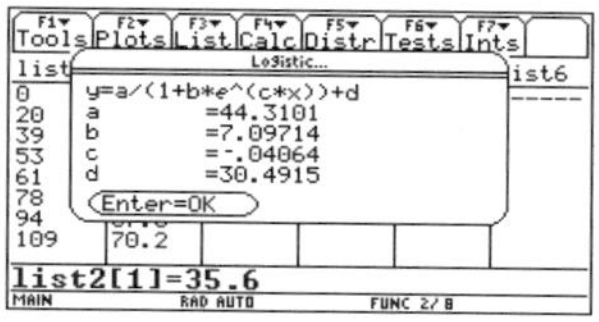

$\Rightarrow \ f(x) = \dfrac{83{,}0116}{1 + 1{,}44184 \cdot e^{-0{,}019841x}}$ $\qquad \Rightarrow \ f(x) = \dfrac{44{,}3101}{1 + 7{,}09714 \cdot e^{-0{,}04064x}} + 30{,}4915$

Es wird nun mit der in der Aufgabenstellung gegebenen Funktion weitergerechnet.

Größter Anstieg der durchschnittlichen Lebenserwartung befindet sich am Wendepunkt:

Ermitteln von x_W mittels Rechner:

$\Rightarrow$ nach ca. 47 Jahren;
$1871 + 47 = 1918$
Die Lebenserwartung stieg
<u>1918</u> am meisten.

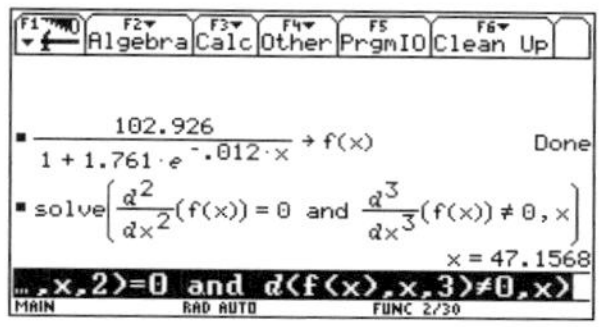

2007 geboren: $x = 2007 - 1871 = 136$

Ermitteln der Lebenserwartung mittels Rechner:

$\Rightarrow$ Ein 2007 geborener Junge hat eine Lebenserwartung von <u>76,6 Jahren.</u>

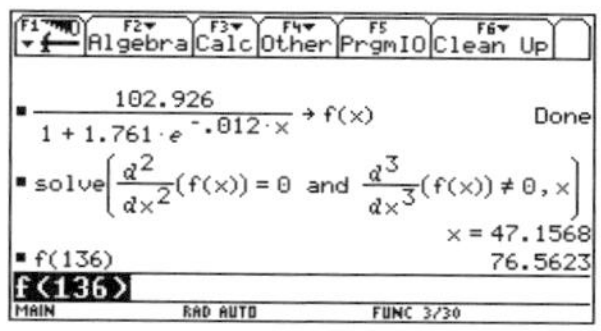

Je nachdem, welche Funktion man verwendet, erhält man abweichende Werte von dieser Lösung.

1.5 X … Lebenserwartung in Jahren (Normalverteilung: $\mu = 76$)

$$P(X \geq 60) = 1 - P(X \leq 60)$$

$$= 1 - \Phi\left(\frac{60 - 76}{\sigma}\right)$$

$$0{,}88 = 1 - \Phi\left(-\frac{16}{\sigma}\right)$$

$$\Phi\left(-\frac{16}{\sigma}\right) = 0{,}12$$

$$\Phi\left(\frac{16}{\sigma}\right) = 0{,}88$$

Tabelle: $\frac{16}{\sigma} = 1{,}175$

$$\Rightarrow \underline{\underline{\sigma \approx 13{,}6}}$$

$$P(X \geq 67) = 1 - P(X \leq 67)$$

$$= 1 - \Phi\left(\frac{67 - 76}{13{,}6}\right)$$

$$= 1 - \Phi(-0{,}66)$$

$$= \Phi(0{,}66)$$

$$= \underline{\underline{0{,}7454}}$$

Ca. 75 % der 2002 geborenen Jungen erreichen das gegenwärtig festgelegte Rentenalter von 67 Jahren.

Leistungskurs Mathematik (Sachsen): Musteraufgabe 3
Teil B – Aufgabe 1 ohne CAS

Zwiebeln haben in guter Näherung die Form von Rotationskörpern.
Die Konturenlinien des Querschnitts vieler Zwiebeln können im ersten Quadranten eines Koordinatensystems mithilfe der Funktionsgleichung

$y = r_t(x) = (t - x) \cdot \sqrt{x} \;\; (x \in D_{r_t};\, t \in \mathbb{R},\, t > 0)$

durch unterschiedliche Werte des Parameters t näherungsweise beschrieben werden.

1.1 Geben Sie den für den Sachverhalt geeigneten Definitionsbereich der Funktionen r_t an.
Weisen Sie nach, dass kein Graph der Funktionen r_t einen Wendepunkt besitzt.

Erreichbare BE-Anzahl: 4

1.2 Die Abbildung zeigt für eine spezielle Zwiebel die Konturenlinie im ersten und vierten Quadranten.
Geben Sie den Wert des Parameters t an, welcher in der Abbildung gewählt wurde.
Geben Sie die Gleichung einer Funktion an, welche in diesem Fall die Konturenlinie im vierten Quadranten beschreibt.

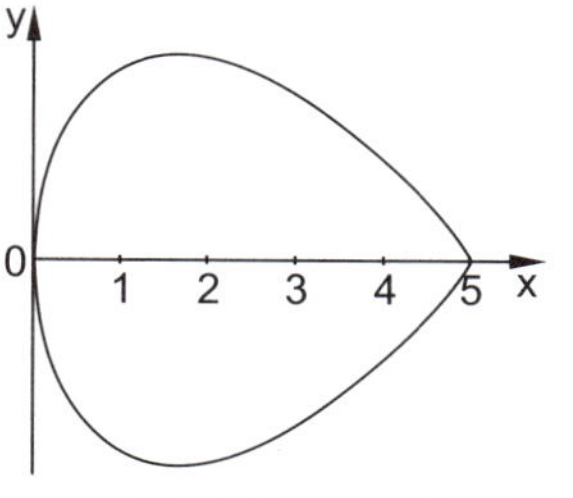

Erreichbare BE-Anzahl: 2

1.3 Die Zwiebel mit der durch r_4 modellierten Konturenlinie wird senkrecht zur Rotationsachse geteilt.
Ermitteln Sie den Flächeninhalt der größtmöglichen Schnittfläche.

Erreichbare BE-Anzahl: 2

1.4 Die Zwiebel soll in zwei Teile gleicher Volumina zerlegt werden. Für eine Modellierung wird hierzu das Koordinatensystem um eine z-Achse in Tiefenrichtung erweitert. Dabei kann die Teilung durch einen Schnitt parallel zur y-z-Ebene erfolgen.
Ermitteln Sie eine Gleichung der zugehörigen Schnittebene für t = 4.

Der Schnitt kann auch so geführt werden, dass zwei Teile gleicher Form entstehen. Begründen Sie, dass es unter dieser Bedingung unendlich viele Schnittmöglichkeiten gibt.
Geben Sie die Menge aller Schnittebenen in Form einer geeigneten Gleichung an.

Erreichbare BE-Anzahl: 5

1.5 In einem anderen Modell sollen die Konturenlinien der Zwiebeln im ersten Quadranten durch ganzrationale Funktionen dritten Grades p_t beschrieben werden. Die Funktionen p_t und r_t sollen möglichst viele gleiche charakteristische Eigenschaften besitzen.
Beschreiben Sie ein mögliches Vorgehen zur Ermittlung einer Gleichung solcher Funktionen p_t.

Erreichbare BE-Anzahl: 4

1.6 Ein Händler bietet seine Blumenzwiebeln in zwei Güteklassen an. Zwiebeln erster Wahl keimen zu 95 %, Zwiebeln zweiter Wahl zu 75 %. Die Packungen enthalten immer genau 25 Stück einer Güteklasse.
Ein Kunde erwirbt je eine Packung erster und zweiter Wahl.
Mit welcher Wahrscheinlichkeit keimen alle Zwiebeln erster Wahl?
Wie groß ist die Wahrscheinlichkeit, dass aus der Packung zweiter Wahl mehr als 75 % der Zwiebeln keimen?

Der Händler erhält in einer Stiege eine Lieferung von mehreren Hundert Zwiebeln, die er selbst abpacken muss. Leider fehlt die Angabe der Güteklasse. Diese will er mithilfe von 50 zufällig entnommenen Zwiebeln testen.
Geben Sie für die Hypothese „In der Stiege befinden sich Zwiebeln erster Wahl“ den Erwartungswert an und bestimmen Sie den kritischen Bereich auf dem Signifikanzniveau 10 %.
Geben Sie eine Entscheidungsregel an.
Erklären Sie für den betrachteten Test, was unter einem „Fehler erster Art“ und einem „Fehler zweiter Art“ zu verstehen ist.

Erreichbare BE-Anzahl: 8

Tipps und Hinweise

Teilaufgabe 1.1

- Beachten Sie, dass die Funktion nur zwischen den beiden Nullstellen interessiert.
- Notwendige Bedingung für Wendepunkte: $r_t''(x_w) = 0$

Teilaufgabe 1.2

- Den Wert für t erkennt man an der 2. Nullstelle.
- Bei einer Spiegelung an der x-Achse ändern die Funktionswerte ihr Vorzeichen.

Teilaufgabe 1.3

- Der Radius der größtmöglichen Schnittfläche entspricht dem lokalen Maximumwert von r_4. Diesen können Sie grafisch ermitteln.

Teilaufgabe 1.4

- Berechnen Sie zunächst das Gesamtvolumen der Zwiebel in Abhängigkeit von π mithilfe der Formel:

  $$V = \pi \int_0^4 [r_4(x)]^2 \, dx$$

- Für das halbe Volumen wählen Sie den gleichen Ansatz, nur dass die obere Integrationsgrenze unbekannt ist und dafür das Volumen bekannt.
- Die entstehende Gleichung können Sie grafisch lösen.
- Die Schnittebene muss für den letzten Fall senkrecht zur y-z-Ebene verlaufen. Sie muss die x-Achse beinhalten.

Teilaufgabe 1.5

- Eine ganzrationale Funktion 3. Grades enthält 4 Parameter, die bestimmt werden müssen, d. h. es müssen 4 Eigenschaften übernommen werden, die dann 4 Gleichungen zum Lösen des Gleichungssystems ergeben.
- Solche Eigenschaften sind z. B. Nullstellen, lokale Extrempunkte oder Wendepunkte.

Teilaufgabe 1.6

- Wenden Sie zur Berechnung der Wahrscheinlichkeiten die Binomialverteilung an.
- Zur Ermittlung des kritischen Bereiches kann man die Näherungsformel von Moivre-Laplace verwenden oder man probiert mithilfe von Computerprogrammen, indem man k so lange variiert, bis eine Wahrscheinlichkeit von ca. 10 % erscheint.
- Fehler 1. Art: Eine richtige Hypothese wird abgelehnt.
- Fehler 2. Art: Eine falsche Hypothese wird nicht abgelehnt.

Lösungen

$y = r_t(x) = (t - x) \cdot \sqrt{x} \quad (x \in D_{r_t};\ t \in \mathbb{R},\ t > 0)$

1.1 $\underline{\underline{D_{r_t} = \{x : x \in \mathbb{R};\ 0 \le x \le t\}}}$

$$r_t'(x) = -1 \cdot \sqrt{x} + (t - x) \cdot \frac{1}{2\sqrt{x}}$$

$$= \frac{-2x + (t - x)}{2\sqrt{x}} = \frac{t - 3x}{2\sqrt{x}}$$

$$r_t''(x) = \frac{-3 \cdot 2\sqrt{x} - (t - 3x) \cdot \frac{\not{2}^1}{{}_1\not{2}\sqrt{x}}}{4x}$$

$$= \frac{\frac{-6x - t + 3x}{\sqrt{x}}}{4x}$$

$$= \frac{-3x - t}{4x\sqrt{x}}$$

$$0 = -3x_W - t$$

$x_W = -\frac{t}{3}$; x_W wäre negativ (da t positiv ist), also nicht im Definitionsbereich.

$\Rightarrow$ r_t besitzt $\underline{\underline{\text{keinen Wendepunkt.}}}$

1.2 $t = 5$, da $x_{N_2} = 5$ mit $t - x_{N_2} = 0$ gilt.
Konturenlinie im vierten Quadranten:
$y = s(x) = -(5 - x)\sqrt{x} = \underline{\underline{(x - 5)\sqrt{x}}};\quad x \in \mathbb{R};\ 0 \le x \le 5$

1.3 $r_4(x) = (4 - x)\sqrt{x};\quad x \in \mathbb{R};\ 0 \le x \le 4$
Die größtmögliche Schnittfläche existiert am lokalen Maximum von r_4.

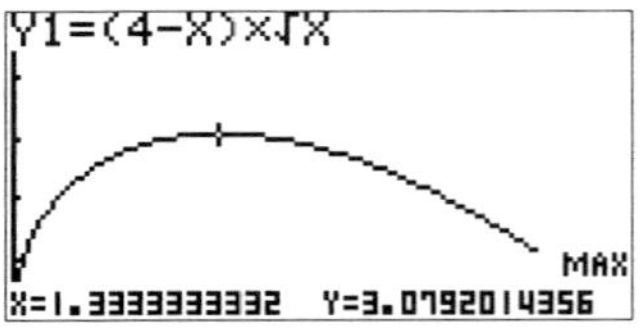

Lokales Maximum: $E(1,\overline{3};\ 3{,}08)\ \Rightarrow\ r = 3{,}08$

Schnittfläche: $A_S = \pi r^2 \approx \underline{\underline{30}}$

1.4 V_G … Gesamtvolumen der Zwiebel

$$V_G = \pi \int_0^4 [r_4(x)]^2\,dx = 21,\overline{3}\pi \quad \text{(mittels Rechner)}$$

V_H … Volumen der linken Zwiebelhälfte

$$V_H = \pi \int_0^{x_S} [r_4(x)]^2\,dx$$

$$= \pi \int_0^{x_S} (4-x)^2 \cdot x\,dx = \pi \int_0^{x_S} (16x - 8x^2 + x^3)\,dx$$

$$10,\overline{6}\pi = \pi\left(8x_S^2 - \frac{8}{3}x_S^3 + \frac{1}{4}x_S^4\right)$$

$$10,\overline{6} = 8x_S^2 - \frac{8}{3}x_S^3 + \frac{1}{4}x_S^4$$

Grafische Lösung:

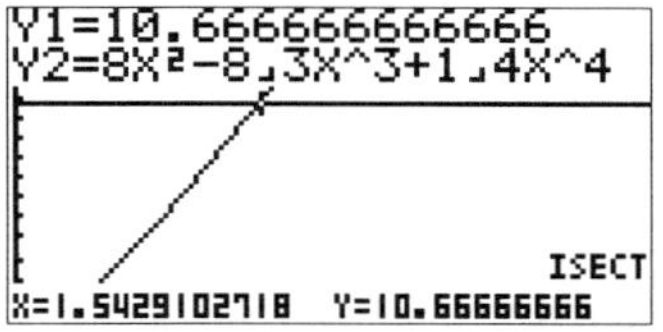

$\Rightarrow$ Die Schnittebene hat die Gleichung $\underline{\underline{x = 1,54}}$.

Der Schnitt zu zwei Teilen gleicher Form müsste senkrecht zur y-z-Ebene durch die Punkte P(t; 0; 0) und O(0; 0; 0) geführt werden, d. h. die x-Achse wäre Element der Schnittebene. Durch eine Gerade ist eine Ebene aber nicht eindeutig bestimmt. Man kann jeden beliebigen Punkt, der nicht auf der x-Achse liegt, wählen und eine solche Ebene aufstellen. So gibt es unendlich viele Schnittmöglichkeiten.

E_S … Schnittebenen mit $\vec{n}_S = \begin{pmatrix} 0 \\ a \\ b \end{pmatrix}$ und $P(t; 0; 0) \in E_S$

$$E_S \ldots \left[\left[\begin{pmatrix} x \\ y \\ z \end{pmatrix} - \begin{pmatrix} t \\ 0 \\ 0 \end{pmatrix}\right] \circ \begin{pmatrix} 0 \\ a \\ b \end{pmatrix}\right] = 0$$

$$\underline{\underline{ay + bz = 0}}$$

1.5 $p_t(x) = ax^3 + bx^2 + cx + d$

$r_t(x) = (t - x)\sqrt{x}$

4 Unbekannte a, b, c, d $\Rightarrow$ Gleichungssystem mit 4 Gleichungen notwendig.

Charakteristische Eigenschaften:

(1) $x_{N_1} = 0 \quad \Rightarrow \quad O(0;0) \in p_t$

(2) $x_{N_2} = t \quad \Rightarrow \quad P(t;0) \in p_t$

(3) $r_t'(x_E) = 0: \quad r_t'(x) = \dfrac{t - 3x}{2\sqrt{x}}$

$$0 = t - 3x_E$$

$$x_E = \frac{t}{3}; \quad y_E = \frac{2}{3}t\sqrt{\frac{t}{3}}$$

$$\Rightarrow \quad E\left(\frac{t}{3}; \frac{2}{3}t\sqrt{\frac{t}{3}}\right) \in p_t$$

(4) $p_t'(x) = 3ax^2 + 2bx + c$

$$\Rightarrow \quad p_t'\left(\frac{t}{3}\right) = 0$$

Hieraus ergeben sich also 4 Gleichungen des linearen Gleichungssystems, das dann nach a, b, c und d gelöst werden müsste.

1.6 1. Wahl: $p_{K_1} = 0{,}95$

2. Wahl: $p_{K_2} = 0{,}75$

1 Packung: 25 Stück

X … Anzahl Zwiebeln 1. Wahl, die keimen
(Binomialverteilung: $n = 25$; $p_{K_1} = 0{,}95$)

$P(X = 25) = 0{,}95^{25} \approx \underline{\underline{0{,}2774}}$

Y … Anzahl Zwiebeln 2. Wahl, die keimen
(Binomialverteilung: $n = 25$; $p_{K_2} = 0{,}75$)

75 % von 25: 18,75

$P(X \geq 19) = 1 - P(X \leq 18) \approx \underline{\underline{0{,}5611}}$

Hypothese … In der Stiege befinden sich Zwiebeln erster Wahl.
$n = 50$; $p_{K_1} = 0{,}95$

Erwartungswert: $\mu = n \cdot p_{K_1} = \underline{\underline{47{,}5}}$

Standardabweichung: $\sigma = \sqrt{n \cdot p_{K_1}(1 - p_{K_1})} = \sqrt{2{,}375}$

Ermitteln des kritischen Bereichs für $\alpha = 10\,\%$:

(1) Durch Probieren über Programm „Summierte Binomialverteilung“ bzw. nach „Gauss“:

$P(X \leq 44) \approx 0{,}0378$ bzw. $0{,}0256$
$P(X \leq 45) \approx 0{,}1036$ bzw. $0{,}0968$
$P(X \leq 46) \approx 0{,}2396$ bzw. $0{,}2578$

(2) Mit der Näherungsformel von Moivre-Laplace:

Eine Lösung mithilfe der Näherungsformel scheint wegen $\sigma > 3$ nicht sinnvoll, ergibt aber hier die gleiche Lösung.

$$P(X \leq k) = \Phi\left(\frac{k + 0{,}5 - 47{,}5}{\sqrt{2{,}375}}\right)$$

$$= \Phi\left(\frac{k - 47}{\sqrt{2{,}375}}\right) = 0{,}1 = 1 - 0{,}9$$

$$\frac{k - 47}{\sqrt{2{,}375}} \approx -1{,}28$$

$$k \approx 45$$

Damit liegt der kritische Bereich für $\underline{\underline{k < 45}}$.

Die Hypothese sollte also für $k < 45$ verworfen werden.

„Fehler 1. Art“:

Ein Fehler 1. Art würde entstehen, wenn die Zwiebeln als 2. Wahl eingestuft werden, obwohl sie 1. Wahl sind, weil mehr als 5 Zwiebeln nicht gekeimt haben.

„Fehler 2. Art“:

Ein Fehler 2. Art würde entstehen, wenn die Zwiebeln als 1. Wahl eingestuft werden, obwohl sie 2. Wahl sind, weil von ihnen mindestens 45 gekeimt haben.

Leistungskurs Mathematik (Sachsen): Musteraufgabe 3
Teil B – Aufgabe 2

In Riad (Saudi-Arabien) wurde 2001 das Kingdom-Center fertiggestellt. Es beinhaltet außer Appartements, einem Luxushotel und Büros auch zahlreiche Geschäfte. Die Grundfläche liegt in der x-y-Ebene eines gedachten kartesischen Koordinatensystems (eine Einheit entspricht 1 Meter). Sie wird durch eine Ellipse begrenzt, deren Mittelpunkt sich im Koordinatenursprung befindet und deren Achsen auf den Koordinatenachsen liegen.
Besonderes Merkmal des Gebäudes ist eine Öffnung, die oben durch eine Brücke mit Aussichtsplattform geschlossen ist. Der gekrümmte Teil dieser Öffnung hat in der x-z-Ebene die Form einer Parabel.

2.1 Eine Gleichung der Parabel in der x-z-Ebene lautet
$z = 0{,}11 \cdot x^2 + 186 \quad (x \in \mathbb{R}, -32{,}5 \leq x \leq 32{,}5)$.
Geben Sie die Höhe des Scheitelpunktes dieser Parabel über der Grundfläche des Gebäudes sowie Näherungswerte für die Höhe des Gebäudes und die Länge der Brücke an.

Erreichbare BE-Anzahl: 3

2.2 Zu einem bestimmten Zeitpunkt treffen Sonnenstrahlen mit dem Richtungsvektor $\vec{s} = \begin{pmatrix} 0 \\ 5 \\ -15 \end{pmatrix}$ auf das Gebäude.
Ermitteln Sie eine Gleichung der parabelförmigen Schattenbegrenzung der Öffnung auf der Erdoberfläche.
Bestimmen Sie die Größe des Flächeninhaltes der Öffnung innerhalb der Schattenfläche.
Hinweis: Nehmen Sie die Erdoberfläche vereinfacht als unbebaute Ebene an und vernachlässigen Sie den Schatten der Brücke.

Erreichbare BE-Anzahl: 6

2.3 Anlässlich eines Feiertages wird das Gebäude durch zwei Laser L_1 und L_2 angestrahlt, die sich in den Punkten $P_{L_1}(0; 45; 20)$ und $P_{L_2}(0; -55; 0)$ befinden.
Laser L_1 bewegt den Lichtstrahl in der Ebene
E_1: $(-65 \cdot a + 1\,300) \cdot y - 2\,925 \cdot z = -2\,925 \cdot a$,
Laser L_2 in der Ebene E_2: $-65a \cdot y + 3\,575 \cdot z = 3\,575 \cdot a$.
Der Wert a wird durch einen Computer gesteuert.

Ermitteln Sie alle Werte a, für die L_1 die Öffnung der Parabel überstreicht.

Hinweis: Der Laser ist so aufgestellt, dass nur die parabelförmige Begrenzung in der x-z-Ebene berücksichtigt werden muss.

Der Wert a wird auf 200 eingestellt. In der Schnittgeraden der Ebenen E_1 und E_2 treten besondere Lichteffekte auf.
Geben Sie eine Gleichung der Schnittgeraden und den Schnittwinkel der Ebenen an.

Erreichbare BE-Anzahl: 5

Jeweils im Rhythmus von einer Minute startet ein Computer den Bewegungs- und Farbablauf der beiden Laser zeitgleich neu. Diese Abschnitte werden im Folgenden als Sequenzen bezeichnet. Es stehen für jeden Laser nur die zwei Farben violett und gelb zur Verfügung. Der Computer legt die Reihenfolge jeweils zufällig fest, es ist also auch möglich, dass bei aufeinanderfolgenden Sequenzen die Farbe nicht wechselt.

2.4 Bei einer Einstellung des Computers tritt violettes Licht beim Laser L_2 mit der Wahrscheinlichkeit 0,35 auf.
Ermitteln Sie die Wahrscheinlichkeit, dass Laser L_2 bei 10 aufeinanderfolgenden Sequenzen häufiger gelb zeigt, als man erwarten kann.

Erreichbare BE-Anzahl: 2

2.5 Der Laser L_1 wird bei einer anderen Einstellung des Computers in 10 Stichproben mit jeweils 10 Sequenzen beobachtet und es wird notiert, bei wie vielen Sequenzen davon jeweils die Farbe violett auftrat.

Anzahl der Sequenzen mit violettem Licht in der Stichprobe	0	1	2	3	4	5	6	7	8	9	10
Anzahl der Stichproben, für die das zutrifft	0	0	1	3	3	1	2	0	0	0	0

Begründen Sie, dass für das Ereignis „Laser L_1 zeigt violettes Licht" auf der Grundlage der Stichproben eine Wahrscheinlichkeit von $\frac{2}{5}$ angenommen werden kann.
Der Zufallsversuch „Entscheidung für violettes oder gelbes Licht beim Laser L_1" soll für 200 Sequenzen simuliert werden.
Beschreiben Sie, wie Sie diese Simulation mithilfe eines GTR, eines Computer-Algebra-Systems oder eines anderen Zufallsgenerators umsetzen können.

Erreichbare BE-Anzahl: 4

Tipps und Hinweise

Teilaufgabe 2.1

- Der Scheitelpunkt liegt auf der z-Achse, also $x = 0$.
- Die Gebäudehöhe ergibt sich als Funktionswert an den Stellen 32,5 bzw. –32,5.

Teilaufgabe 2.2

- Die Durchstoßpunkte der Geraden mit der Richtung $\vec{s}$ durch die Punkte P_1, P_2 und S durch die x-y-Ebene ergeben drei Punkte der neuen Parabel, deren Gleichung dann über das Statistik-Menü bestimmt werden kann.
- Betrachten Sie die Schattenfläche als Fläche zwischen zwei Kurven.

Teilaufgabe 2.3

- Ermitteln Sie zunächst die Werte für a bezüglich der Begrenzungspunkte der Öffnung und schlussfolgern Sie daraus auf die im Inneren liegenden Punkte.
- Ersetzen Sie $a = 200$ in den Ebenen E_1 und E_2 und ermitteln Sie die Schnittgerade mittels Rechnerprogramm, ebenso den Schnittwinkel.

Teilaufgabe 2.4

- Wenden Sie Binomialverteilung an.

Teilaufgabe 2.5

- Die relative Häufigkeit der Stichprobe entspricht hier der Wahrscheinlichkeit.
- Ordnen Sie bei der Simulation entsprechend der Wahrscheinlichkeit die Zufallsziffern zu.

Lösungen

Grundfläche in der x-y-Ebene (Ellipse); 1 Einheit $\hat{=}$ 1 Meter

2.1 Skizze:

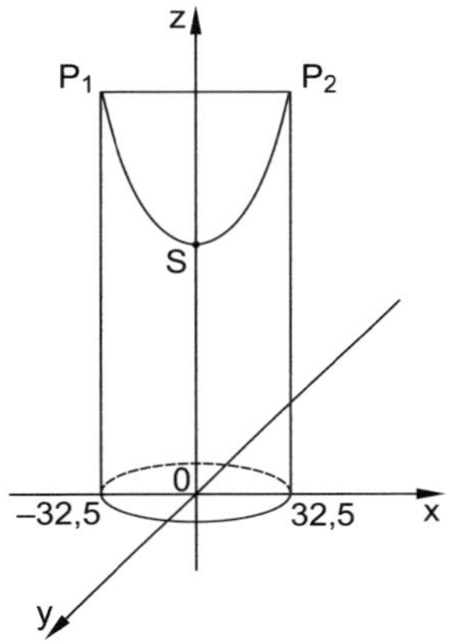

Parabel in x-z-Ebene: $z = 0{,}11x^2 + 186 = f(x) \quad (x \in \mathbb{R}; -32{,}5 \le x \le 32{,}5)$

Höhe des Scheitelpunktes: $\underline{\underline{h_S = 186 \text{ m}}}$

Höhe des Gebäudes: $f(32{,}5) = 0{,}11 \cdot 32{,}5^2 + 186$

≈ 302

$\Rightarrow \quad \underline{\underline{h_G \approx 302 \text{ m}}}$

Länge der Brücke: $2 \cdot 32{,}5 \text{ m} = \underline{\underline{65 \text{ m}}}$

2.2 Sonnenstrahl: $\vec{s} = \begin{pmatrix} 0 \\ 5 \\ -15 \end{pmatrix}$

$g_1 \ldots$ Gerade durch $P_1(-32{,}5; 0; 302)$ mit Richtung $\vec{s}$

$$g_1 \ldots \vec{x} = \begin{pmatrix} -32{,}5 \\ 0 \\ 302 \end{pmatrix} + t \begin{pmatrix} 0 \\ 5 \\ -15 \end{pmatrix}; \quad t \in \mathbb{R}$$

$g_1 \cap$ x-y-Ebene: $\underline{P_1'(-32{,}5; 100{,}\overline{6}; 0)}$

$g_2 \ldots$ Gerade durch $P_2(32{,}5; 0; 302)$ mit Richtung $\vec{s}$

$$g_2 \ldots \vec{x} = \begin{pmatrix} 32{,}5 \\ 0 \\ 302 \end{pmatrix} + r \begin{pmatrix} 0 \\ 5 \\ -15 \end{pmatrix}; \quad r \in \mathbb{R}$$

$g_2 \cap$ x-y-Ebene: $\underline{P_2'(32{,}5; 100{,}\overline{6}; 0)}$

(Dies kann auch sofort aus dem Ergebnis für P_1' geschlussfolgert werden.)

$g_3 \ldots$ Gerade durch S(0; 0; 186) mit Richtung $\vec{s}$

$$g_3 \ldots \ \vec{x} = \begin{pmatrix} 0 \\ 0 \\ 186 \end{pmatrix} + s \begin{pmatrix} 0 \\ 5 \\ -15 \end{pmatrix}; \qquad s \in \mathbb{R}$$

$g_3 \cap$ x-y-Ebene: $\underline{S'(0; 62; 0)}$

Parabelgleichung mithilfe des Statistik-Menüs:

$\underline{\underline{y = 0{,}0366x^2 + 62}}$

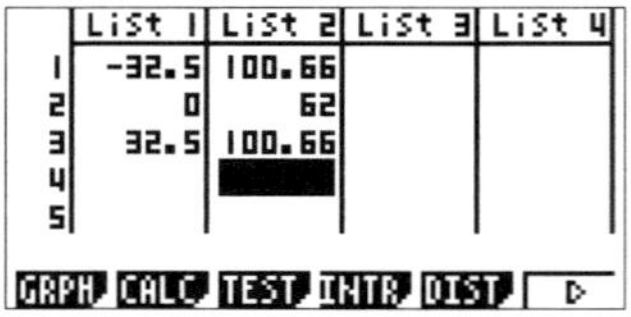

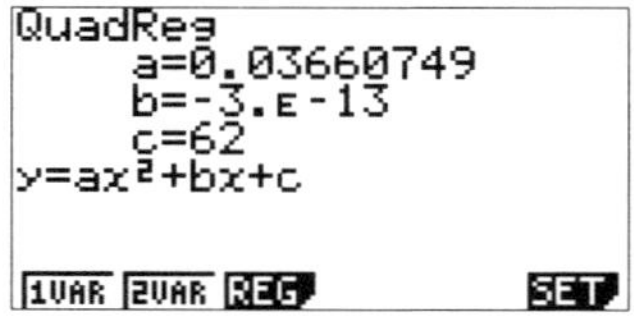

Skizze:

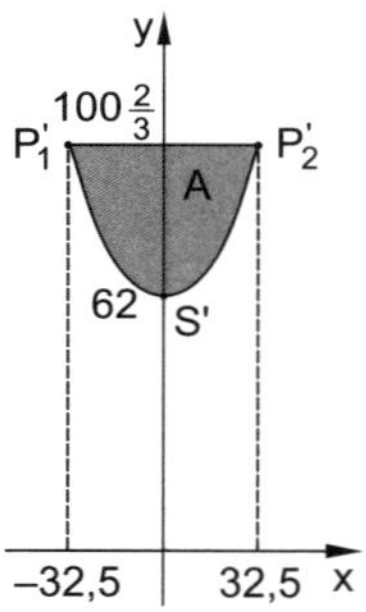

$$A = 2 \cdot \int_0^{32{,}5} \left[100\frac{2}{3} - (0{,}0366x^2 + 62) \right] dx$$

$$\approx 2 \cdot 838 = 1\,676$$

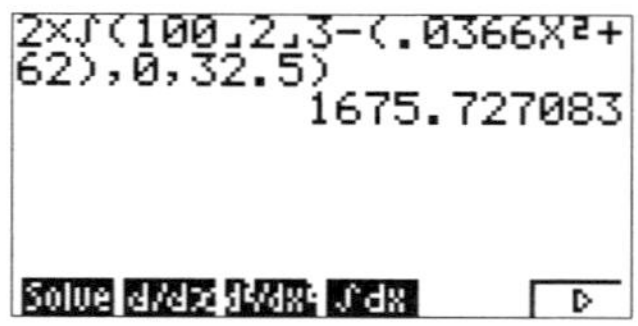

Die Schattenfläche beträgt $\underline{\underline{\text{ca. } 1\,676 \text{ m}^2}}$.

2.3 Laser L_1: $P_{L_1}(0; 45; 20)$
Laser L_2: $P_{L_2}(0; -55; 0)$

L_1 in E_1: $(-65a + 1\,300)y - 2\,925z = -2\,925a$
L_2 in E_2: $-65ay + 3\,575z = 3\,575a$

Parabel in x-z-Ebene:

– linke Begrenzung $P_1(-32{,}5;\ 0;\ 302)$ und rechte Begrenzung $P_2(32{,}5;\ 0;\ 302)$

in E_1: $(-65a+1\,300)\cdot 0-2\,925\cdot 302=-2\,925a$

$\Rightarrow \quad \underline{\underline{a=302}}$

– untere Begrenzung $S(0;\ 0;\ 186)$

in E_1: $(-65a+1\,300)\cdot 0-2\,925\cdot 186=-2\,925a$

$\Rightarrow \quad \underline{\underline{a=186}}$

– alle anderen Punkte liegen dazwischen

$\Rightarrow \quad \underline{\underline{186<a<302}}$ für Öffnung der Parabel

$a=200$: $E_1 \ldots -11\,700y-2\,925z=-585\,000$

$E_2 \ldots -13\,000y+3\,575z=\ 715\,000$

Schnittgerade von E_1 und E_2 mittels Rechnerprogramm:

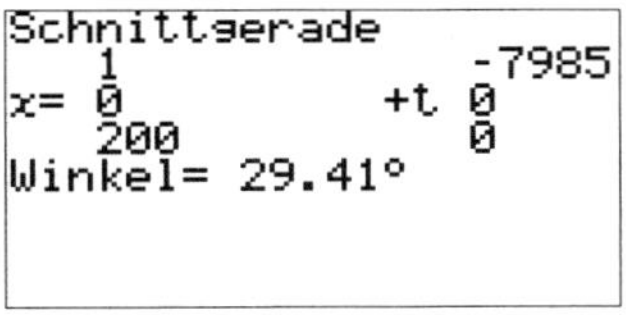

$$\Rightarrow \quad \underline{\underline{g_S \ldots \vec{x}=\begin{pmatrix}1\\0\\200\end{pmatrix}+t\begin{pmatrix}1\\0\\0\end{pmatrix};\ t\in\mathbb{R};}} \qquad \underline{\underline{\alpha\approx 29{,}4^\circ}}$$

2.4 X … Anzahl der gelb-Sequenzen (Binomialverteilung: $n=10$; $p=0{,}65$)

Erwartungswert: $\mu=n\cdot p=\underline{6{,}5}$

$P(X>6{,}5)=P(X\geq 7)=1-P(X\leq 6)\approx\underline{\underline{0{,}5138}}$

2.5 10×10 Stichproben $\Rightarrow$ $n=100$

Tabelle: davon violett:

$2\cdot 1+3\cdot 3+4\cdot 3+5\cdot 1+6\cdot 2=40$

$$\Rightarrow \quad p_v=\frac{40}{100}=\underline{\underline{\frac{2}{5}}}$$

Simulation von 200 Sequenzen für

ZV: violettes oder gelbes Licht beim Laser L_1

$$p_v = \frac{2}{5} = \frac{4}{10}; \; p_g = \frac{3}{5} = \frac{6}{10}$$

(1) **Simulation mittels GTR**

(a) Ermitteln von 200 Zufallszahlen mittels GTR von 0–9.
Tritt z. B. 0; 1; 2; 3 auf, wird die Farbe violett zugeordnet,
bei 4; 5; 6; 7; 8; 9 gelb.

oder

(b) Ermitteln von 200 Zufallszahlen mittels GTR von 1–5.
Tritt z. B. 1; 2 auf, wird die Farbe violett zugeordnet,
bei 3; 4; 5 gelb o. ä.

(2) **Simulation mittels Tabelle von Zufallszahlen**
Wie (1), nur dass die Zahlen der Tabelle entnommen werden; (a) ist sinnvoll.

(3) **Simulation mittels Computer-Algebra-System**
Es wird eine Zählschleife benötigt, die 200-mal durchlaufen wird. In dieser wird eine Zufallszahl erzeugt und gezählt, wie oft diese einen bestimmten Wert annimmt.

Leistungskurs Mathematik (Sachsen): Abiturprüfung 2010
Teil A (ohne Rechenhilfsmittel)

1 In den Aufgaben 1.1 bis 1.5 ist von den jeweils fünf Auswahlmöglichkeiten genau eine Antwort richtig. Kreuzen Sie das jeweilige Feld an.

1.1 Die Funktion f mit $f(x) = \dfrac{x^2 - 6 \cdot x + 9}{x - 3}$ $(x \in D_f)$ besitzt bei $x = 3$:

☐	☐	☐	☐	☐
eine Nullstelle	eine Extremstelle	eine Wendestelle	keinen Funktionswert	die erste Ableitung Null

1.2 Der Anstieg m der Tangente an den Graphen der Funktion f mit $f(x) = \dfrac{3}{2} \cdot e^{2 \cdot x}$ $(x \in D_f)$ an der Stelle $x = 1$ beträgt:

☐	☐	☐	☐	☐
$m = 3 \cdot e^2$	$m = \dfrac{3}{2} \cdot e^2$	$m = \dfrac{3}{4} \cdot e^2$	$m = \dfrac{3}{2} \cdot e$	$m = 3 \cdot e$

1.3 Die Punkte A(1; 2; 0), B(1; 1; 0) und C(5; 1; 0) sind Eckpunkte eines Rechtecks ABCD.
Der Punkt S ist die Spitze einer geraden Pyramide mit dem Rechteck ABCD als Grundfläche und der Höhe $h = 7$.
Eine mögliche Spitze der Pyramide hat die Koordinaten:

☐	☐	☐	☐	☐
S(3; –0,5; 7)	S(3; 1,5; 7)	S(2; –0,5; –1)	S(–0,5; 2,5; –1)	S(–0,5; 2,5; 7)

1.4 Eine Zufallsgröße X hat die in der Tabelle gegebene Wahrscheinlichkeitsverteilung.

x_i	0	4	8	12	16
$P(X = x_i)$	c	$\frac{1}{4}$	$\frac{1}{8}$	$\frac{1}{4}$	d

$(c, d \in \mathbb{R})$

Für welchen Wert für d beträgt der Erwartungswert dieser Zufallsgröße $E(X) = 7$?

☐	☐	☐	☐	☐
$d = \dfrac{5}{8}$	$d = \dfrac{1}{8}$	$d = \dfrac{1}{10}$	$d = \dfrac{1}{8} + c$	$d = c$

1.5 Eine Menge enthält genau die stetigen Funktionen f, die im Intervall I mit $a \leq x \leq b$ ($a, b \in \mathbb{R}$; $a < b$) jeweils folgende Eigenschaften besitzen:

(1) Keine dieser Funktionen ist im Intervall I konstant.

(2) Jede dieser Funktionen besitzt im Intervall I eine Stammfunktion.

(3) Für jede dieser Funktionen f gilt: $\int_a^b f(x)\,dx = 0$

Welche Aussage ist unter diesen Voraussetzungen für jede Funktion f dieser Menge wahr?

☐ Der Graph von f ist im Intervall I achsensymmetrisch zur Ordinatenachse.

☐ Die Funktion f ist im Intervall I streng monoton steigend.

☐ Der Graph von f verläuft im Intervall I auf der Abszissenachse.

☐ Die Funktion f besitzt im Intervall I mindestens eine Nullstelle.

☐ Der Graph von f schließt im Intervall I mit der Abszissenachse mindestens drei Flächen vollständig ein.

Erreichbare BE-Anzahl: 5

2 Skizzieren Sie zum vorgegebenen Graphen einer Funktion f in dasselbe Koordinatensystem den Graphen einer zugehörigen Stammfunktion F im dargestellten Intervall.

Begründen Sie Ihre Darstellung des Graphen von F mit einem charakteristischen Zusammenhang zwischen den Graphen von f und F.

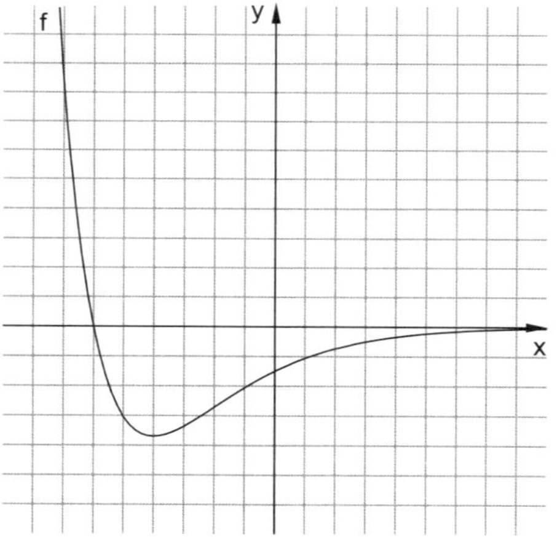

____

____

____

Erreichbare BE-Anzahl: 3

3 In der Abbildung ist ein Teil der Ebene E, die durch die Punkte A, B und C eindeutig bestimmt ist, in einem dreidimensionalen kartesischen Koordinatensystem dargestellt.

Die Punkte A, B und C liegen auf den Koordinatenachsen und besitzen jeweils ganzzahlige Koordinaten.

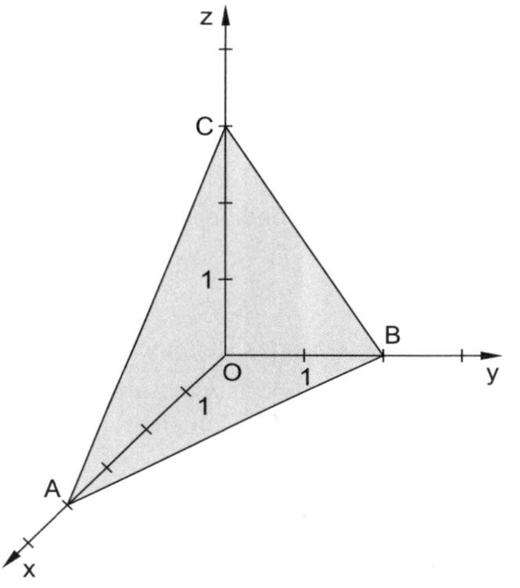

3.1 Geben Sie eine Gleichung der Ebene E an.

Erreichbare BE-Anzahl: 1

3.2 Weisen Sie nach, dass der Punkt $P\left(3; \frac{1}{2}; 0\right)$ in der Ebene E liegt.

Erreichbare BE-Anzahl: 2

4 Die Hälfte aller Studenten einer Seminargruppe ist höchstens 1,75 m groß. Davon sind 60 % Frauen.
60 % aller Studenten dieser Seminargruppe sind Männer.
Ermitteln Sie den Anteil der Studenten dieser Seminargruppe, die Männer und größer als 1,75 m sind.

Erreichbare BE-Anzahl: 2

5 Ein idealer Würfel wird genau zweimal geworfen.
Bestimmen Sie die Wahrscheinlichkeit für das Ereignis: „Es werden zwei gleiche Augenzahlen oder zwei Primzahlen geworfen."

Erreichbare BE-Anzahl: 2

Tipps und Hinweise

Teilaufgabe 1.1

Setzen Sie $x=3$ in die Funktionsgleichung ein und ermitteln Sie ggf. einen Funktionswert.

Teilaufgabe 1.2

Der Anstieg der Tangente entspricht dem Funktionswert von f' an der Stelle $x=1$: $m=f'(1)$

Teilaufgabe 1.3

Beachten Sie, dass das Rechteck in der x-y-Ebene liegt.

Die Spitze muss „über“ oder „unter“ dem Mittelpunkt des Rechtecks liegen und die z-Koordinate 7 oder −7 haben.

Teilaufgabe 1.4

Für den Erwartungswert gilt:

$$E(X)=\sum_{i=1}^{n} x_i \cdot P(X=x_i)$$

Berechnen Sie den Erwartungswert zunächst in Abhängigkeit von c und d.

Teilaufgabe 1.5

Da die Funktionen f stetig und nicht konstant sind, müssen Sie teilweise oberhalb und teilweise unterhalb der x-Achse verlaufen, wenn $\int_a^b f(x)\,dx=0$ gelten soll.

Teilaufgabe 2

Denken Sie an notwendige und hinreichende Bedingungen für lokale Extrempunkte und Wendepunkte.

Allgemein gilt:
x_E lokales Minimum von f, wenn $f'(x_E)=0$ und $f''(x_E)>0$
x_E lokales Maximum von f, wenn $f'(x_E)=0$ und $f''(x_E)<0$
x_W Wendestelle von f, wenn $f''(x_W)=0$ und $f'''(x_W)\neq 0$

Teilaufgabe 3.1

Lesen Sie die Koordinaten der Punkte A, B und C ab und stellen Sie entweder eine Parametergleichung oder eine parameterfreie Gleichung auf.

Teilaufgabe 3.2

Ersetzen Sie in der Parametergleichung den Vektor $\vec{x}$ durch den Vektor $\overrightarrow{OP}$ und zeigen Sie, dass das Gleichungssystem mit den unbekannten Parametern eindeutig lösbar ist.

In die Koordinatengleichung setzen Sie für x, y und z die Koordinaten des Punktes P ein und zeigen, dass eine wahre Aussage entsteht.

Teilaufgabe 4

Fertigen Sie ein Baumdiagramm an oder suchen Sie die Lösung mittels Vier-Felder-Tafel.

Teilaufgabe 5

Sie können die klassische Wahrscheinlichkeit anwenden und die Anzahl der günstigen durch alle möglichen Ergebnisse dividieren oder den Additionssatz für die Verknüpfung der beiden Ereignisse anwenden.

Lösungen

1 *Vorbemerkung:* Als Lösung ist nur das Kreuz im jeweils richtigen Feld verlangt; im Folgenden sind zusätzlich Rechnungen und Begründungen für die richtige Antwort angegeben.

1.1 Richtige Antwort: Kreuz in Feld 4

Für $x=3$ wird der Nenner der Funktion f null, damit kann sie dort weder Nullstelle noch Extremstelle oder Wendestelle besitzen und die erste Ableitung existiert an dieser Stelle auch nicht.
f besitzt bei $x=3$ keinen Funktionswert.

$(x^2-6x+9):(x-3)=x-3 \quad \text{für} \quad x \neq 3$
f ist die lineare Funktion $y=x-3$ mit einer Lücke an der Stelle $x=3$.

1.2 Richtige Antwort: Kreuz in Feld 1

$$f(x)=\frac{3}{2}e^{2x}$$

$$f'(x)=\frac{3}{2}\cdot 2\cdot e^{2x}=3\cdot e^{2x}$$

$$f'(1)=3\cdot e^{2\cdot 1}=3e^2=m_t$$

1.3 Richtige Antwort: Kreuz in Feld 2

A(1; 2; 0)
C(5; 1; 0)

$$\Rightarrow \quad M\left(\frac{5+1}{2};\frac{1+2}{2};0\right)$$

M(3; 1,5; 0)

Skizze:

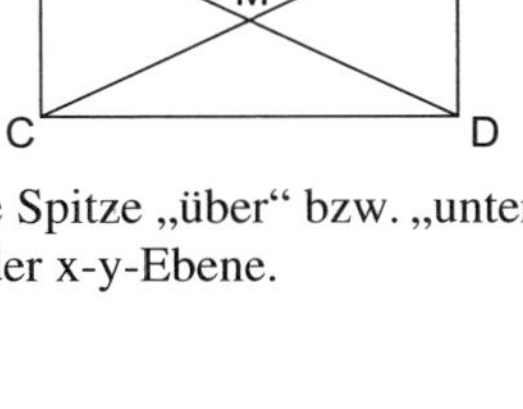

Bei eine geraden Pyramide befindet sich die Spitze „über" bzw. „unter" dem Mittelpunkt des Rechtecks. Dieses liegt in der x-y-Ebene.
$\Rightarrow \quad S_1(3; 1{,}5; 7)$ und $S_2(3; 1{,}5; -7)$

1.4 Richtige Antwort: Kreuz in Feld 2

$$E(X) = 0 \cdot c + 4 \cdot \frac{1}{4} + 8 \cdot \frac{1}{8} + 12 \cdot \frac{1}{4} + 16 \cdot d$$

$$7 = 5 + 16d$$

$$d = \frac{7-5}{16} = \frac{1}{8}$$

1.5 Richtige Antwort: Kreuz in Feld 4

Da die Funktionen stetig und nicht konstant sind, müssen sie im angegebenen Intervall mindestens eine Teilfläche über der x-Achse (Wert positiv) und mindestens eine unter der x-Achse (Wert negativ) mit dieser einschließen. Deren Beträge müssen gleich sein. Also muss mindestens eine Nullstelle existieren.

2

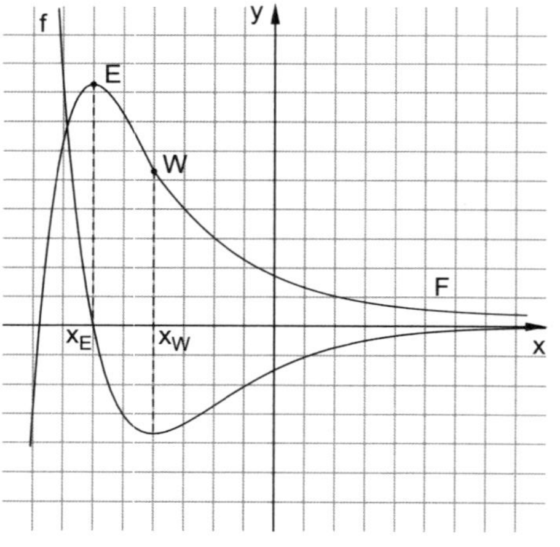

Begründung:

Wo f eine Nullstelle hat (x_E), hat F einen lokalen Extrempunkt. Aufgrund der Vorzeichen der Funktionswerte hat F dort ein lokales Maximum ($f(x) > 0$ für $x < x_E$ und $f(x) < 0$ für $x > x_E$).

Notwendige Bedingung ($F'(x_E) = f(x_E) = 0$) und hinreichende Bedingung ($F''(x_E) = f'(x_E) < 0$) für ein lokales Maximum sind erfüllt.

Wo f eine lokale Extremstelle hat (x_W), hat F eine Wendestelle, denn $F''(x_W) = f'(x_W) = 0$ und $f''(x_W) > 0$ wegen des lokalen Minimums von f.

Es genügt eine der angegebenen Begründungen.

3 A(4; 0; 0)
B(0; 2; 0)
C(0; 0; 3)

3.1 Parameterfreie Gleichungen:

(1) E … $\underline{\underline{\frac{x}{4}+\frac{y}{2}+\frac{z}{3}=1}}$ <u>oder</u> beide Seiten mit 12 multiplizieren

(2) E … $\underline{\underline{3x+6y+4z=12}}$

Parametergleichung:

(3) E … $\underline{\underline{\vec{x}=\begin{pmatrix}4\\0\\0\end{pmatrix}+r\begin{pmatrix}-4\\2\\0\end{pmatrix}+t\begin{pmatrix}-4\\0\\3\end{pmatrix}}}$; $r, t \in \mathbb{R}$

Es genügt die Angabe einer Gleichung.

3.2 $P\left(3; \frac{1}{2}; 0\right)$

in (1):
$$\frac{3}{4}+\frac{\frac{1}{2}}{2}+0=1$$
$$\frac{3}{4}+\frac{1}{4}=1$$
$$1=1 \quad \text{w. A.} \quad \Rightarrow \quad \underline{\underline{P \in E}}$$

oder in (2):
$$3\cdot 3+6\cdot\frac{1}{2}+0=12$$
$$9+3=12$$
$$12=12 \quad \text{w. A.} \quad \Rightarrow \quad \underline{\underline{P \in E}}$$

oder in (3):
$$\begin{pmatrix}3\\\frac{1}{2}\\0\end{pmatrix}=\begin{pmatrix}4\\0\\0\end{pmatrix}+r\begin{pmatrix}-4\\2\\0\end{pmatrix}+t\begin{pmatrix}-4\\0\\3\end{pmatrix}$$
$$3=4-4r-4t$$
$$\frac{1}{2}=2r \quad \Rightarrow \quad r=\frac{1}{4}$$
$$0=3t \quad \Rightarrow \quad t=0$$
$$3=4-4\cdot\frac{1}{4}-4\cdot 0$$
$$3=4-1$$
$$3=3 \quad \text{w. A.} \quad \Rightarrow \quad \underline{\underline{P \in E}}$$

4 *1. Möglichkeit:* Baumdiagramm

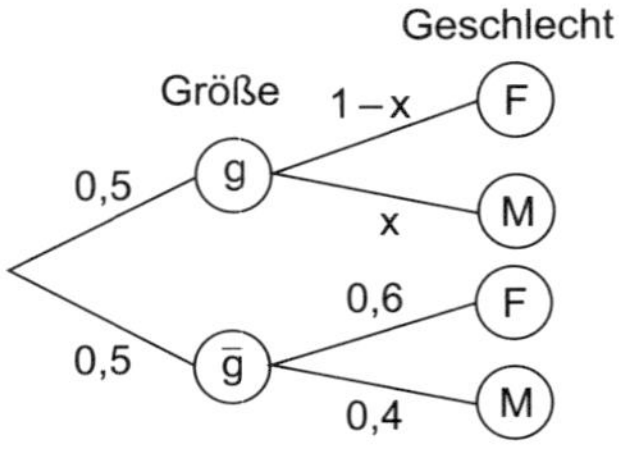

g … größer als 1,75 m

$\overline{g}$ … nicht größer als 1,75 m

$P(M) = 0,6$

$$P(M) = 0,5 \cdot x + 0,5 \cdot 0,4 = 0,5x + 0,2$$

$$0,6 = 0,5x + 0,2$$

$$\underline{x = 0,8}$$

$$P(g \cap M) = P(g) \cdot P_g(M) = 0,5 \cdot 0,8 = \underline{\underline{0,4}}$$

Der Anteil der Männer, die größer als 1,75 m sind, beträgt $\underline{\underline{40\ \%}}$.

2. Möglichkeit: Vier-Felder-Tafel

	g	$\overline{g}$	
F	0,1	**0,3**	0,4
M	0,4	0,2	**0,6**
	0,5	**0,5**	1

NR: $P(F \cap \overline{g}) = 0,6 \cdot 0,5 = 0,3$

Hinweis: Die fett gedruckten Werte sind direkt oder indirekt gegeben. Aus ihnen lässt sich der Rest berechnen.

Es ergibt sich: $P(M \cap g) = \underline{\underline{0,4}}$

5 G … Es werden zwei gleiche Augenzahlen geworfen.
P … Es werden zwei Primzahlen geworfen.

$G = \{11; 22; 33; 44; 55; 66\}$

$P = \{22; 23; 25; 32; 33; 35; 52; 53; 55\}$

$G \cup P = \{11; 22; 23; 25; 32; 33; 35; 44; 52; 53; 55; 66\}$

$$P(G \cup P) = \frac{12}{36} = \underline{\underline{\frac{1}{3}}}$$

oder:

$$P(G \cup P) = P(G) + P(P) - P(G \cap P)$$

$$= \frac{6}{36} + \frac{9}{36} - \frac{3}{36} = \frac{12}{36} = \underline{\underline{\frac{1}{3}}}$$

Zwei gleiche Augenzahlen oder zwei Primzahlen werden mit einer Wahrscheinlichkeit von $\frac{1}{3}$ geworfen.

Leistungskurs Mathematik (Sachsen): Abiturprüfung 2010
Teil B – Aufgabe 1

Canopy ist eine Touristenattraktion. Dabei werden in großer Höhe Stahlseile angebracht, an denen man auf Rollen entlang gleitet.
Für jeden Wert für t ($t \in \mathbb{R}$, $t > 0$) beschreibt der Graph der Funktion f_t mit

$$y = f_t(x) = \frac{5}{2} \cdot \left(e^{\frac{x}{t}} + e^{-\frac{x}{t}}\right) \quad (x \in \mathbb{R})$$

in einem kartesischen Koordinatensystem den Verlauf eines solchen Stahlseiles.

1.1 Begründen Sie, dass die Funktion f_t keine Nullstelle besitzt.
Zeigen Sie, dass die erste Ableitungsfunktion durch die Gleichung

$$f_t'(x) = \frac{5}{2 \cdot t} \cdot \left(e^{\frac{x}{t}} - e^{-\frac{x}{t}}\right) \quad (x \in \mathbb{R}) \text{ beschrieben werden kann.}$$

Der Wert für den Parameter t beeinflusst Eigenschaften der Funktion bzw. des Graphen der Funktion f_t.
Nennen Sie eine durch den Parameter t beeinflusste und eine nicht beeinflusste Eigenschaft.

Erreichbare BE-Anzahl: 5

Die nebenstehende Abbildung zeigt für $t = 90$ das Stahlseil einer Canopy-Tour zwischen dem Startpunkt $A(-200{,}0;\ f_{90}(-200{,}0))$ und dem Endpunkt $E(80{,}0;\ f_{90}(80{,}0))$ in einem kartesischen Koordinatensystem (1 Längeneinheit entspricht 1 Meter).
Die Profillinie des ebenen Geländes liegt auf der Abszissenachse.
Die Funktionswerte der Funktion f_{90} geben die jeweilige Höhe des Stahlseils über dem Gelände in Meter an.

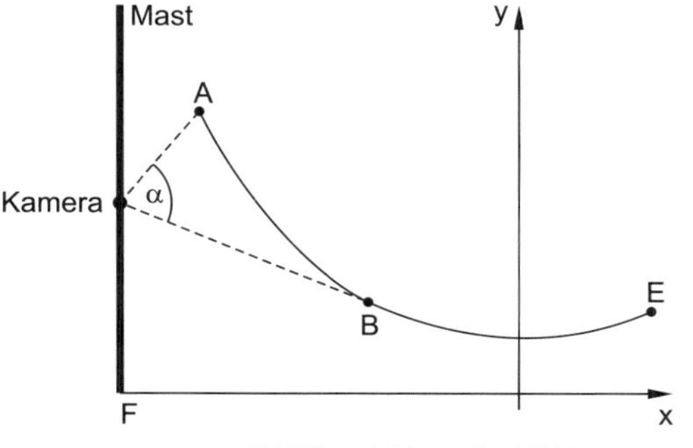

Abbildung (nicht maßstäblich)

1.2 Bestimmen Sie den Höhenunterschied zwischen Start- und Endpunkt.
Geben Sie die Höhe des tiefsten Punktes des Stahlseils an.
Ermitteln Sie das Gefälle des Stahlseils im Startpunkt A.

Erreichbare BE-Anzahl: 5

1.3 Bestimmen Sie, um wie viel sich die Länge des Stahlseils reduziert, wenn man es zwischen den Punkten A und E straff spannen würde.

Zur Kontrolle: Die Länge des nicht straff gespannten Stahlseils zwischen den Punkten A und E beträgt $\ell \approx 281{,}4$ m.

Ermitteln Sie den größten Höhenunterschied, den das straff gespannte Seil zum tatsächlichen Verlauf hätte.

Erreichbare BE-Anzahl: 7

1.4 Mit einer Kamera sollen Teile der Canopy-Tour überwacht werden. Der Fußpunkt eines lotrechten Mastes besitzt die Koordinaten F(–220,00; 0,00). An diesem Mast wird in 15,00 m Höhe die Kamera angebracht. Von der Kamera aus kann man einen Teil des Stahlseils von unten sehen.
Ein Schenkel des Winkels α (siehe Abbildung) liegt auf der gedachten Tangente von der Kamera an das Seil.
Zeigen Sie, dass diese Tangente das Seil im Punkt B(–80,60; 7,14) berührt.

Hinweis: Die Koordinaten des Punktes B sind als Näherungswerte angegeben.

Bestimmen Sie die Größe des Winkels α (siehe Abbildung), unter dem das Stahlseil von der Kamera aus von unten gesehen wird.

Erreichbare BE-Anzahl: 6

1.5 Man legt fest, dass die Masse eines Touristen, der an diesem Stahlseil die Canopy-Tour absolvieren möchte, höchstens 100 kg betragen darf.
Bei der Herstellung des Stahlseils wird eine Sicherheitsgröße m_S so berücksichtigt, dass die Belastbarkeit des Stahlseils normalverteilt mit dem Erwartungswert $\mu = 100\text{ kg} + m_S$ und der Standardabweichung 20 kg ist. Die Wahrscheinlichkeit, dass das Stahlseil bei einer Belastung von weniger als 100 kg reißt, soll höchstens 0,01 % betragen.
Ermitteln Sie unter diesen Voraussetzungen den Mindestwert für m_S.

Erreichbare BE-Anzahl: 2

Tipps und Hinweise

Teilaufgabe 1.1

- Beachten Sie, dass $f(x) = e^x$ keine Nullstelle besitzt und auch keine negativen Funktionswerte.
- Wenden Sie zur Ableitung der Funktion die Kettenregel an.
- Prüfen Sie den Einfluss des Parameters t auf Extremstelle und Anstieg.

Teilaufgabe 1.2

- Der Höhenunterschied ist die Differenz der y-Werte der Punkte A und E.
- Sie können als tiefsten Punkt das lokale Minimum der Funktion f_{90} grafisch ermitteln.
- Das Gefälle entspricht dem Wert der 1. Ableitung von f_{90} in A.

Teilaufgabe 1.3

- Zur Berechnung der Bogenlänge einer Kurve können Sie die Formel

  $\ell = \int_a^b \sqrt{1 + (f'(x))^2}\, dx$ verwenden.
- Den größten Höhenunterschied können Sie als lokales Maximum der Differenzfunktion $h(x) = g(x) - f_{90}(x)$ ermitteln, wobei $g(x)$ die Gerade durch die Punkte A und E ist.

Teilaufgabe 1.4

- Stellen Sie z. B. die Gleichung der Tangente an f_{90} im Punkt B auf und zeigen Sie, dass diese durch den Punkt K(–220,00; 15,00) verläuft.
- Sie können α als Winkel zwischen den Vektoren $\overrightarrow{KA}$ und $\overrightarrow{KB}$ auffassen, wobei K der Ort der Kamera ist.

Teilaufgabe 1.5

- Wenden Sie Standardnormalverteilung an und verwenden Sie die Tabelle oder ermitteln Sie die Lösung grafisch.

Lösungen

$$y = f_t(x) = \frac{5}{2}\left(e^{\frac{x}{t}} + e^{-\frac{x}{t}}\right); \quad x \in \mathbb{R},\ t \in \mathbb{R},\ t > 0$$

1.1 e^z ist für alle z positiv (keine Nullstelle), also auch die Summe solcher Werte und auch mit dem Faktor $\frac{5}{2}$ bleibt der Term immer positiv.

$$f_t(x) = \frac{5}{2}\left(e^{\frac{x}{t}} + e^{-\frac{x}{t}}\right)$$

$$f_t'(x) = \frac{5}{2}\left(\frac{1}{t}e^{\frac{x}{t}} - \frac{1}{t}e^{-\frac{x}{t}}\right)$$

$$= \underline{\underline{\frac{5}{2t}\left(e^{\frac{x}{t}} - e^{-\frac{x}{t}}\right)}}$$

t beeinflusst die Steilheit (Anstieg) des Graphen.
t hat keinen Einfluss auf die lokale Extremstelle.

Den Einfluss auf den Anstieg erkennt man entweder dadurch, dass t in der Ausgangsfunktion als Faktor des Arguments vorkommt $\left(e^{\frac{1}{t}\cdot x} \text{ bzw. } e^{-\frac{1}{t}\cdot x}\right)$ oder, dass t in der Ableitungsfunktion, die ja den Anstieg bestimmt, als Faktor in $\frac{5}{2t}$ erscheint.
Für eine lokale Extremstelle müsste die 1. Ableitung null sein. Dies ist nur für $x = 0$ unabhängig von t der Fall.

1.2 $f_{90}(x) = \frac{5}{2}\left(e^{\frac{x}{90}} + e^{-\frac{x}{90}}\right)$

$$f_{90}(-200{,}0) = \frac{5}{2}\left(e^{-\frac{200{,}0}{90}} + e^{\frac{200{,}0}{90}}\right) \approx 23{,}3 \quad \Rightarrow \quad \underline{A(-200{,}0;\ 23{,}3)}$$

$$f_{90}(80{,}0) = \frac{5}{2}\left(e^{\frac{80{,}0}{90}} + e^{-\frac{80{,}0}{90}}\right) \approx 7{,}1 \quad \Rightarrow \quad \underline{E(80{,}0;\ 7{,}1)}$$

$$\Delta h = y_A - y_E = 23{,}3 - 7{,}1 = 16{,}2$$

Der Höhenunterschied beträgt $\underline{\underline{16{,}2\text{ m}}}$.

Lokales Minimum von f_{90} mittels Rechner:

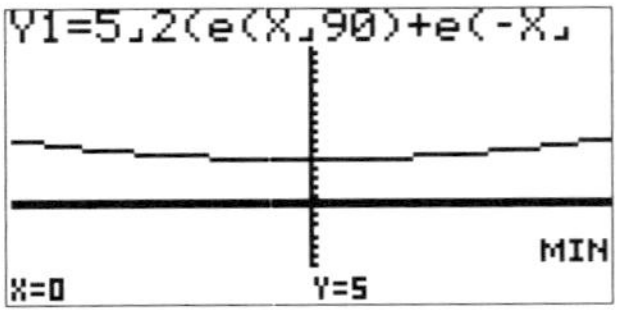

$\Rightarrow \quad E_{Min}(0;\ 5)$

Rechnerische Bestimmung des lokalen Minimums:

$$f_{90}'(x) = \frac{5}{180}\left(e^{\frac{x}{90}} - e^{-\frac{x}{90}}\right)$$

$$0 = e^{\frac{x_E}{90}} - e^{-\frac{x_E}{90}}$$

$$x_E = -x_E \quad \Rightarrow \quad x_E = 0$$

$$f_{90}(0) = \frac{5}{2}(e^0 + e^0) = 5$$

$E_{Min}(0; 5)$ (Nachweis für Minimum hier nicht notwendig)

Die Höhe des tiefsten Punktes beträgt 5 m.

Gefälle in A:

$$f_{90}'(-200{,}0) = \frac{1}{36}\left(e^{\frac{-200{,}0}{90}} - e^{\frac{200{,}0}{90}}\right) \approx -0{,}25$$

Mittels Rechner:

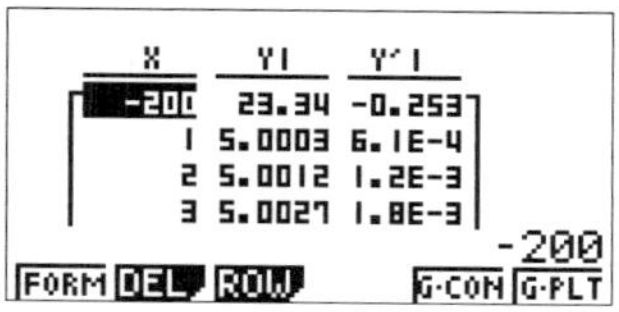

Das Gefälle im Startpunkt A beträgt ca. 25 %.

1.3 $\overline{AE} = \sqrt{280{,}0^2 + 16{,}2^2} \approx 280{,}468$

$$\ell = \int_{-200{,}0}^{80{,}0} \sqrt{1 + (f_{90}'(x))^2}\, dx \approx 281{,}351$$

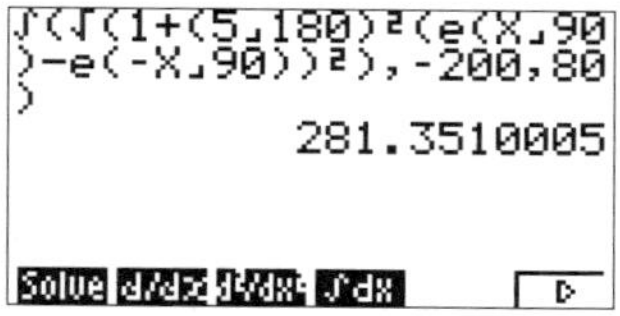

$$\Delta\ell = 281{,}351 - 280{,}468 = 0{,}883$$

Die Länge des Seils würde sich um ca. 0,9 m reduzieren.

g … Gerade durch A und E

$$g \ldots y - 23{,}3 = \frac{-16{,}2}{280{,}0}(x + 200{,}0)$$

$$y = -\frac{81}{1400}x + 11\frac{51}{70}$$

h(x) … Höhenunterschied an der Stelle x

$$h(x) = g(x) - f_{90}(x)$$

$$= -\frac{81}{1\,400}x + 11\frac{51}{70} - \frac{5}{2}\left(e^{\frac{x}{90}} + e^{-\frac{x}{90}}\right)$$

Lokales Maximum von h mittels Rechner:

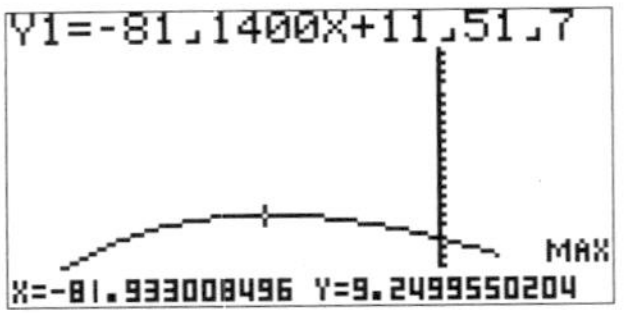

$\Rightarrow$ $E_{Max}(-81{,}9; 9{,}2)$

Der größte Höhenunterschied beträgt ca. 9,2 m.

1.4 $F(-220{,}00; 0{,}00)$; $B(-80{,}60; 7{,}14)$
$K(-220{,}00; 15{,}00)$ … Standort der Kamera

t … Tangente an f_{90} im Punkt B

$f'_{90}(-80{,}60) = -0{,}057$

$t \ldots\ y - 7{,}14 = -0{,}057(x + 80{,}60)$
$y = -0{,}057x + 2{,}55$

Für $x = -220{,}00$ muss $y = 15{,}00$ sein:
$15{,}00 = -0{,}057 \cdot (-220{,}00) + 2{,}55$
$15{,}00 \approx 15{,}09$

$\alpha = \sphericalangle(\overrightarrow{KA}; \overrightarrow{KB}) \qquad \overrightarrow{KA} = \begin{pmatrix} 20{,}0 \\ 8{,}3 \end{pmatrix}; \ \overrightarrow{KB} = \begin{pmatrix} 139{,}4 \\ -7{,}86 \end{pmatrix}$

$$\cos\alpha = \frac{2\,722{,}76}{21{,}65 \cdot 139{,}6} \approx 0{,}9 \quad \Rightarrow \quad \alpha \approx 25{,}8°$$

1.5 $m_{max} = 100$ kg; X … Masse in kg
$\mu = 100\text{ kg} + m_S$
$\sigma = 20$ kg
$P(X < 100\text{ kg}) \le 0{,}0001$

$$\text{NR:} \quad \Phi\left(\frac{100\text{ kg} - (100\text{ kg} + m_S)}{20\text{ kg}}\right) = 0{,}0001$$

$$\Phi\left(\frac{-m_S}{20\text{ kg}}\right) = 0{,}0001$$

Wegen $\Phi(-z) = 1 - \Phi(z)$ gilt:

$$1 - \Phi\left(\frac{m_S}{20\,\text{kg}}\right) = 0{,}0001 \quad \text{bzw.}$$

$$\Phi\left(\frac{m_S}{20\,\text{kg}}\right) = 0{,}9999$$

$$\Rightarrow \qquad \frac{m_S}{20\,\text{kg}} = 3{,}62 \qquad \text{(Tabelle)}$$

$$\underline{\underline{m_S = 72{,}4\,\text{kg}}}$$

Der Mindestwert für m_S beträgt 72,4 kg.

Die grafische Lösung der Gleichung $\Phi(z) = 0{,}0001$ im Grafik-Menü des GTR unter Verwendung der Verteilungsfunktion P(X) ergibt $z \approx -3{,}72$:

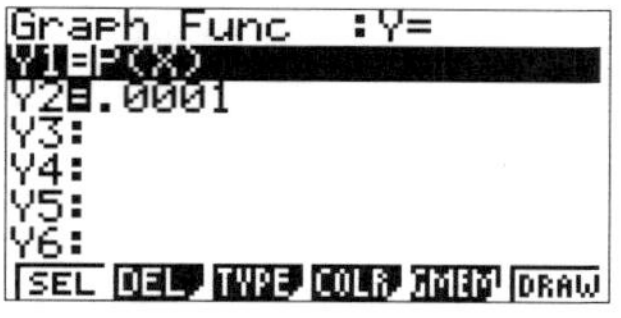

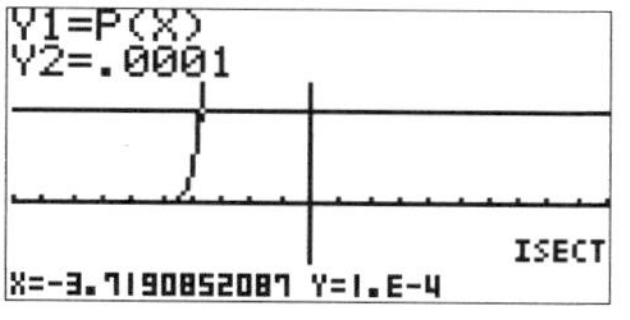

NR: $\quad \Phi(-3{,}72) = 0{,}0001$

$$\Rightarrow \qquad \frac{-m_S}{20\,\text{kg}} = -3{,}72$$

$$\underline{\underline{m_S = 74{,}4\,\text{kg}}}$$

Der grafisch ermittelte Mindestwert für m_S beträgt 74,4 kg.

Leistungskurs Mathematik (Sachsen): Abiturprüfung 2010
Teil B – Aufgabe 2

Ein Vereinshaus besteht aus einem quaderförmigen Gebäudekörper und einem darauf aufgesetzten Dach (siehe Abbildung).
Die Grundfläche ABCD des Gebäudekörpers liegt in der x-y-Koordinatenebene eines kartesischen Koordinatensystems (1 Längeneinheit entspricht 1 Meter). Die Deckfläche des Gebäudekörpers ist EFGH. Das Vereinshaus ist symmetrisch zur y-z-Koordinatenebene. Der Koordinatenursprung O befindet sich im Mittelpunkt der Kante $\overline{AB}$. Der Eckpunkt B befindet sich auf dem positiven Teil der x-Achse.
Es gilt: $\overline{AB} = 5{,}50$ m, $\overline{BC} = 8{,}50$ m, $\overline{AE} = 5{,}00$ m und $\overline{MN} = 4{,}50$ m.

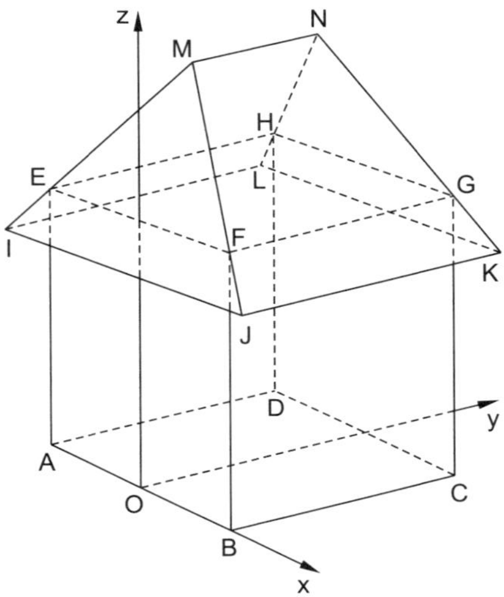

Abbildung (nicht maßstäblich)

Das Dach wird durch zwei zueinander kongruente Dreiecke und zwei zueinander kongruente Trapeze dargestellt.
Die Kanten $\overline{IM}$, $\overline{JM}$, $\overline{KN}$ und $\overline{LN}$ verlaufen durch die Eckpunkte der Fläche EFGH.
Die Kante $\overline{JK}$ ist 1,00 m von der Ebene entfernt, in der die Fläche BCGF liegt.
Die Gesamthöhe des Hauses beträgt 7,50 m.

2.1 Geben Sie die Koordinaten der Punkte A und G an.

Erreichbare BE-Anzahl: 2

2.2 Begründen Sie, dass der Punkt M die Koordinaten M(0,00; 2,00; 7,50) besitzt.
Ermitteln Sie die Größe des Winkels, unter dem jede Dreieckfläche des Daches zur Fläche EFGH geneigt ist.
Weisen Sie nach, dass der Punkt J die Koordinaten $J\left(\frac{15}{4}; -\frac{8}{11}; \frac{45}{11}\right)$ besitzt.

Erreichbare BE-Anzahl: 6

2.3 Die Dachfläche JKNM soll mit Sonnenkollektoren bestückt werden.
Berechnen Sie die Größe dieser Dachfläche.

Hinweis: Nutzen Sie dabei die Koordinaten der Punkte M und J aus Aufgabenteil 2.2.

Erreichbare BE-Anzahl: 3

2.4 Für das Anbringen von Sonnenkollektoren ist es erforderlich, den Neigungswinkel α des Daches zur Deckfläche des Gebäudekörpers zu kennen. Die Neigung der Dachfläche JKNM kann durch die Veränderung der Höhe des Dachfirstes $\overline{MN}$ variiert werden.

Ermitteln Sie die Koordinaten des Punktes M in Abhängigkeit vom Winkel α.

Erreichbare BE-Anzahl: 3

2.5 Zum Vereinsfest ist eine Lotterie geplant. Dabei darf ein Mitspieler aus einer von genau drei Lostrommeln, die in den Farben rot, gelb und blau jeweils einfarbig angestrichen wurden, genau ein Los ziehen. Sowohl die Auswahl der Lostrommel als auch das Ziehen des Loses erfolgen jeweils zufällig. Das Los wird nach der Auswertung noch vor dem Ziehen des nächsten Loses wieder in die entsprechende Trommel zurückgelegt. In der roten Lostrommel befinden sich 8 Lose, darunter genau 5 Gewinnlose. In der gelben Lostrommel sind genau 75 % Gewinnlose enthalten. $\frac{3}{5}$ aller Lose in der blauen Trommel sind Gewinnlose.

Ermitteln Sie jeweils die Wahrscheinlichkeit folgender Ereignisse.

Ereignis A: Ein Mitspieler zieht ein Gewinnlos.

Ereignis B: Bei 50 Ziehungen werden mehr Gewinnlose gezogen als zu erwarten sind.

Ereignis C: Ein zur Auswertung vorgelegtes Gewinnlos stammt aus der roten Lostrommel.

Erreichbare BE-Anzahl: 6

Tipps und Hinweise

Teilaufgabe 2.2

- Den Neigungswinkel können Sie als Winkel zwischen zwei Ebenen mittels Rechner ermitteln oder über Winkelbeziehungen im rechtwinkligen Dreieck.
- Für den Nachweis der Koordinaten des Punktes J können Sie die Tatsachen verwenden, dass J auf der Geraden MF liegt und von der Fläche BCGF den Abstand 1 hat.

Teilaufgabe 2.3

- Wenden Sie die Formel für den Flächeninhalt eines Trapezes an. Dessen Höhe ist z. B. der Abstand des Punktes J von der Geraden MN.

Teilaufgabe 2.4

- Veranschaulichen Sie sich den Sachverhalt an einer Skizze und wenden Sie Winkelbeziehungen im rechtwinkligen Dreieck an.

Teilaufgabe 2.5

- Zur Veranschaulichung des Sachverhaltes ist ein Baumdiagramm sinnvoll.
- Für die Wahrscheinlichkeit von A wenden Sie den Satz von der totalen Wahrscheinlichkeit und für C den Satz von Bayes an.
- Die Wahrscheinlichkeit des Ereignisses B berechnen Sie über Binomialverteilung.

Lösungen

2.1 A(−2,75; 0,00; 0,00); 1 LE ≙ 1 m
G(2,75; 8,50; 5,00)

2.2 Wegen der Symmetrie liegt M über der y-Achse, also $\underline{\underline{x_M = 0}}$.

$$y_M = \frac{\overline{FG} - \overline{MN}}{2} = \frac{8{,}50 - 4{,}50}{2} = \underline{\underline{2{,}00}}$$

Wegen der Gesamthöhe des Hauses ist $\underline{\underline{z_M = 7{,}50}}$.

E_1 … Dreieckfläche EFM des Daches
E(−2,75; 0,00; 5,00)
F(2,75; 0,00; 5,00)
M(0,00; 2,00; 7,50)

E_1 … $-13{,}75y + 11z = 55$ (mittels Rechnerprogramm)

E_2 … Ebene EFGH (parallel zur x-y-Ebene)
$z = 5$

$\sphericalangle(E_1, E_2) \approx \underline{\underline{51{,}3^\circ}}$ (mittels Rechnerprogramm)

Der Neigungswinkel kann auch über Beziehungen im rechtwinkligen Dreieck berechnet werden:

Skizze:

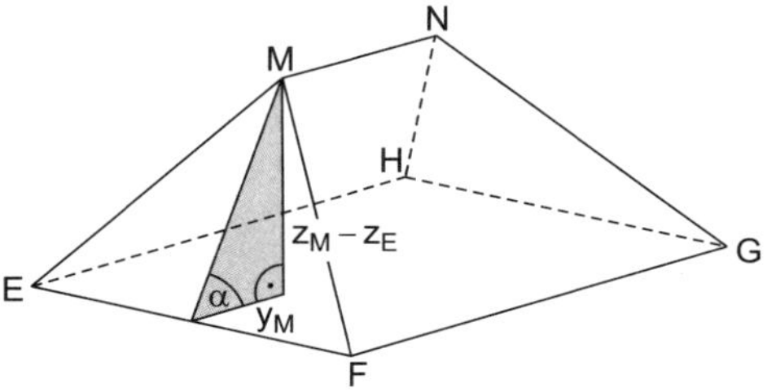

$$\tan\alpha = \frac{z_M - z_E}{y_M} = \frac{2{,}5}{2} = 1{,}25$$

$$\underline{\underline{\alpha \approx 51{,}3^\circ}}$$

J befindet sich auf der Geraden MF und $x_J = x_F + 1{,}00 = 2{,}75 + 1{,}00 = 3{,}75 = \underline{\underline{\frac{15}{4}}}$.

$$g_{MF} \ldots \quad \vec{x} = \begin{pmatrix} 0{,}00 \\ 2{,}00 \\ 7{,}50 \end{pmatrix} + t \begin{pmatrix} 2{,}75 \\ -2{,}00 \\ -2{,}50 \end{pmatrix}; \quad t \in \mathbb{R}$$

$$3{,}75 = 2{,}75t \quad \Rightarrow \quad t = \frac{15}{11}$$

$$y_J = 2,00 + \frac{15}{11} \cdot (-2,00) = -\frac{8}{11}$$

$$z_J = 7,50 + \frac{15}{11} \cdot (-2,50) = \frac{45}{11}$$

$$\Rightarrow \quad \underline{\underline{J\left(\frac{15}{4}; -\frac{8}{11}; \frac{45}{11}\right)}}$$

2.3 $\overline{MN} = 4,50$

$K\left(\frac{15}{4}; 8,50 + \frac{8}{11}; \frac{45}{11}\right)$, also $K\left(\frac{15}{4}; \frac{203}{22}; \frac{45}{11}\right)$

$$\Rightarrow \quad \overline{JK} = \frac{203}{22} + \frac{8}{11} = \frac{219}{22} \approx \underline{9,95}$$

h … Höhe der Trapezfläche JKNM bzw. Abstand des Punktes J von der Geraden g_{MN}

1. Möglichkeit:

Skizze:

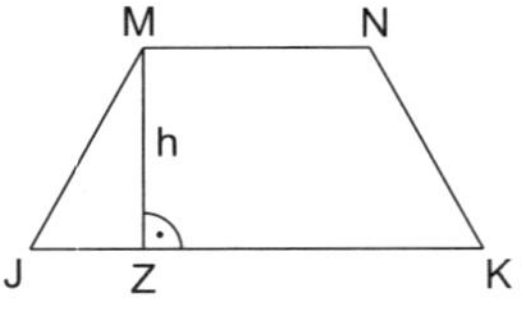

$$Z\left(\frac{15}{4}; 2,00; \frac{45}{11}\right)$$

$h = \overline{MZ}$

$$h = \sqrt{\left(\frac{15}{4} - 0\right)^2 + (2,00 - 2,00)^2 + \left(\frac{45}{11} - 7,50\right)^2}$$

$\underline{\underline{h \approx 5,07}}$

2. Möglichkeit:

$$g_{MN} \ldots \ \vec{x} = \begin{pmatrix} 0,00 \\ 2,00 \\ 7,50 \end{pmatrix} + r \begin{pmatrix} 0,00 \\ 1,00 \\ 0,00 \end{pmatrix}; \quad r \in \mathbb{R}$$

Abstand J von g_{MN} mittels Rechnerprogramm: $\underline{\underline{h \approx 5,07}}$

$$A_{Tr} = \frac{\overline{JK} + \overline{MN}}{2} \cdot h$$

$$A_{Tr} = \frac{9,95 + 4,50}{2} \cdot 5,07$$

$$A_{Tr} \approx 36,6$$

Das Dach hat eine Fläche von $\underline{\underline{36,6 \text{ m}^2}}$.

2.4 Skizze:

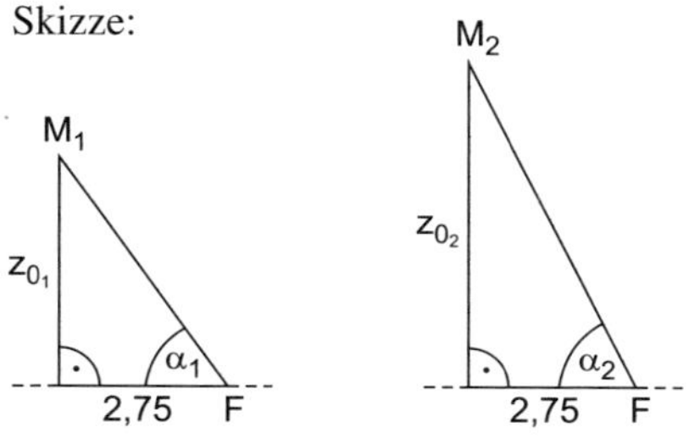

$$\tan\alpha = \frac{z_0}{2{,}75} \Rightarrow z_0 = 2{,}75 \cdot \tan\alpha$$

$$z_M = 5{,}00 + z_0$$
$$= 5{,}00 + 2{,}75 \cdot \tan\alpha$$

$$\Rightarrow \underline{\underline{M(0{,}00;\ 2{,}00;\ 5{,}00 + 2{,}75 \cdot \tan\alpha)}}$$

2.5 rote Lostrommel: Gewinnwahrscheinlichkeit $p_r = \frac{5}{8}$

gelbe Lostrommel: Gewinnwahrscheinlichkeit $p_g = \frac{3}{4}$

blaue Lostrommel: Gewinnwahrscheinlichkeit $p_b = \frac{3}{5}$

Baumdiagramm:

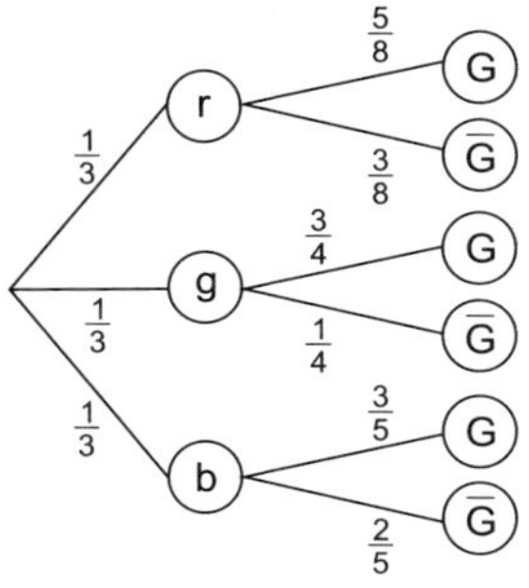

Ereignis A:

$$P(A) = P(G) = \frac{1}{3}\left(\frac{5}{8} + \frac{3}{4} + \frac{3}{5}\right)$$

$$P(A) = \underline{\underline{\frac{79}{120} \approx 0{,}6583}}$$

Ereignis B:

X … Anzahl der Gewinnlose
(Binomialverteilung: $n=50$; $p_G=0{,}6583$)

$\mu = n \cdot p_G = 50 \cdot 0{,}6583 = 32{,}915 \approx \underline{33}$

$P(B) = P(X \geq 33) \approx \underline{\underline{0{,}5553}}$ (mittels Rechnerprogramm)

Ereignis C:

$P(C) = P_G(r) = \frac{\frac{1}{3} \cdot \frac{5}{8}}{P(A)} = \underline{\underline{\frac{25}{79} \approx 0{,}3165}}$

Leistungskurs Mathematik (Sachsen): Abiturprüfung 2010 (Nachtermin)
Teil A (ohne Rechenhilfsmittel)

1 In den Aufgaben 1.1 bis 1.5 ist von den jeweils fünf Auswahlmöglichkeiten genau eine Antwort richtig. Kreuzen Sie das jeweilige Feld an.

1.1 Eine Gleichung der ersten Ableitungsfunktion der Funktion f mit $f(x)=\sqrt{3\cdot x-1}$ $(x \in D_f)$ lautet:

☐ $f'(x)=\frac{3}{2}\cdot\sqrt{3\cdot x-1}$ $(x \in D_{f'})$

☐ $f'(x)=\frac{2}{3\cdot\sqrt{3\cdot x-1}}$ $(x \in D_{f'})$

☐ $f'(x)=\frac{1}{2\cdot\sqrt{3\cdot x-1}}$ $(x \in D_{f'})$

☐ $f'(x)=\frac{3}{2\cdot\sqrt{3\cdot x-1}}$ $(x \in D_{f'})$

☐ $f'(x)=\frac{2}{3}\cdot\sqrt{3\cdot x-1}$ $(x \in D_{f'})$

1.2 Der Zufallsgenerator eines Computers ermittelt bei einem Aufruf genau eine natürliche Zahl von 0 bis 9. Jede dieser zehn Zahlen wird mit gleicher Wahrscheinlichkeit gewählt. Pascal ruft diesen Zufallsgenerator genau fünf Mal auf. Wie groß ist die Wahrscheinlichkeit dafür, dass alle fünf Zahlen ungerade sind?

☐	☐	☐	☐	☐
$\frac{1}{2}$	$\frac{1}{4}$	$\frac{1}{8}$	$\frac{1}{16}$	$\frac{1}{32}$

1.3 Eine aus mehreren Teilflächen zusammengesetzte Fläche wird vom Graphen der Funktion f, der Abszissenachse und den Geraden $x_1 = -5$ und $x_2 = 2$ vollständig begrenzt (siehe Abbildung).
Mit welchem Term kann man den Inhalt der gesamten Fläche berechnen?

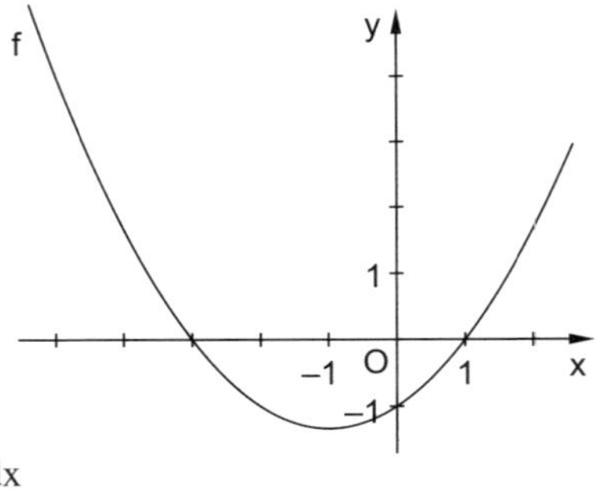

☐ $\int_{-5}^{2} f(x)\,dx$

☐ $\left| \int_{-5}^{2} f(x)\,dx \right|$

☐ $-\int_{-5}^{0} f(x)\,dx + \int_{0}^{2} f(x)\,dx$

☐ $\int_{-5}^{-3} f(x)\,dx + \left| \int_{-3}^{1} f(x)\,dx \right| + \int_{1}^{2} f(x)\,dx$

☐ $\int_{-5}^{-3} f(x)\,dx + \int_{-3}^{1} f(x)\,dx + \int_{1}^{2} f(x)\,dx$

1.4 Für welchen Wert für a ($a \in \mathbb{R}$) verläuft die Gerade g_a parallel zur Ebene E?

$g_a\colon\ \vec{x} = \begin{pmatrix} 2 \\ -1 \\ 3 \end{pmatrix} + r \cdot \begin{pmatrix} 1 \\ 2 \\ a \end{pmatrix}$ ($r \in \mathbb{R}$); E: $x - 2 \cdot y + 3 \cdot z = 5$

☐	☐	☐	☐	☐
$a = -\frac{5}{3}$	$a = -1$	$a = 0$	$a = 1$	$a = 3$

1.5 Welche der folgenden Aussagen ist wahr?

☐ Jede im Intervall $a \le x \le b$ stetige Funktion ist monoton wachsend.

☐ Jede im Intervall $a \le x \le b$ stetige Funktion ist dort auch definiert.

☐ Jede im Intervall $a \le x \le b$ definierte Funktion ist dort auch stetig.

☐ Jede im Intervall $a \le x \le b$ stetige Funktion besitzt dort genau eine Wendestelle.

☐ Jede im Intervall $a \le x \le b$ stetige Funktion besitzt dort mindestens eine Nullstelle.

Erreichbare BE-Anzahl: 5

2 Nebenstehende Abbildung zeigt den Graphen der Funktion f in einem Intervall des Definitionsbereiches.

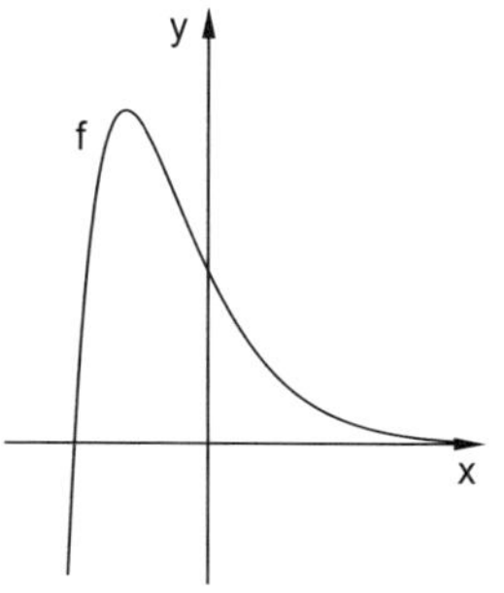

2.1 Begründen Sie, dass die Funktion f durch keine der beiden folgenden Gleichungen beschrieben werden kann:

(1) $f(x) = -3 \cdot x^2 + 2 \quad (x \in \mathbb{R})$

(2) $f(x) = e^{2 \cdot x} \quad (x \in \mathbb{R})$

Erreichbare BE-Anzahl: 2

2.2 Skizzieren Sie zum vorgegebenen Graphen der Funktion f in dasselbe Koordinatensystem den Graphen der zugehörigen ersten Ableitungsfunktion f' im dargestellten Intervall.

Erreichbare BE-Anzahl: 1

3 Gegeben ist eine Pyramide mit der Grundfläche ABC und der Spitze S. Die Eckpunkte haben die Koordinaten A(5; 1; 3), B(9; 4; 3), C(8; –3; 3) und S(1; 5; –1).

3.1 Weisen Sie nach, dass die Grundfläche ABC der Pyramide ein rechtwinkliges und gleichschenkliges Dreieck ist.

Erreichbare BE-Anzahl: 3

3.2 Geben Sie die Höhe dieser Pyramide an.

Erreichbare BE-Anzahl: 1

4 In einer Urne befinden sich genau 10 Kugeln in zwei verschiedenen Farben, wobei genau 4 Kugeln rot und die anderen Kugeln blau gefärbt sind. Ein Glücksspiel besteht darin, dass für einen Einsatz von 1 € genau zweimal je eine Kugel mit Zurücklegen zufällig aus der Urne gezogen wird.
Werden zwei blaue Kugeln gezogen, erhält der Spieler 1 € ausgezahlt.
Haben die beiden gezogenen Kugeln verschiedene Farben, erhält der Spieler keine Auszahlung.
Bestimmen Sie den Auszahlungsbetrag an den Spieler beim Ziehen von zwei roten Kugeln, wenn der Erwartungswert für den Gewinn des Spielers null sein soll.

Erreichbare BE-Anzahl: 3

Tipps und Hinweise

Teilaufgabe 1.1

- Beachten Sie, dass es sich um eine linear verkettete Funktion handelt.

Teilaufgabe 1.2

- Wenden Sie den Multiplikationssatz für voneinander unabhängige Ereignisse an.

Teilaufgabe 1.3

- Beachten Sie, dass eine Teilfläche unterhalb der x-Achse liegt und das Integral in diesem Fall negativ wäre.

Teilaufgabe 1.4

- Eine Gerade verläuft parallel zu einer Ebene, wenn der Normalenvektor der Ebene orthogonal zum Richtungsvektor der Geraden verläuft, d. h., wenn das Skalarprodukt dieser beiden Vektoren null ist.

Teilaufgabe 1.5

- Wenden Sie die Definition der Stetigkeit in einem Intervall an.
- Aus den Eigenschaften einer stetigen Funktion kann man weder auf Monotonie oder Wendestellen noch auf Nullstellen schließen.
- Auch wenn eine Funktion an jeder Stelle eines Intervalls definiert ist, muss sie nicht stetig sein.

Teilaufgabe 2.1

- Geben Sie z. B. Eigenschaften der Funktionsgraphen zu (1) und (2) an, die in der Abbildung nicht erfüllt sind.

Teilaufgabe 2.2

- Schließen Sie von der Monotonie von f auf das Vorzeichen der Funktionswerte von f'.
- Wenden Sie die notwendige Bedingung für lokale Extrempunkte an: $f'(x_E) = 0$
- Wenden Sie die notwendige Bedingung für Wendepunkte an: $f''(x_W) = 0$

Teilaufgabe 3.1

- Führen Sie den Nachweis mittels Beträgen von Vektoren und mithilfe des Skalarprodukts.

Teilaufgabe 3.2

- Schließen Sie von den z-Koordinaten aller Punkte auf die Höhe der Pyramide.

Teilaufgabe 4

Ermitteln Sie die Wahrscheinlichkeitsverteilung für die Zufallsgröße X: „Gewinn des Spielers“.

Berechnen Sie den Auszahlungsbetrag für „2-mal rot“ aus der Vorgabe, dass der Erwartungswert für X null sein soll, und beachten Sie den zu zahlenden Einsatz.

Lösungen

1 *Vorbemerkung:* Als Lösung ist nur das Kreuz im jeweils richtigen Feld verlangt; im Folgenden sind zusätzlich Rechnungen und Begründungen für die richtige Antwort angegeben.

1.1 Richtige Antwort: Kreuz in Feld 4

$$f(x) = \sqrt{3x-1}$$

$$f'(x) = \frac{1}{2\sqrt{3x-1}} \cdot 3 = \frac{3}{2\sqrt{3x-1}}$$

1.2 Richtige Antwort: Kreuz in Feld 5

Von den zehn Zahlen 0 bis 9 sind fünf ungerade (1; 3; 5; 7; 9), also gilt:

$$p = \left(\frac{5}{10}\right)^5 = \left(\frac{1}{2}\right)^5 = \frac{1}{32}$$

1.3 Richtige Antwort: Kreuz in Feld 4

Da f im Intervall (–3; 1) unterhalb der x-Achse verläuft, ist der Inhalt dieser Teilfläche gleich dem Betrag des entsprechenden Integrals, da dieses einen negativen Wert hat.

1.4 Richtige Antwort: Kreuz in Feld 4

$$g_a \ldots \vec{x} = \begin{pmatrix} 2 \\ -1 \\ 3 \end{pmatrix} + r \begin{pmatrix} 1 \\ 2 \\ a \end{pmatrix};\ r \in \mathbb{R}; \quad E \ldots x - 2y + 3z = 5$$

$$\vec{a}_{g_a} = \begin{pmatrix} 1 \\ 2 \\ a \end{pmatrix}; \qquad \vec{n}_E = \begin{pmatrix} 1 \\ -2 \\ 3 \end{pmatrix}$$

$g_a \parallel E$, wenn der Richtungsvektor $\vec{a}_{g_a}$ der Geraden orthogonal zum Normalenvektor $\vec{n}_E$ der Ebene verläuft, d. h., wenn gilt: $\vec{a}_{g_a} \circ \vec{n}_E = 0$

$$\begin{pmatrix} 1 \\ 2 \\ a \end{pmatrix} \circ \begin{pmatrix} 1 \\ -2 \\ 3 \end{pmatrix} = 1 - 4 + 3a = 3a - 3$$

$$3a - 3 = 0, \text{ wenn } a = 1$$

1.5 Richtige Antwort: Kreuz in Feld 2

Es gilt: Eine Funktion f ist in [a; b] stetig, wenn
(1) f an jeder Stelle $x_0 \in [a; b]$ definiert ist,
(2) an jeder Stelle $x_0 \in [a; b]$ der Grenzwert $\lim\limits_{x \to x_0} f(x)$ existiert und
(3) $\lim\limits_{x \to x_0} f(x) = f(x_0)$ für jedes $x_0 \in [a; b]$ gilt.

Demnach ist die Aussage zum Feld 2 wahr.

Hinweise zu den anderen Antworten:

Feld 1: Eine stetige Funktion kann monoton wachsend oder monoton fallend sein oder ihre Monotonie im Intervall auch wechseln.
(z. B. $f(x) = x^3 - 3x + 1;\ -3 \leq x \leq 3$)

Feld 3: Gegenbeispiel: $f(x) = \begin{cases} -1 \text{ für } x < 0 \\ \ \ 1 \text{ für } x \geq 0 \end{cases}$
Diese Funktion hat bei $x_0 = 0$ einen Sprung und ist damit an dieser Stelle nicht stetig, obwohl sie dort definiert ist.

Feld 4: Z. B. hat eine lineare Funktion keine Wendestelle, ist aber in jedem Intervall stetig.

Feld 5: Auch Nullstellen muss eine stetige Funktion nicht besitzen.
(z. B. $f(x) = x^2 + 1$)

2.1 (1) $f(x) = -3x^2 + 2$ ($x \in \mathbb{R}$) ist eine nach unten geöffnete Parabel mit dem lokalen Maximumpunkt E(0; 2).
(2) $f(x) = e^{2x}$ ($x \in \mathbb{R}$) ist eine Exponentialfunktion, die kein lokales Maximum besitzt, sondern im gesamten Definitionsbereich monoton wachsend ist.

Damit kann der abgebildete Graph weder durch die erste noch durch die zweite Funktion beschrieben werden.

2.2

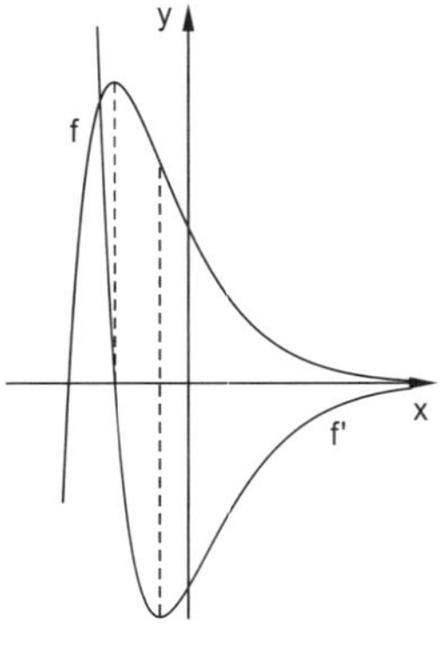

Erläuterung (nicht verlangt):
- Wo f monoton wachsend (fallend) ist, hat f' positive (negative) Funktionswerte.
- Wo f ein lokales Extremum hat, hat f' eine Nullstelle.
- Wo f eine Wendestelle hat, hat f' eine lokale Extremstelle.

3 A(5; 1; 3)
B(9; 4; 3)
C(8; –3; 3)
S(1; 5; –1)

3.1 $\overrightarrow{AB} = \begin{pmatrix} 4 \\ 3 \\ 0 \end{pmatrix}; \quad \overrightarrow{AC} = \begin{pmatrix} 3 \\ -4 \\ 0 \end{pmatrix}; \quad \overrightarrow{BC} = \begin{pmatrix} -1 \\ -7 \\ 0 \end{pmatrix}$

$|\overrightarrow{AB}| = |\overrightarrow{AC}| = \sqrt{16+9} = 5; \quad |\overrightarrow{BC}| = \sqrt{1+49} = \sqrt{50}$

$\Rightarrow$ ΔABC ist gleichschenklig mit $\overline{AB} = \overline{AC}$.

$\overrightarrow{AB} \circ \overrightarrow{AC} = 12 - 12 = 0 \quad \Rightarrow \quad \sphericalangle BAC = 90°$

$\Rightarrow$ ΔABC ist rechtwinklig bei A.

3.2 $h = 4$, da das ΔABC in der Ebene $z = 3$ parallel zur x-y-Ebene liegt und die z-Koordinate von S den Wert –1 hat.

4 Kugeln: $4 \times r$ (rot) Einsatz: 1 € Zweimaliges Ziehen mit Zurücklegen
$6 \times b$ (blau)

X … Gewinn des Spielers in €

Wahrscheinlichkeitsverteilung der Zufallsgröße X:

x_i	0 €	–1 €	a
Ergebnis	bb (2 × blau)	rb; br (1 × rot, 1 × blau)	rr (2 × rot)
$P(X = x_i)$	$\frac{6}{10} \cdot \frac{6}{10} = \frac{9}{25}$	$2 \cdot \frac{4}{10} \cdot \frac{6}{10} = \frac{12}{25}$	$\frac{4}{10} \cdot \frac{4}{10} = \frac{4}{25}$

$$E(X) = 0\,€ \cdot \frac{9}{25} - 1\,€ \cdot \frac{12}{25} + a \cdot \frac{4}{25} = 0$$

$$\frac{4}{25} \cdot a = \frac{12}{25}\,€$$

$$a = 3\,€$$

Da der Spieler 1 € Einsatz bezahlt hat, müsste der Auszahlungsbetrag 4 € betragen.

Leistungskurs Mathematik (Sachsen): Abiturprüfung 2010 (Nachtermin)
Teil B – Aufgabe 1

Ein Hersteller fertigt Treibhäuser vom Typ 1 und Typ 2. Die für beide Typen gleiche rechteckige Grundfläche ABCD besitzt die Breite $\overline{AB} = 20{,}0$ m und die Länge $\overline{BC} = 50{,}0$ m. Die Dachform der Treibhäuser wird durch parabelförmige Stahlträger bestimmt. Die Ebenen, in denen die Stahlträger liegen, stehen senkrecht zur Grundfläche. Die Außenhaut der Treibhäuser wird aus Folie hergestellt. Die Stärken der Folie und der Stahlträger der Konstruktion werden für die folgenden Berechnungen vernachlässigt.

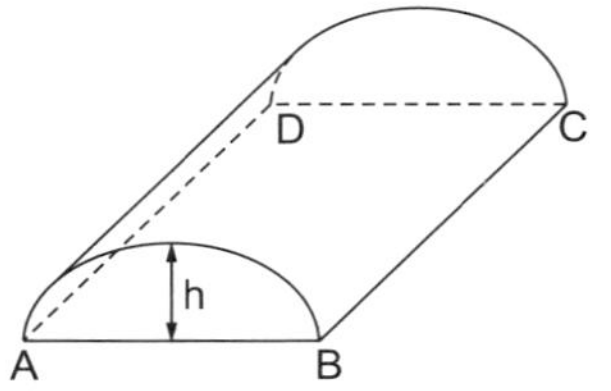

Abbildung (nicht maßstäblich)

Die Form des Stahlträgers der Vorderfront kann sowohl für Typ 1 als auch Typ 2 in einem kartesischen Koordinatensystem (1 Längeneinheit entspricht 1 Meter) durch den Graphen einer Funktion f_a mit $f_a(x) = a \cdot x \cdot (x - 20)$ $(x \in \mathbb{R}, 0 \le x \le 20; a \in \mathbb{R}, a < 0)$ näherungsweise beschrieben werden. Der Punkt A liegt dabei im Koordinatenursprung.

1.1 Treibhäuser vom Typ 1 besitzen eine Höhe h von 5,5 m.
Begründen Sie, dass für diesen Typ der Stahlträger der Vorderfront durch den Graphen der Funktion f_a mit $a = -\frac{11}{200}$ näherungsweise beschrieben werden kann.
Ermitteln Sie die Länge eines Stahlträgers der Vorderfront für ein Treibhaus vom Typ 1. Geben Sie den Inhalt der Vorderfront eines Treibhauses dieses Typs an.

Erreichbare BE-Anzahl: 5

1.2 Treibhäuser vom Typ 2 besitzen ein Volumen von je 2 500 m^3.
Ermitteln Sie die Höhe dieses Treibhaustyps.

Erreichbare BE-Anzahl: 4

Die Form des Stahlträgers der Vorderfront eines Treibhauses vom Typ 1 wird durch die Funktion f mit $f(x) = -\frac{11}{200} \cdot x^2 + \frac{11}{10} \cdot x$ $(x \in \mathbb{R}; 0 \le x \le 20)$ beschrieben.
Die lichtundurchlässige Vorderfront soll mit einem Tor versehen werden. Dieses hat die Form eines Rechteckes, wobei zwei Eckpunkte auf der Grundkante $\overline{AB}$ liegen sollen.

1.3 Es wurde ein 2,5 m hohes Tor mit maximaler Breite eingebaut. 25 cm senkrecht unter den höchsten Punkten der Hallendecke des Treibhauses sind punktförmige Lichtquellen angebracht, die Licht in alle Richtungen ausstrahlen. Die erste Lichtquelle befindet sich im Abstand 2,5 m zur Vorderfront und beleuchtet durch das vollständig geöffnete Tor auch den Außenbereich vor dem Treibhaus, welcher in derselben Ebene wie die Grundfläche des Treibhauses liegt. Die so beleuchtete Fläche im Außenbereich des Treibhauses ist ein gleichschenkliges Trapez.
Berechnen Sie den Inhalt dieser Fläche.

Erreichbare BE-Anzahl: 6

1.4 In einem Treibhaus werden Pflanzen aus Setzlingen herangezogen, die auf Paletten von erster Qualität oder auf Paletten von zweiter Qualität angeliefert werden. Auf jeder Palette befinden sich genau 500 Setzlinge.
Die Größe der angelieferten Setzlinge auf Paletten von zweiter Qualität ist annähernd normalverteilt mit dem Erwartungswert $\mu = 100$ mm und der Standardabweichung $\sigma = 10$ mm.
Bestimmen Sie die Wahrscheinlichkeit dafür, dass die Größe eines zufällig ausgewählten Setzlings auf Paletten von zweiter Qualität mindestens 90 mm beträgt.
Bestimmen Sie die Wahrscheinlichkeit, dass mindestens 85 % der Setzlinge einer Palette von zweiter Qualität die Mindestgröße 90 mm besitzen.

Zur Verbesserung der Erträge im Treibhaus werden nur noch Paletten von erster Qualität bezogen. Der Produzent der Setzlinge versichert, dass 95 % der Setzlinge dieser Paletten die Mindestgröße besitzen. Diese Aussage des Produzenten wird durch einen einseitigen Signifikanztest mit der Nullhypothese „Die Palette ist von erster Qualität.“ geprüft. Dazu werden 50 zufällig ausgewählte Setzlinge einer Palette auf ihre Mindestgröße untersucht. Man entscheidet sich dafür, die Nullhypothese nicht abzulehnen, wenn höchstens 5 der untersuchten Setzlinge die Mindestgröße nicht erfüllen.
Ermitteln Sie die Wahrscheinlichkeit dafür, dass dabei ein Fehler erster Art begangen wird.

Erreichbare BE-Anzahl: 6

Tipps und Hinweise

Teilaufgabe 1.1

- Zeigen Sie, dass $a = -\frac{11}{200}$ gilt, wenn $f_a(10) = 5{,}5$ ist (Scheitelpunkt der Parabel).
- Verwenden Sie zur Berechnung der Länge des Stahlträgers die Formel
  $\ell = \int_{x_1}^{x_2} \sqrt{1 + (f'(x))^2}\, dx$ und den Rechner.
- Der Inhalt der Vorderfront kann mit $A = \int_0^{20} f(x)\, dx$ näherungsweise bestimmt werden.

Teilaufgabe 1.2

- Aus dem gegebenen Volumen kann die Fläche der Vorderfront berechnet werden, die den Wert des Integrals $\int_0^{20} [ax(x-20)]\, dx$ ergibt.
- Durch Berechnung des Integrals über die Stammfunktion erhält man den Wert a.
- Die Höhe entspricht dann dem Wert $f_a(10)$.

Teilaufgabe 1.3

- Erweitern Sie das Koordinatensystem aus Teilaufgabe 1.1 zu einem räumlichen Koordinatensystem, wobei die Strecke $\overline{AD}$ auf der z-Achse liegt.
- Ermitteln Sie aus den gegebenen Größen die Koordinaten des Punktes L, der die 1. Lampe nach dem Tor darstellen soll.
- Da das Tor maximale Breite haben soll, liegen die anderen zwei Eckpunkte des rechteckigen Tores auf dem Graphen von f. Bestimmen Sie zunächst deren Koordinaten aus der Beziehung $f(x) = 2{,}50$.
- Grundfläche des Treibhauses und beleuchtete Fläche im Außenbereich liegen in der x-z-Ebene, da die Höhenangaben y-Werte sind.
- Zwei Eckpunkte des Trapezes sind die Eckpunkte des Tores auf der Kante $\overline{AB}$.
- Die anderen Eckpunkte befinden sich an den Stellen, wo die Geraden durch die erste Lichtquelle und den jeweiligen Eckpunkt des Tores auf f die x-z-Ebene durchstoßen.

Teilaufgabe 1.4

- Berechnen Sie für die normalverteilte Zufallsgröße X: „Größe der Setzlinge" die Wahrscheinlichkeit, dass diese Werte $X \geq 90$ annimmt. Verwenden Sie die Tabelle für $\Phi(z)$.
- Für den nächsten Teil definieren Sie als Zufallsgröße Y: „Anzahl der Setzlinge mit der Mindestgröße 90 mm". Verwenden Sie die zuvor ermittelte Wahrscheinlichkeit für das Eintreten des Ereignisses. Je nach verwendeten Rechnerprogrammen kann es zu Abweichungen vom angegebenen Wert kommen.
- Ein Fehler 1. Art wird begangen, wenn eine richtige Nullhypothese abgelehnt wird.

Lösungen

$f_a(x) = a \cdot x \cdot (x - 20) \quad (x \in \mathbb{R}, 0 \le x \le 20; a \in \mathbb{R}, a < 0)$

Skizze:

$\overline{AB} = 20{,}0\ \text{m}$

$\overline{BC} = 50{,}0\ \text{m}$

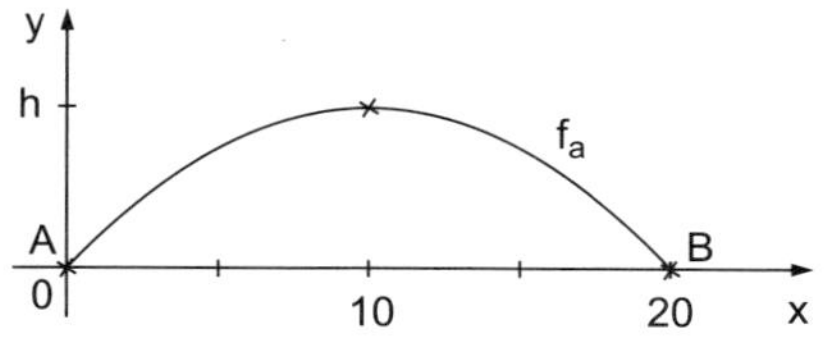

1.1 Typ 1: $h = 5{,}5$ m, d. h.: $f_a(10) = 5{,}5$

$$5{,}5 = 10a \cdot (-10)$$

$$a = -\frac{11}{200}$$

ℓ … Länge des Stahlträgers

$$\ell = \int_0^{20} \sqrt{1 + (f'(x))^2}\, dx$$

NR: $f(x) = -\frac{11}{200}x(x-20) = -\frac{11}{200}x^2 + \frac{11}{10}x$

$f'(x) = -\frac{11}{100}x + \frac{11}{10}$

$$\ell = \int_0^{20} \sqrt{1 + \left(-\frac{11}{100}x + \frac{11}{10}\right)^2}\, dx \approx 23{,}5$$

Die Länge des Stahlträgers beträgt ca. 23,5 m.

A … Inhalt der Vorderfront des Treibhauses

$$A = \int_0^{20} f(x)\, dx = \int_0^{20} \left(-\frac{11}{200}x^2 + \frac{11}{10}x\right) dx \approx 73{,}3$$

Der Inhalt der Vorderfront beträgt ca. $73{,}3\ \text{m}^2$.

1.2 Typ 2: $V = 2\,500\ \text{m}^3$; $V = A \cdot \overline{BC}$

$$\Rightarrow \quad A = \frac{V}{\overline{BC}} = \frac{2\,500\ \text{m}^3}{50\ \text{m}} = 50\ \text{m}^2$$

Andererseits:

$$A = \int_0^{20} f_a(x)\, dx = \int_0^{20} [ax(x-20)]\, dx = \int_0^{20} (ax^2 - 20ax)\, dx$$

$$= \left[\frac{1}{3}ax^3 - 10ax^2\right]_0^{20} = \left(\frac{8\,000}{3}a - 4\,000a\right) - 0$$

$$\Rightarrow \quad 50 = -\frac{4\,000}{3}a$$

$$a = -\frac{3}{80} \quad \Rightarrow \quad f(x) = -\frac{3}{80}x(x-20)$$

$$= -\frac{3}{80}x^2 + \frac{3}{4}x$$

$$h = f(10) = -\frac{3}{80}\cdot 100 + \frac{3}{4}\cdot 10$$

$$= 3\frac{3}{4}$$

Die Höhe des Treibhauses Typ 2 beträgt $\underline{\underline{3,75\ \text{m}}}$.

1.3 Skizze:

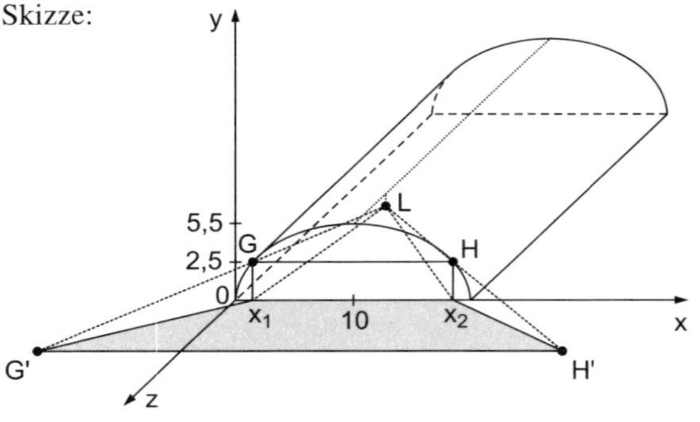

L … Ort der 1. Lampe

$x_L = 10{,}00$ (x-Wert des Mittelpunktes der Strecke $\overline{AB}$)

$y_L = 5{,}25$ ($y_L = f(10) - 0{,}25$, da die Lampe 25 cm unter der Decke hängt)

$z_L = -2{,}50$ (2,5 m Abstand der Lampe zur Vorderfront)

$\Rightarrow$ L(10,00; 5,25; –2,50)

Ermittlung der beiden Eckpunkte G und H des Tores:

$$2{,}5 = f(x)$$

$$2{,}5 = -\frac{11}{200}x^2 + \frac{11}{10}x$$

$$0 = -\frac{11}{200}x^2 + \frac{11}{10}x - 2{,}5$$

Mittels Rechner: $x_1 \approx 2{,}61$; $x_2 \approx 17{,}39$

$\Rightarrow$ G(2,61; 2,50; 0); H(17,39; 2,50; 0)

Da das Trapez gleichschenklig ist, genügt es, G' als Durchstoßpunkt der Geraden LG durch die x-z-Ebene (y = 0) zu bestimmen:

$$LG \ldots \vec{x} = \begin{pmatrix} 10,00 \\ 5,25 \\ -2,50 \end{pmatrix} + t \begin{pmatrix} -7,39 \\ -2,75 \\ 2,50 \end{pmatrix}; \ t \in \mathbb{R}$$

Mittels Rechner: G'(−4,11; 0; 2,27)

$$A_{Tr} = 2 \cdot A_{halb}$$

$$A_{Tr} = 2 \cdot \frac{(10,00 - 2,61) + (10,00 + 4,11)}{2} \cdot 2,27$$

$$A_{Tr} \approx 48,81$$

Die beleuchtete Fläche im Außenbereich beträgt ca. $\underline{\underline{48,81 \text{ m}^2}}$.

Skizze:

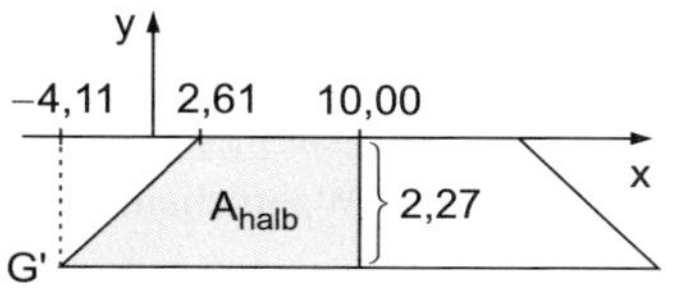

1.4 500 Setzlinge je Palette
2. Qualität: X … Größe der Setzlinge
(normalverteilt mit $\mu = 100$ mm und $\sigma = 10$ mm)

$$\begin{aligned} P(X \geq 90 \text{ mm}) &= 1 - P(X < 90 \text{ mm}) \\ &= 1 - \Phi\left(\frac{90 \text{ mm} - 100 \text{ mm}}{10 \text{ mm}}\right) \\ &= 1 - \Phi(-1) \\ &= 1 - (1 - \Phi(1)) \\ &= \Phi(1) \\ &\approx \underline{\underline{0,8413}} \end{aligned}$$

Ein Setzling 2. Qualität hat mit einer Wahrscheinlichkeit von $\underline{\underline{0,8413}}$ eine Mindestgröße von 90 mm.

Y … Anzahl der Setzlinge mit Mindestgröße 90 mm
(binomialverteilt mit p = 0,8413, n = 500)

85 % von 500 sind 425.

$P(425 \leq Y \leq 500) = 1 - P(Y \leq 424) \approx \underline{\underline{0,3192}}$

(Je nach verwendetem Rechnerprogramm kann es zu Abweichungen bei der Wahrscheinlichkeit kommen.)

Die Wahrscheinlichkeit dafür, dass mindestens 85 % der Setzlinge auf einer Palette 2. Qualität die Mindestgröße 90 mm besitzen, beträgt $\underline{\underline{\text{ca. } 0,3192}}$.

1. Qualität: 95 % Mindestgröße

Nullhypothese: Die Palette ist von erster Qualität.

$n = 50$; Nullhypothese wird angenommen, wenn höchstens 5 Setzlinge die Mindestgröße nicht erfüllen.

Fehler 1. Art: Richtige Hypothese wird abgelehnt, d. h., mehr als 5 Setzlinge erreichen die Mindestgröße nicht.

X … Anzahl der Setzlinge, die die Mindestgröße erfüllen
($n = 50$; $p = 0{,}95$)

$P(X \leq 44) \approx \underline{\underline{0{,}0378}}$

Mit einer Wahrscheinlichkeit von $\underline{\underline{0{,}0378}}$ wird ein Fehler 1. Art begangen.

Leistungskurs Mathematik (Sachsen): Abiturprüfung 2010 (Nachtermin)
Teil B – Aufgabe 2

Der Flughafen Leipzig / Halle wird schrittweise zum europäischen Luftdrehkreuz im Frachtflugverkehr ausgebaut. Die Abbildung zeigt einen Ausschnitt aus den Planungsunterlagen für das ebene Flughafengelände.

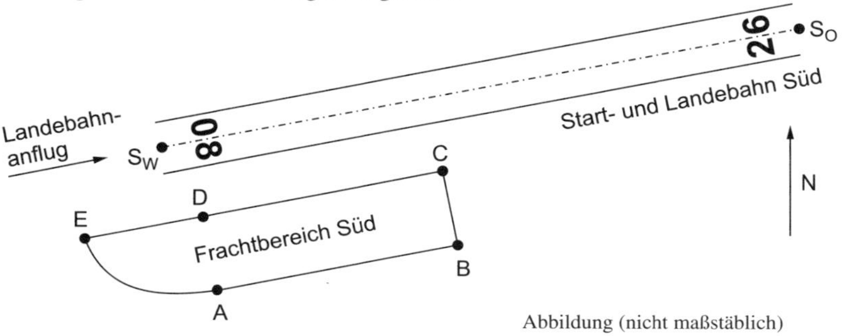

Abbildung (nicht maßstäblich)

2.1 Nahe der Start- und Landebahn Süd entsteht der Frachtbereich Süd. Die für eine Bebauung zur Verfügung stehende Fläche ABCE besteht aus der rechteckigen Teilfläche ABCD und der Teilfläche ADE, deren krummlinige Begrenzung EA näherungsweise durch den Graphen einer quadratischen Funktion beschrieben werden kann. Der Übergang der Begrenzungen EA und $\overline{AB}$ erfolgt im Punkt A tangential (ohne Knick). Die Entfernungen betragen $\overline{ED} = 400$ m, $\overline{CD} = 600$ m und $\overline{AD} = 300$ m.
Berechnen Sie den Inhalt der Fläche, die für die Bebauung insgesamt zur Verfügung steht.

Erreichbare BE-Anzahl: 4

Der Verlauf der geradlinigen Start- und Landebahn Süd wird durch deren Mittellinie in einem kartesischen Koordinatensystem (1 Längeneinheit entspricht 1 Meter) beschrieben. Die y-Achse zeigt dabei nach Norden. Die westlich (S_W) und östlich (S_O) gelegenen Begrenzungspunkte der Mittellinie der Start- und Landebahn Süd haben die Koordinaten $S_W(205;\,2\,245;\,143)$ und $S_O(3\,745;\,2\,900;\,143)$.

2.2 Beim Landebahnanflug sieht der Pilot die Landebahnkennung auf dem Landebahnanfang (siehe Abbildung). Diese Landebahnkennung besteht aus einer zweistelligen Zahl, welche die Hunderter- und Zehnerziffer des auf Zehner gerundeten Winkels (in Grad) zwischen Landebahnrichtung und Nordrichtung angibt. Begründen Sie die Landebahnkennung 08 für die Start- und Landebahn Süd.

Erreichbare BE-Anzahl: 3

2.3 Die Fluglotsen ermitteln bezüglich eines kartesischen Koordinatensystems (1 Längeneinheit entspricht 1 Meter) für ein Frachtflugzeug mit geradliniger Flugbahn im Luftraum des Flughafens zu einem Zeitpunkt die Position $P_0(-1\,630;\ 2\,950;\ 9\,425)$ und 20 Sekunden später die Position $P_1(970;\ -250;\ 9\,325)$.
Berechnen Sie die Geschwindigkeit des Frachtflugzeuges in Kilometer pro Stunde.
Ein Airbus A 320 fliegt auf der Flugbahn g mit

$$g:\ \vec{x} = \begin{pmatrix} 1\,035 \\ 1\,475 \\ 9\,100 \end{pmatrix} + r \cdot \begin{pmatrix} 250 \\ 320 \\ 2 \end{pmatrix} \quad (r \in \mathbb{R}).$$

Weisen Sie nach, dass Airbus und Frachtflugzeug bei Beibehaltung ihrer Flugbahnen nicht aneinander stoßen können.
Geben Sie den Abstand der Flugbahnen an.

Erreichbare BE-Anzahl: 5

2.4 Vom Flughafen Leipzig/Halle werden Frachtgüter mit Frachtflugzeugen vom Typ AN-124 Ruslan transportiert. Die Querschnittsfläche an jeder Stelle des 36,5 m langen Frachtraumes wird in einem kartesischen Koordinatensystem (1 Längeneinheit entspricht 1 Meter) näherungsweise durch den Graphen der Funktion f mit $f(x) = 1{,}39 \cdot \sqrt{10{,}24 - x^2}$ $(x \in D_f)$ und der Abszissenachse begrenzt.
Bestimmen Sie das Gesamtvolumen des Frachtraumes.
Ermitteln Sie die maximal mögliche Höhe und Breite einer 8,0 m langen quaderförmigen Kiste mit maximalem Volumen, die im Frachtraum der AN-124 Ruslan transportiert werden könnte.

Erreichbare BE-Anzahl: 5

Bei der Passagierabfertigung wird im Terminal jedes Gepäckstück der Passagiere durch einen Papieraufkleber mit Strichcode gekennzeichnet und zur Verteilstation transportiert. Dort werden sie durch Lesen des Strichcodes den jeweiligen Zielflughäfen zugeordnet.

2.5 In 0,95 % der Fälle kann der Strichcode nicht gelesen werden, weil mindestens einer der voneinander unabhängigen Fehler A oder B auftritt.

Fehler A: Papieraufkleber zerknittert
Fehler B: Papieraufkleber verschmutzt

Der Fehler B tritt mit der Wahrscheinlichkeit 0,0062 auf.

Berechnen Sie die Wahrscheinlichkeit dafür, dass ein zufällig ausgewähltes Gepäckstück einen zerknitterten Papieraufkleber besitzt.
Berechnen Sie die Wahrscheinlichkeit dafür, dass ein zufällig ausgewähltes Gepäckstück einen zerknitterten und verschmutzten Papieraufkleber besitzt.

Erreichbare BE-Anzahl: 4

2.6 Bei der Beförderung des Gepäcks ist es möglich, dass Gepäckstücke fehlgeleitet oder beschädigt werden. Erfahrungsgemäß werden 0,10 % der Gepäckstücke fehlgeleitet, 1,50 % der Gepäckstücke beschädigt und 0,02 % der Gepäckstücke sowohl fehlgeleitet als auch beschädigt.
Ermitteln Sie, mit welcher Wahrscheinlichkeit ein Gepäckstück nicht beschädigt wurde, unter der Bedingung, dass es nicht fehlgeleitet wurde.

Erreichbare BE-Anzahl: 3

Tipps und Hinweise

Teilaufgabe 2.1

- Führen Sie zur Ermittlung der quadratischen Funktion ein Koordinatensystem mit dem Ursprung A, der x-Achse entlang AB und der y-Achse entlang AD ein.
- Berechnen Sie die krummlinig begrenzte Fläche mittels Integral.

Teilaufgabe 2.2

- Zeigen Sie, dass der Winkel zwischen Nordrichtung $\vec{a} = \begin{pmatrix} 0 \\ 1 \\ 0 \end{pmatrix}$ und Richtung der Landebahn $\overrightarrow{S_W S_O}$ ca. 80° beträgt.

Teilaufgabe 2.3

- Der in 20 s zurückgelegte Weg des Frachtflugzeuges ist $\overline{P_0 P_1} = |\overrightarrow{P_0 P_1}|$.
- Zeigen Sie, dass die Gerade P_0P_1(Flugbahn des Frachtflugzeuges) und die Gerade g (Flugbahn des Airbus) windschief verlaufen.
- Ermitteln Sie den Abstand der windschiefen Geraden mittels Rechnerprogramm.

Teilaufgabe 2.4

- Das Volumen berechnet sich aus dem Produkt der Querschnittsfläche und der Länge des Frachtraumes. Die Querschnittsfläche kann man mithilfe des Integrals berechnen.
- Bei grafischer Lösung oder Berechnung des Integrals über dem Intervall [–3,2; 3,2] kann es zu Fehleranzeigen des Rechners kommen, wenn dieser mit einem ungeeigneten Integrationsverfahren arbeitet.
- Die Kiste hat maximales Volumen, wenn bei vorgegebener konstanter Länge der Kiste ihr rechteckiger Querschnitt maximal wird.
- Lösen Sie die Extremwertaufgabe mittels Rechner grafisch.

Teilaufgabe 2.5

- Wenden Sie zur Berechnung der Wahrscheinlichkeiten Additions- und Multiplikationssatz für voneinander unabhängige Ereignisse an.

Teilaufgabe 2.6

- Stellen Sie den Sachverhalt in einer Vier-Felder-Tafel dar, tragen Sie alle gegebenen Wahrscheinlichkeiten ein und berechnen Sie daraus die restlichen.
- Aus der Vier-Felder-Tafel entnehmen Sie nun die benötigten Wahrscheinlichkeiten zur Berechnung von $P_{\overline{F}}(\overline{B})$ (bedingte Wahrscheinlichkeit).

Lösungen

2.1 Skizze (1 LE $\hat{=}$ 1 m):

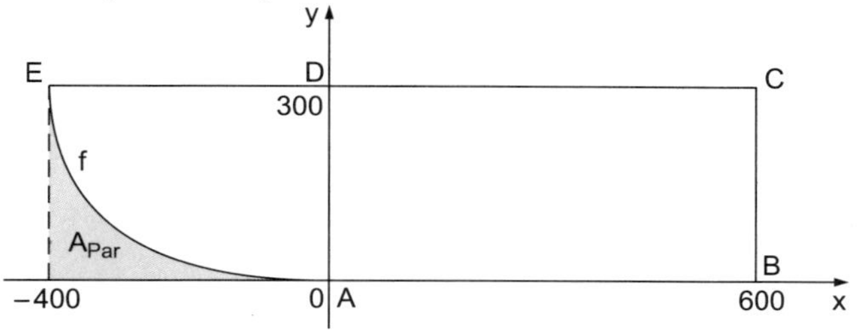

Aufstellen einer Gleichung für f: $y = ax^2$

Scheitelpunkt: A(0; 0)

Weiterer Punkt: E(−400; 300)

$$300 = a \cdot (-400)^2$$

$$a = \frac{3}{1\,600}$$

$$\Rightarrow \quad f(x) = \frac{3}{1\,600}x^2$$

$$A_{Par} = \int_{-400}^{0} f(x)\,dx = \int_{-400}^{0} \frac{3}{1\,600}x^2\,dx = 40\,000$$

$$\begin{aligned} A_{Fr} &= A_{Re} - A_{Par} \\ &= 1\,000 \cdot 300 - 40\,000 \\ &= 260\,000 \end{aligned}$$

Für den Frachtbereich steht eine Fläche von $\underline{\underline{260\,000\text{ m}^2 = 26\text{ ha}}}$ zur Verfügung.

2.2 $S_W(205;\ 2\,245;\ 143)$; $S_O(3\,745;\ 2\,900;\ 143)$

Landebahnrichtung: $\vec{\ell} = \overrightarrow{S_W S_O} = \begin{pmatrix} 3\,540 \\ 655 \\ 0 \end{pmatrix}$

Nordrichtung: $\vec{a} = \begin{pmatrix} 0 \\ 1 \\ 0 \end{pmatrix}$

Mittels Rechner: $\sphericalangle(\vec{a};\, \vec{\ell}) \approx \underline{\underline{80°}}$

$\Rightarrow$ $\underline{\underline{\text{Kennung 08}}}$

2.3 $P_0(-1\,630;\,2\,950;\,9\,425)\quad (t = 0\,\text{s})$

$P_1(\ \ 970;\ -250;\,9\,325)\quad (t = 20\,\text{s})$

$$s = \overline{P_0P_1} = \sqrt{2600^2 + 3200^2 + 100^2} \approx 4\,124$$

$$v = \frac{s}{t} = \frac{4\,124\text{ m}}{20\text{ s}} \approx 206\,\frac{\text{m}}{\text{s}} \approx \underline{\underline{742\,\frac{\text{km}}{\text{h}}}}$$

Airbus: $g \ldots \vec{x} = \begin{pmatrix} 1\,035 \\ 1\,475 \\ 9\,100 \end{pmatrix} + r\begin{pmatrix} 250 \\ 320 \\ 2 \end{pmatrix};\ r \in \mathbb{R}$

Frachtflugzeug: $P_0P_1 \ldots \vec{x} = \begin{pmatrix} -1\,630 \\ 2\,950 \\ 9\,425 \end{pmatrix} + t\begin{pmatrix} 2\,600 \\ -3\,200 \\ -100 \end{pmatrix};\ t \in \mathbb{R}$

Die Geraden sind nicht parallel. Um nicht aneinander zu stoßen, darf es zudem keinen Schnittpunkt geben, d. h., die Geraden müssen windschief sein:

$$\begin{array}{lrcl} (1) & 1\,035 + r\cdot 250 & = & -1\,630 + t\cdot 2\,600 \\ (2) & 1\,475 + r\cdot 320 & = & 2\,950 + t\cdot(-3\,200) \\ (3) & 9\,100 + r\cdot 2 & = & 9\,425 + t\cdot(-100) \\ \hline (1)' & 250r - 2\,600t & = & -2\,665 \\ (2)' & 320r + 3\,200t & = & 1\,475 \\ (3)' & 2r + 100t & = & 325 \quad \rightarrow \quad r = 162{,}5 - 50t \end{array}$$

in (1)' $\quad 250(162{,}5 - 50t) - 2\,600t = -2\,665$

$$-15\,100t = -43\,290$$

$$\underline{t \approx 2{,}87}$$

in (2)' $\quad 320(162{,}5 - 50t) + 3\,200t = 1\,475$

$$-12\,800t = -50\,525$$

$$\underline{t \approx 3{,}95}$$

Man erhält einen Widerspruch, also gibt es keinen Schnittpunkt; Airbus und Frachtflugzeug können auf diesem Kurs nicht aneinander stoßen.

Abstand der Flugbahnen $\hat{=}$ Abstand d der Geraden g und P_0P_1

Mittels Rechner: $\underline{\underline{d \approx 256\text{ m}}}$

```
windschief
d= 417631000
  ÷√2.6649914E+12
 =255.8260835
```

2.4 ℓ … Länge des Frachtraumes; $\ell = 36{,}5$ m
A_Q … Querschnittsfläche des Frachtraumes

$f(x) = 1{,}39 \cdot \sqrt{10{,}24 - x^2}$; $x \in D_f$

NR: $0 = 1{,}39 \cdot \sqrt{10{,}24 - x_N^2}$
$0 = 10{,}24 - x_N^2$
$x_N^2 = 10{,}24$
$x_{N_1} = 3{,}2$; $x_{N_2} = -3{,}2$

Skizze (1 LE ≙ 1 m):

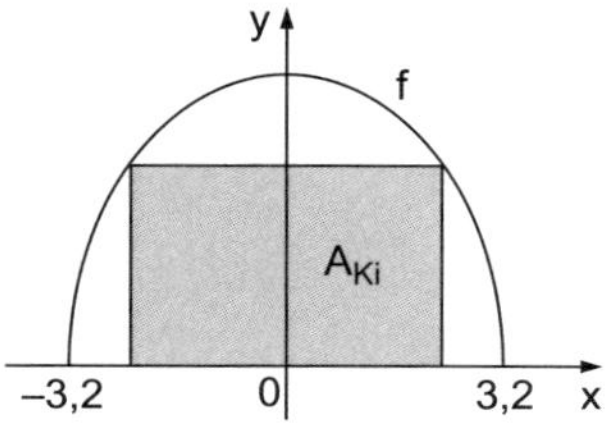

$$A_Q = 2 \cdot \int_0^{3{,}2} f(x)\,dx \approx 22{,}36$$

$V = A_Q \cdot \ell = 22{,}36\ m^2 \cdot 36{,}5\ m \approx \underline{\underline{816\ m^3}}$

Das Gesamtvolumen des Frachtraumes beträgt $\underline{\underline{\text{ca. } 816\ m^3}}$.

A_{Ki} … Querschnittsfläche der Kiste

$\frac{1}{2} A_{Ki} = x \cdot f(x)$; $0 < x < 3{,}2$

$A_{Ki} = 2x \cdot 1{,}39\sqrt{10{,}24 - x^2}$

Lokales Maximum für A_{Ki} mittels Rechner:

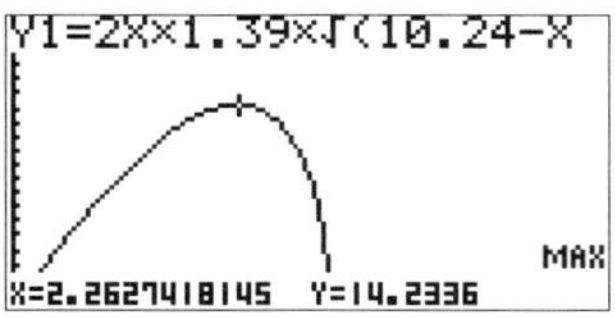

$E_{Max}(2{,}263;\ 14{,}234)$

$\Rightarrow$ maximale Breite der Kiste: $2x_E \approx 4{,}526$
maximale Höhe der Kiste: $f(x_E) \approx 3{,}145$

Die Kiste kann eine $\underline{\underline{\text{maximale Höhe von ca. } 3{,}1\text{ m}}}$ und eine $\underline{\underline{\text{maximale Breite von ca. } 4{,}5\text{ m}}}$ besitzen.

2.5 A … Papieraufkleber zerknittert
B … Papieraufkleber verschmutzt

geg.: $P(A \cup B) = 0{,}0095$ ges.: $P(A)$

$P(B) = 0{,}0062$ $P(A \cap B)$

A und B unabhängig voneinander

Multiplikationssatz: $P(A \cap B) = P(A) \cdot P(B)$ (da unabhängig)

Additionssatz: $P(A \cup B) = P(A) + P(B) - P(A \cap B)$

$\Rightarrow \quad P(A \cup B) = P(A) + P(B) - P(A) \cdot P(B)$

$P(A \cup B) - P(B) = P(A)[1 - P(B)]$

$$P(A) = \frac{P(A \cup B) - P(B)}{1 - P(B)}$$

$$P(A) = \frac{0{,}0095 - 0{,}0062}{1 - 0{,}0062}$$

$$\underline{\underline{P(A) \approx 0{,}0033}}$$

Die Wahrscheinlichkeit für einen zerknitterten Aufkleber beträgt $\underline{\underline{\text{ca. } 0{,}0033}}$.

$P(A \cap B) = 0{,}0062 \cdot 0{,}0033$

$\underline{\underline{P(A \cap B) \approx 0{,}00002}}$

Der Papieraufkleber ist mit einer Wahrscheinlichkeit von $\underline{\underline{\text{ca. } 0{,}00002}}$ zerknittert und verschmutzt.

2.6 F … Gepäckstück fehlgeleitet; $P(F) = 0{,}001$
B … Gepäckstück beschädigt; $P(B) = 0{,}015$
$P(F \cap B) = 0{,}0002$

Vier-Felder-Tafel:

	F	$\overline{F}$	
B	**0,0002**	0,0148	**0,015**
$\overline{B}$	0,0008	0,9842	0,985
	0,001	0,999	1

Hinweis: Die fett gedruckten Werte sind gegeben, aus ihnen lässt sich der Rest berechnen.

$$P_{\overline{F}}(\overline{B}) = \frac{P(\overline{B} \cap \overline{F})}{P(\overline{F})} = \frac{0{,}9842}{0{,}999} \approx \underline{\underline{0{,}9852}}$$

Unter der Bedingung, dass es nicht fehlgeleitet wurde, wurde ein Gepäckstück mit einer Wahrscheinlichkeit von $\underline{\underline{\text{ca. } 0{,}9852}}$ nicht beschädigt.

Leistungskurs Mathematik (Sachsen): Abiturprüfung 2011
Teil A (ohne Rechenhilfsmittel)

1 In den Aufgaben 1.1 bis 1.5 ist von den jeweils fünf Auswahlmöglichkeiten genau eine Antwort richtig. Kreuzen Sie das jeweilige Feld an.

1.1 Für jeden Wert für a ($a \in \mathbb{R}$, $a \neq 0$) ist eine Funktion f_a durch $f_a(x) = e^{a \cdot x^2}$ ($x \in D_{f_a}$) gegeben. Der Anstieg m der Tangente an den Graphen der Funktion f_a an der Stelle $x = 1$ hat den Wert

☐	☐	☐	☐	☐
$m = e$	$m = e^a$	$m = a \cdot e^a$	$m = 2 \cdot a \cdot e^a$	$m = 2 \cdot a \cdot e^{2 \cdot a}$

1.2 Der Grenzwert der Funktion f mit $f(x) = \frac{(x-5) \cdot (x+5)}{x-5}$ ($x \in D_f$) an der Stelle $x = 5$

☐	☐	☐	☐	☐
existiert nicht	beträgt 0	beträgt 5	beträgt 10	beträgt –25

1.3 Gegeben ist die Menge aller ganzrationalen Funktionen f dritten Grades, deren jeweilige erste Ableitungsfunktion f' die folgenden beiden Eigenschaften besitzt:
(1) Die erste Ableitungsfunktion f' besitzt genau eine Nullstelle.
(2) Für alle $x \in D_{f'}$ gilt: $f'(x) \leq 0$.

Welche der folgenden Aussagen ist für jede Funktion f aus dieser Menge wahr?

☐ Die Funktion f hat zwei Nullstellen.

☐ Die Funktion f hat eine lokale Minimumstelle.

☐ Die Funktion f hat eine lokale Maximumstelle.

☐ Die Funktion f hat eine Wendestelle.

☐ Die Funktion f ist monoton wachsend.

1.4 Die Geraden g und h mit

$$g: \vec{x} = \begin{pmatrix} -1 \\ 2 \\ -3 \end{pmatrix} + t \cdot \begin{pmatrix} 2 \\ -2 \\ 1 \end{pmatrix} \ (t \in \mathbb{R}) \quad \text{bzw.} \quad h: \vec{x} = \begin{pmatrix} -1 \\ 2 \\ -3 \end{pmatrix} + s \cdot \begin{pmatrix} 3 \\ -1 \\ 1 \end{pmatrix} \ (s \in \mathbb{R})$$

☐ schneiden sich unter einem spitzen Winkel

☐ schneiden sich rechtwinklig

☐ verlaufen windschief

☐ sind identisch

☐ verlaufen parallel

1.5 Beim Werfen einer Reißzwecke kann diese entweder auf der Seite oder auf dem Kopf liegen bleiben. Eine Reißzwecke wird genau zweimal geworfen. Die Wahrscheinlichkeit dafür, dass bei den zwei Würfen die Reißzwecke mindestens einmal auf der Seite liegen bleibt, beträgt 0,84.

Wie groß ist die Wahrscheinlichkeit dafür, dass sie bei einmaligem Wurf auf dem Kopf liegen bleibt?

☐	☐	☐	☐	☐
0,08	0,16	0,4	0,6	0,84

Erreichbare BE-Anzahl: 5

2 Für jeden Wert für k ($k \in \mathbb{R}$, $k > 0$) ist eine Funktion f_k gegeben durch $f_k(x) = -\frac{1}{k} \cdot x^3 + k \cdot x$ ($x \in \mathbb{R}$). Der Graph der Funktion f_k und die Abszissenachse begrenzen im ersten Quadranten eine Fläche vollständig.
Bestimmen Sie den Wert für k, für den der Inhalt dieser Fläche $\frac{27}{4}$ beträgt.

Erreichbare BE-Anzahl: 4

3 Gegeben sind die Ebenen E und F durch die Gleichungen E: $2 \cdot x + y + 5 \cdot z = 2$ bzw. F: $x - y + z = 1$.
Berechnen Sie eine Gleichung der Schnittgeraden der Ebenen E und F.

Erreichbare BE-Anzahl: 3

4 Bei einem Spiel wird aus genau einem blauen und genau zwei roten Würfeln genau ein Turm so gebaut, dass alle drei Würfel zufällig übereinander gestapelt werden. Die Zufallsgröße X beschreibt die Anzahl der roten Würfel über dem blauen Würfel.
Bestimmen Sie den Erwartungswert der Zufallsgröße X.

Erreichbare BE-Anzahl: 3

Tipps und Hinweise

Teilaufgabe 1.1

- Der Anstieg m der Tangente an der Stelle x_0 entspricht der 1. Ableitung von f an der Stelle x_0: $f'(x_0) = m$
- Wenden Sie die Kettenregel zum Bilden der 1. Ableitung an.

Teilaufgabe 1.2

- Zur Berechnung des Grenzwertes können Sie die Funktion vereinfachen und für $x \neq 5$ Zähler und Nenner durch $(x-5)$ teilen.

Teilaufgabe 1.3

- (1) ist eine notwendige Bedingung für eine lokale Extremstelle, aber keine hinreichende.
- Aus (2) können Sie auf das Monotonieverhalten von f schließen.
- Gehen Sie dann nach dem Ausschlussverfahren vor.

Teilaufgabe 1.4

- Beachten Sie, dass beide Geraden den gleichen Stützvektor haben.
- Vergleichen Sie die Richtungsvektoren der Geraden und bilden Sie das Skalarprodukt.

Teilaufgabe 1.5

- Veranschaulichen Sie sich den Sachverhalt an einem Baumdiagramm und schlussfolgern Sie aus dem Gegenereignis von „mindestens einmal Seite“ auf die gesuchte Wahrscheinlichkeit.

Teilaufgabe 2

- Veranschaulichen Sie sich den Sachverhalt an einer Skizze:
  ganzrationale Funktion 3. Grades, die symmetrisch zum Koordinatenursprung ist.
- Berechnen Sie die Nullstellen und dann mithilfe eines Integrals den Flächeninhalt in Abhängigkeit von k.
- Aus dem gegebenen Wert für die Fläche können Sie k berechnen.

Teilaufgabe 3

- Nutzen Sie die Ebenengleichungen als Gleichungssystem und ermitteln Sie 2 Variablen in Abhängigkeit von einer (z. B. x und y in Abhängigkeit von z).
- Daraus können Sie die Koordinaten zweiter Punkte berechnen, die die Schnittgerade bilden.

Teilaufgabe 4

- Ermitteln Sie die Wahrscheinlichkeitsverteilung der Zufallsgröße X; fertigen Sie ggf. ein Baumdiagramm an.

Lösungen

1 *Vorbemerkung:* Als Lösung ist nur das Kreuz im jeweils richtigen Feld verlangt; im Folgenden sind zusätzlich Rechnungen und Begründungen für die richtige Antwort angegeben.

1.1 Richtige Antwort: Kreuz in Feld 4

$f_a(x) = e^{a \cdot x^2} \quad (a \in \mathbb{R};\ a \neq 0;\ x \in D_{f_a})$

$f_a'(x) = 2ax \cdot e^{a \cdot x^2}$

$f_a'(1) = 2a \cdot e^a = m$

1.2 Richtige Antwort: Kreuz in Feld 4

$$\lim_{x \to 5} \frac{\cancel{(x-5)}(x+5)}{\cancel{(x-5)}} = \lim_{x \to 5}(x+5) = 5+5 = 10$$

1.3 Richtige Antwort: Kreuz in Feld 4

(1) f' hat genau 1 Nullstelle $\Rightarrow$ f hat maximal einen lokalen Extrempunkt oder einen Sattelpunkt.

(2) $f'(x) \leq 0$ für alle $x \in D_{f'}$ $\Rightarrow$ f ist für alle x monoton fallend.

Aus (1) und (2) folgt, dass f nicht monoton wachsend sein kann und keinen lokalen Extrempunkt besitzt. Da man aus (1) und (2) nicht auf Nullstellen von f schließen kann, bleibt nur eine Wendestelle (hier Sattelpunkt) übrig.

1.4 Richtige Antwort: Kreuz in Feld 1

$$g \ldots \vec{x} = \begin{pmatrix} -1 \\ 2 \\ -3 \end{pmatrix} + t \begin{pmatrix} 2 \\ -2 \\ 1 \end{pmatrix} \ (t \in \mathbb{R}); \quad h \ldots \vec{x} = \begin{pmatrix} -1 \\ 2 \\ -3 \end{pmatrix} + s \begin{pmatrix} 3 \\ -1 \\ 1 \end{pmatrix} \ (s \in \mathbb{R})$$

$$\vec{x}_{0_g} = \vec{x}_{0_h} = \begin{pmatrix} -1 \\ 2 \\ -3 \end{pmatrix} \quad \Rightarrow$$ g und h haben $P_0(-1 \mid 2 \mid -3)$ gemeinsam, also sind sie nicht windschief.

$$\vec{a}_g = \begin{pmatrix} 2 \\ -2 \\ 1 \end{pmatrix}; \quad \vec{a}_h = \begin{pmatrix} 3 \\ -1 \\ 1 \end{pmatrix}$$

$\vec{a}_g \neq \vec{a}_h$, da $\begin{pmatrix} 2 \\ -2 \\ 1 \end{pmatrix} \neq r \cdot \begin{pmatrix} 3 \\ -1 \\ 1 \end{pmatrix}$, also sind g und h weder parallel noch identisch.

$\vec{a}_g \circ \vec{a}_h = \begin{pmatrix} 2 \\ -2 \\ 1 \end{pmatrix} \circ \begin{pmatrix} 3 \\ -1 \\ 1 \end{pmatrix} = 2 \cdot 3 + (-2) \cdot (-1) + 1 \cdot 1 = 9 > 0$, also schneiden sie sich unter einem spitzen Winkel.

1.5 Richtige Antwort: Kreuz in Feld 3

K ... Reißzwecke bleibt auf dem Kopf liegen
S ... Reißzwecke bleibt auf der Seite liegen

Baumdiagramm:

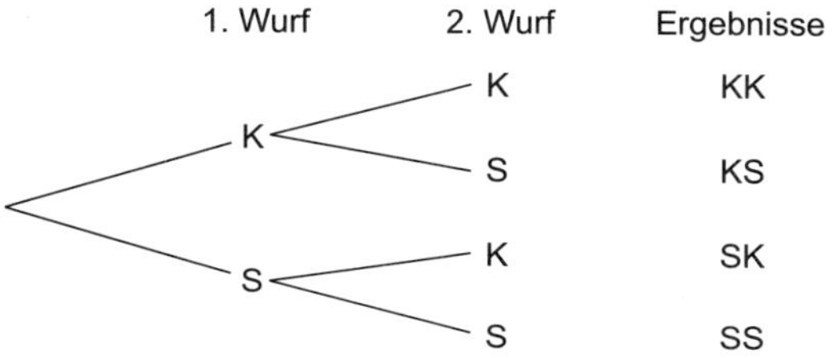

A ... Reißzwecke bleibt mindestens einmal auf der Seite liegen

$$P(A) = P(KS) + P(SK) + P(SS)$$

$$0{,}84 = 1 - P(KK)$$

$$P(KK) = 1 - 0{,}84 \quad = 0{,}16$$

$$P(KK) = P(K) \cdot P(K) = 0{,}16$$

$$[P(K)]^2 = 0{,}16$$

$$\Rightarrow \quad P(K) = \sqrt{0{,}16} = 0{,}4$$

2 $f_k(x) = -\frac{1}{k} \cdot x^3 + k \cdot x \quad (x \in \mathbb{R};\, k \in \mathbb{R};\, k > 0)$

f_k ist symmetrisch zum Koordinatenursprung.

Nullstellen: $0 = -\frac{1}{k} x_N^3 + k x_N$

$$0 = x_N \left(-\frac{1}{k} x_N^2 + k \right)$$

$$x_{N_1} = 0 \qquad 0 = -\frac{1}{k} x_N^2 + k$$

$$x_N^2 = k^2$$

$$x_{N_2} = k \qquad x_{N_3} = -k$$

entfällt, da $k > 0$ und 1. Quadrant gefordert

Skizze:

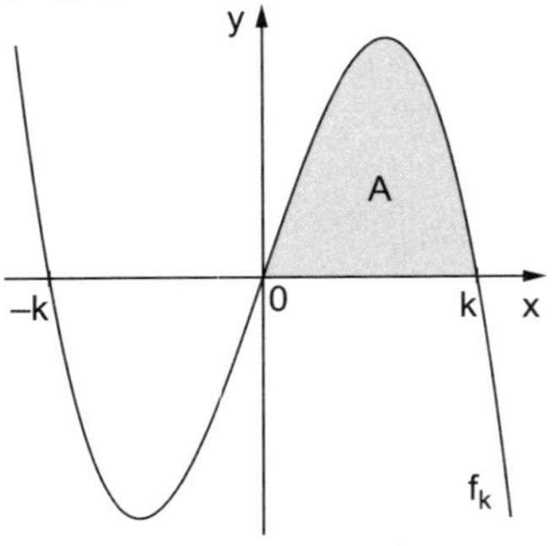

$$A = \int_0^k f_k(x)\,dx$$

$$= \left[-\frac{1}{4k}x^4 + \frac{k}{2}x^2 \right]_0^k$$

$$= \left(-\frac{1}{4}k^3 + \frac{1}{2}k^3 \right) - 0$$

$$\frac{27}{4} = \frac{1}{4}k^3$$

$$k^3 = 27 \quad \Rightarrow \quad k = \sqrt[3]{27} = \underline{\underline{3}}$$

3

$$\begin{array}{ll} E\ldots(1) & 2x + y + 5z = 2 \\ F\ldots(2) & x - y + z = 1 \end{array} \Bigg| +$$

$$(1)+(2):\; 3x \qquad + 6z = 3$$

$$3x = -6z + 3 \qquad |:3$$

$$\underline{x = -2z + 1}$$

(2)'

$$y = x + z - 1$$

$$y = (-2z + 1) + z - 1$$

$$\underline{y = -z}$$

Für $z = 0$: $P_1(1\,|\,0\,|\,0)$

Für $z = -1$: $P_2(3\,|\,1\,|\,-1)$

$$\underline{\underline{g_s = P_1P_2 \ldots \vec{x} = \begin{pmatrix} 1 \\ 0 \\ 0 \end{pmatrix} + t \begin{pmatrix} 2 \\ 1 \\ -1 \end{pmatrix}, \quad t \in \mathbb{R}}}$$

4 1 blauer Würfel … b
2 rote Würfel … r

X … Anzahl der roten Würfel über dem blauen Würfel

Wahrscheinlichkeitsverteilung von X:

x_i	0	1	2
Ergebnis	b r r	r b r	r r b
$P(X = x_i)$	$\frac{1}{3}$	$\frac{1}{3}$	$\frac{1}{3}$

$$E(X) = 0 \cdot \frac{1}{3} + 1 \cdot \frac{1}{3} + 2 \cdot \frac{1}{3} = \underline{\underline{1}}$$

Baumdiagramm:

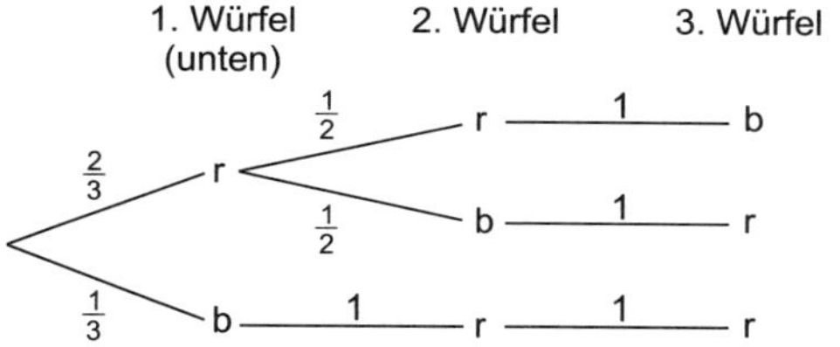

Wahrscheinlichkeiten

$$P(rrb) = \frac{2}{3} \cdot \frac{1}{2} \cdot 1 = \frac{1}{3}$$

$$P(rbr) = \frac{2}{3} \cdot \frac{1}{2} \cdot 1 = \frac{1}{3}$$

$$P(brr) = \frac{1}{3} \cdot 1 \cdot 1 = \frac{1}{3}$$

Leistungskurs Mathematik (Sachsen): Abiturprüfung 2011
Teil B – Aufgabe 1

Eine Firma stellt rotationssymmetrische Dekorationsvasen her. Der Durchmesser der Grundfläche jeder Vase beträgt 2,0 cm. Die Deckfläche jeder Vase ist ein Kreisring, dessen äußerer Durchmesser 4,0 cm beträgt.

Eine dieser Vasen wird durch eine Ebene geschnitten, welche die Rotationsachse enthält. Die dabei entstehende Schnittfläche kann in einem kartesischen Koordinatensystem mit dem Koordinatenursprung O (1 Längeneinheit entspricht 1 Zentimeter) dargestellt werden (siehe Abbildung 1).

Die Rotationsachse der Vase liegt auf der Ordinatenachse. Die Begrenzungslinien der Schnittfläche liegen auf den Geraden mit den Gleichungen $y=0$ und $y=9$, zwei weiteren Geraden g und h sowie dem Graphen der Funktion f mit $y=f(x)=\frac{3}{2}\cdot x^4+0{,}5 \quad (x\in \mathbb{R})$.

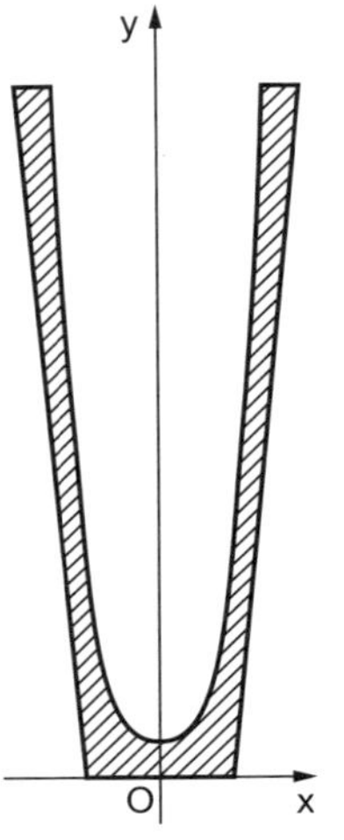

Abbildung 1
(nicht maßstäblich)

1.1 Ermitteln Sie die Tiefe des Hohlraumes im Inneren der Vase.
Bestimmen Sie den inneren Durchmesser der Deckfläche der Vase.

Erreichbare BE-Anzahl: 4

1.2 Ermitteln Sie eine Gleichung einer der Geraden g oder h.

Erreichbare BE-Anzahl: 2

1.3 Bestimmen Sie die Größe der beschriebenen Schnittfläche der Vase.

Erreichbare BE-Anzahl: 3

1.4 Die Vase soll vollständig mit Wasser gefüllt werden.
Ermitteln Sie das Volumen des benötigten Wassers.

Erreichbare BE-Anzahl: 3

1.5 In die Vase wird ein geradliniges Duftstäbchen mit der Gesamtlänge 10,0 cm gestellt (siehe Abbildung 2). Die Dicke des Stäbchens ist vernachlässigbar.

Bestimmen Sie, welche Länge des Duftstäbchens mindestens aus der Vase herausragt.

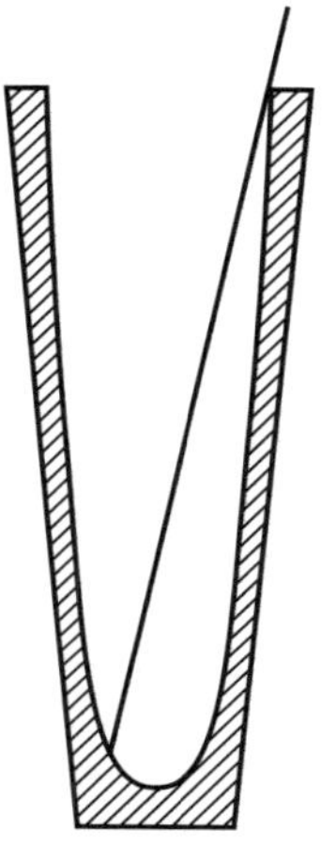

Abbildung 2
(nicht maßstäblich)

Erreichbare BE-Anzahl: 3

1.6 Die Wandstärke der Vase wird jeweils senkrecht zur äußeren Mantelfläche gemessen.
Beschreiben Sie ein Verfahren, wie man rechnerisch einen Näherungswert für die geringste Wandstärke dieser Vase ermitteln kann.

Erreichbare BE-Anzahl: 3

1.7 Die Masse der hergestellten Vasen ist normalverteilt mit dem Erwartungswert 56,6 g und der Standardabweichung 0,6 g.
Ermitteln Sie die Wahrscheinlichkeit dafür, dass die Masse einer Vase um mehr als 1,0 g vom Erwartungswert abweicht.

Erreichbare BE-Anzahl: 3

Tipps und Hinweise

Teilaufgabe 1.1

- Mithilfe des y-Wertes vom Scheitelpunkt von f und der Höhe der Vase kann die Tiefe des Hohlraumes berechnet werden.
- Für den Innenradius r_i der Deckfläche gilt: $f(r_i) = 9$

Teilaufgabe 1.2

- Ermitteln Sie g bzw. h z. B. mithilfe zweier Punkte, die auf der Geraden liegen.

Teilaufgabe 1.3

- Es gibt verschiedene Möglichkeiten, diese Schnittfläche zu bestimmen. Beachten Sie, dass die zwei durch die y-Achse getrennten Flächen gleich sind. Fertigen Sie eine Skizze an.
- Setzen Sie die Fläche entweder durch Integrale zwischen der Funktion f und der x-Achse bzw. zwischen zwei Funktionen zusammen oder bilden Sie die Differenz aus dem Gesamtquerschnitt der Vase und der Hohlraumfläche.

Teilaufgabe 1.4

- Das Volumen entspricht dem des Rotationskörpers, der entsteht, wenn f im Intervall $y \in [0{,}5;\, 9]$ um die y-Achse rotiert:
  $V_y = \pi \cdot \int [\overline{f}(y)]^2 \, dy$

Teilaufgabe 1.5

- Für das Lösen dieser Extremwertaufgabe stellen Sie z. B. eine Funktionsgleichung für die Länge des Stäbchens im Inneren der Vase (Abstand der zwei Berührungspunkte) in Abhängigkeit von x auf, wobei nur $x \le 0$ sinnvoll ist, da im Inneren eine maximale Länge sein soll.
- Für diese Funktion ermitteln Sie mittels Rechner das lokale/globale Maximum und schlussfolgern auf den Teil des Stäbchens, der außerhalb bleibt.

Teilaufgabe 1.6

- Die geringste Wandstärke kann wiederum mithilfe einer Extremwertaufgabe bestimmt werden.
- Als Zielfunktion ist jetzt der Abstand der Schnittpunkte der Normalen zu g (oder h) mit g (oder h) und mit f aufzustellen.

Teilaufgabe 1.7

- Berechnen Sie für die normalverteilte Zufallsgröße X: „Masse der Vase“ die Wahrscheinlichkeit $P(|X - \mu| > 1{,}0 \text{ g})$.
- Für die Funktionswerte von Φ können Sie die Tabelle oder den Rechner verwenden.

Lösungen

$y = f(x) = \frac{3}{2}x^4 + 0{,}5 \quad (x \in \mathbb{R})$

$1\ \text{LE} \mathrel{\hat{=}} 1\ \text{cm}$

$d_G = 2{,}0\ \text{cm};\ d_a = 4{,}0\ \text{cm}$

Skizze:

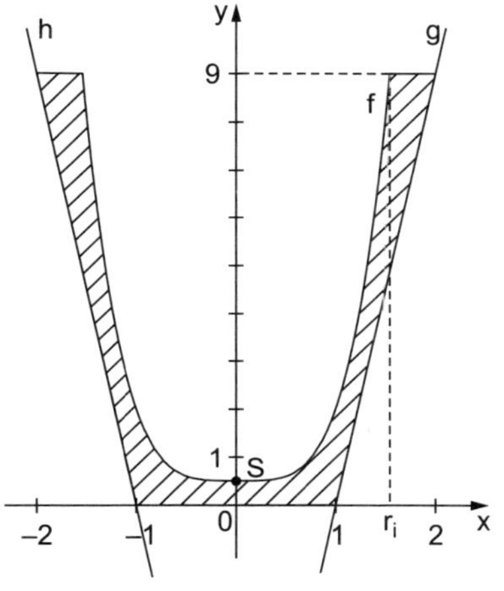

1.1 Scheitelpunkt von f: $S(0\,|\,0{,}5)$

$t_H = h_V - y_S = 9 - 0{,}5 = 8{,}5$

Die Tiefe des Hohlraums im Inneren der Vase beträgt $\underline{\underline{8{,}5\ \text{cm}}}$.

$9 = \frac{3}{2}r_i^4 + 0{,}5$

$r_i = \sqrt[4]{\frac{17}{3}} \approx 1{,}54 \quad \Rightarrow \quad d_i \approx 3{,}1$

Der innere Durchmesser der Deckfläche beträgt ca. $\underline{\underline{3{,}1\ \text{cm}}}$.

1.2 g … $P_1(1\,|\,0);\ P_2(2\,|\,9)$

$$y - 0 = \frac{9-0}{2-1}(x-1)$$

$$\underline{\underline{y = 9x - 9}}$$

(h … $y = -9x - 9$)

1.3 *1. Möglichkeit (s. Skizze):*

$$A = 2 \cdot \left[\int_0^1 f(x)\,dx + \int_1^{r_i} [f(x) - g(x)]\,dx + \int_{r_i}^2 [9 - g(x)]\,dx \right]$$

$$A \approx 2 \cdot [0{,}80 + 1{,}27 + 0{,}94]$$

$$A \approx 6{,}02$$

2. Möglichkeit:

$$\overline{f}(x) = \sqrt[4]{\frac{2}{3}\left(x - \frac{1}{2}\right)} \quad \text{(NR siehe 1.4)}$$

$$A = A_{Tr} - A_H$$

NR: $A_{Tr} = \frac{d_G + d_a}{2} \cdot h_V$

$A_{Tr} = \frac{4+2}{2} \cdot 9$

$A_{Tr} = 27$ ... Trapezfläche

A_H ... Hohlraumfläche

$A_H = 2 \cdot \int_{0,5}^{9} \overline{f}(x)\,dx$ bzw. $A_H = 2 \cdot \int_0^{r_i} [9 - f(x)]\,dx$

$$A = 27 - 2 \cdot \int_{0,5}^{9} \sqrt[4]{\frac{2}{3}\left(x - \frac{1}{2}\right)}\,dx \approx 6{,}02$$

bzw. $A = 27 - 2 \cdot \int_0^{\sqrt[4]{\frac{17}{3}}} \left[9 - \left(\frac{3}{2}x^4 + 0{,}5\right)\right] dx \approx 6{,}02$

Die Schnittfläche der Vase beträgt ca. 6,0 cm^2.

1.4 $V_y = \pi \cdot \int_{0,5}^{9} [\overline{f}(y)]^2\,dy$

NR: $y = \frac{3}{2}x^4 + 0{,}5$

$\frac{3}{2}x^4 = y - 0{,}5$

$x^4 = \frac{2}{3}(y - 0{,}5) \quad (x \geq 0)$

$x = \sqrt[4]{\frac{2}{3}(y - 0{,}5)} = \overline{f}(y)$

$$V_y = \pi \cdot \int_{0,5}^{9} \sqrt{\frac{2}{3}(y - 0{,}5)}\,dy \approx 13{,}49\pi \approx 42{,}4$$

Es werden ca. 42,4 cm^3 bzw. 42,4 $m\ell$ Wasser benötigt.

1.5 Skizze:

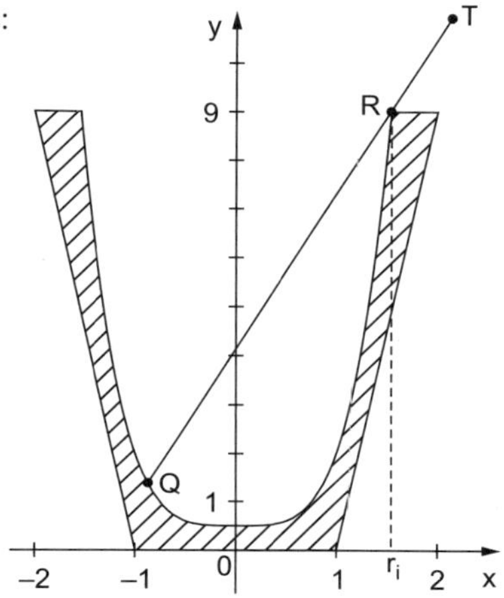

$\ell = \overline{QT} = 10\text{ cm}$

$Q(x \mid f(x))$

$R(r_i \mid 9)$

ℓ_i … Länge des Stäbchens im Inneren der Vase

ℓ_a … Länge des Stäbchens außerhalb der Vase

$x \le 0$, da für $x > 0$ ℓ_i nicht maximal bzw. ℓ_a nicht minimal werden kann.

$$\ell_i = \overline{QR} = \sqrt{(r_i - x)^2 + (9 - f(x))^2}$$

$$= \sqrt{\left(\sqrt[4]{\frac{17}{3}} - x\right)^2 + \left(-\frac{3}{2}x^4 + 8{,}5\right)^2}; \quad -\sqrt[4]{\frac{17}{3}} < x \le 0$$

Mittels Rechner:

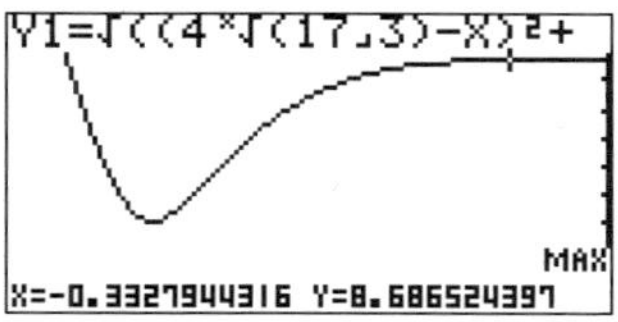

$\Rightarrow$ lokales Maximum $E_{Max}(-0{,}33 \mid 8{,}69)$

Lokales Maximum ist globales Maximum, da $\ell_i(0) \approx 8{,}64 < 8{,}69$.

$\Rightarrow$ ℓ_i kann maximal ca. 8,7 cm sein.

Es ragen mindestens <u>1,3 cm</u> des Duftstäbchens aus der Vase heraus.

1.6 Skizze:

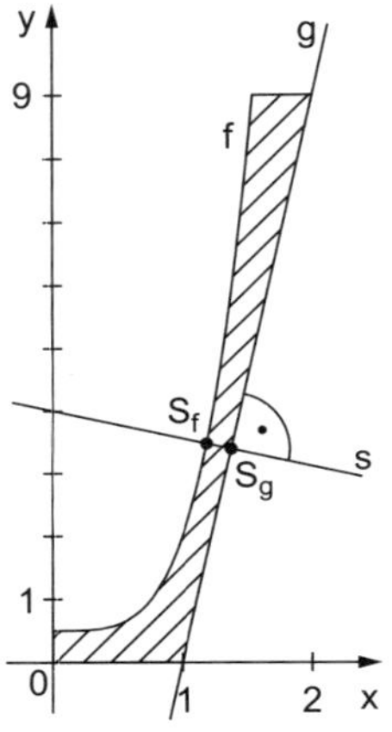

Man kann die geringste Wandstärke mittels einer Extremwertaufgabe bestimmen, wobei die Zielfunktion der Abstand von f und g ist.

Zuerst benötigt man die Gleichung der Normalen s zu g:

$$s \ldots y = -\frac{1}{9}x + n$$

Dabei ist n hier die in der Zielfunktion verbleibende Variable, für die nur $0{,}5 < n < 9$ sinnvoll ist.

Man ermittelt nun S_g als Schnittpunkt von g und s sowie S_f als Schnittpunkt von f und s in Abhängigkeit von n.

Für die Zielfunktion $\overline{S_g S_f}$ ist das lokale Minimum (wegen des offenen Intervalls für n auch das globale Minimum) dann die geringste Wandstärke.

1.7 X ... Masse der Vase in g
(Normalverteilung: $\mu = 56{,}6$ g, $\sigma = 0{,}6$ g)

$$\begin{aligned}
P(|X-\mu| > 1{,}0\text{ g}) &= 1 - P(55{,}6\text{ g} \le X \le 57{,}6\text{ g}) \\
&= 1 - \left[\Phi\left(\frac{57{,}6\text{ g} - 56{,}6\text{ g}}{0{,}6\text{ g}}\right) - \Phi\left(\frac{55{,}6\text{ g} - 56{,}6\text{ g}}{0{,}6\text{ g}}\right)\right] \\
&= 1 - [\Phi(1{,}\overline{6}) - \Phi(-1{,}\overline{6})] \\
&= 1 - [\Phi(1{,}\overline{6}) - (1 - \Phi(1{,}\overline{6}))] \\
&= 2 - 2 \cdot \Phi(1{,}\overline{6}) \\
&\approx 0{,}0956
\end{aligned}$$

Die Masse der Vase weicht mit einer Wahrscheinlichkeit von ca. $\underline{\underline{0{,}0956}}$ um mehr als 1,0 g vom Erwartungswert ab.

Bei direkter Verwendung des Rechners oder beim Arbeiten mit der Tabelle treten geringe Abweichungen vom angegebenen Ergebnis auf.

Leistungskurs Mathematik (Sachsen): Abiturprüfung 2011
Teil B – Aufgabe 2

Auf einem Spielplatz soll in einem ebenen Gelände ein neues Klettergerüst gebaut werden. Der Klettergerüstdesigner ist von einem Würfel mit der Kantenlänge 3,0 m ausgegangen. Von diesem Würfel wird an jeder Ecke der Deckfläche eine gerade dreiseitige Pyramide abgeschnitten. Die Schnittebenen verlaufen dabei durch die Mittelpunkte von Kanten des ursprünglichen Würfels (siehe Abbildung 1).

Entlang aller Kanten des so entstandenen Körpers wird das Klettergerüst aus Edelstahlrohren aufgebaut, die an den Eckpunkten miteinander verschweißt sind.

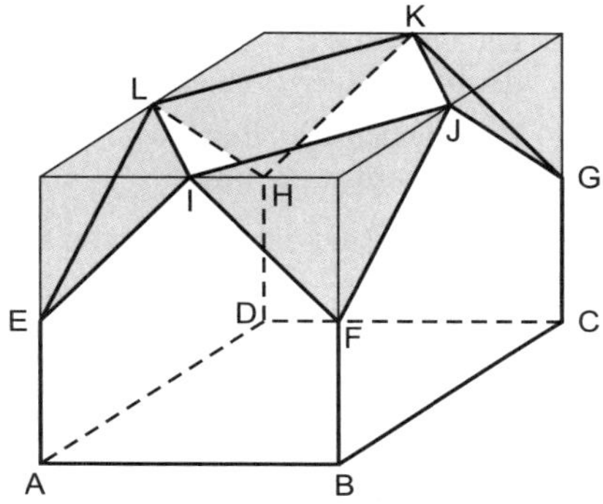

Abbildung 1 (nicht maßstäblich)

2.1 Ermitteln Sie die benötigte Gesamtlänge an Edelstahlrohr für das Klettergerüst.

Erreichbare BE-Anzahl: 3

2.2 Berechnen Sie das Volumen des vom Klettergerüst umbauten Raumes.

Erreichbare BE-Anzahl: 3

Das Klettergerüst wird in einem dreidimensionalen kartesischen Koordinatensystem mit dem Koordinatenursprung O (1 Längeneinheit entspricht 1 Meter) dargestellt (siehe Abbildung 2).

Die Fläche ABCD liegt im ebenen Gelände und befindet sich in der x-y-Koordinatenebene. Die Kanten der Fläche ABCD verlaufen achsenparallel. Der Koordinatenursprung O liegt im Mittelpunkt der Fläche ABCD. Eine Kletterstange ist im Punkt O verankert und verläuft senkrecht zur Fläche ABCD.

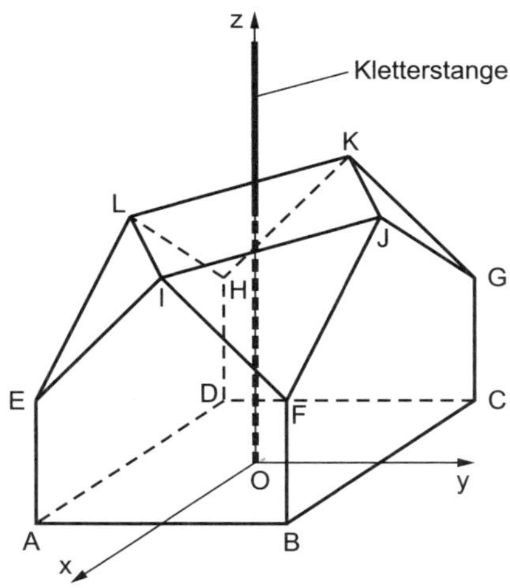

Abbildung 2 (nicht maßstäblich)

2.3 Geben Sie die Koordinaten des Punktes K an.

Erreichbare BE-Anzahl: 1

Ein dreieckiges Sonnensegel soll so gefertigt werden, dass folgende Bedingungen erfüllt sind.

(1) Zwei Eckpunkte des dreieckigen Sonnensegels liegen im ebenen Gelände, der dritte Eckpunkt befindet sich an der Kletterstange in der Höhe h über der Fläche ABCD.

(2) Die Punkte $I(1{,}5\,|\,0{,}0\,|\,3{,}0)$ und $L(0{,}0\,|\,-1{,}5\,|\,3{,}0)$ liegen jeweils auf einer Seite des dreieckigen Sonnensegels.

(3) Das Sonnensegel wird so gespannt, dass es sich in einer Ebene außerhalb des Klettergerüstes befindet.

Der Punkt E besitzt die Koordinaten $E(1{,}5\,|\,-1{,}5\,|\,1{,}5)$.

2.4 Begründen Sie, dass nur für $3{,}0\text{ m} < h \leq 4{,}5\text{ m}$ eine derartige Befestigung des Sonnensegels möglich ist.

Erreichbare BE-Anzahl: 3

2.5 Zeigen Sie, dass für $h = 4{,}0$ m der Abstand der beiden Befestigungspunkte im ebenen Gelände rund 8,5 m beträgt.
Ermitteln Sie den Abstand der beiden Befestigungspunkte im ebenen Gelände in Abhängigkeit von h.

Erreichbare BE-Anzahl: 6

Ein Hersteller von Sonnensegeln gibt an, dass seine Sonnensegel erfahrungsgemäß mit einer Wahrscheinlichkeit von 80 % die ersten zwei Nutzungsjahre ohne Defekt überstehen.

2.6 Ermitteln Sie die Wahrscheinlichkeit dafür, dass unter 150 verkauften Sonnensegeln mindestens 130 die ersten zwei Nutzungsjahre ohne Defekt überstehen.
Geben Sie an, bei wie vielen von 150 verkauften Sonnensegeln zu erwarten ist, dass sie die ersten zwei Nutzungsjahre ohne Defekt überstehen.

Erreichbare BE-Anzahl: 3

2.7 Ermitteln Sie die Anzahl der mindestens zu prüfenden Sonnensegel, damit mit einer Wahrscheinlichkeit von mindestens 95 % nach den ersten zwei Nutzungsjahren an mindestens einem Sonnensegel ein Defekt gefunden wird.

Erreichbare BE-Anzahl: 2

2.8 Der Hersteller überprüft mithilfe eines Testverfahrens an einer Stichprobe von 20 Sonnensegeln die Qualitätsaussage, dass seine Sonnensegel mit einer Wahrscheinlichkeit von mindestens 80 % die ersten zwei Nutzungsjahre ohne Defekt überstehen.
Bestimmen Sie den Ablehnungsbereich dieses Testverfahrens für eine Irrtumswahrscheinlichkeit von 10 %.

Erreichbare BE-Anzahl: 3

Tipps und Hinweise

Teilaufgabe 2.1

- Das Gerüst wird gebildet aus 4 Rohren der Länge $\overline{AB}$, 4 Rohren der Länge $\overline{AE}$ und 12 Rohren der Länge $\overline{EI}$.

Teilaufgabe 2.2

- Vom Würfelvolumen müssen die Volumina der 4 Eckpyramiden abgezogen werden.
- Wählen Sie zur Berechnung des Pyramidenvolumens ein rechtwinkliges Dreieck als Grundfläche.

Teilaufgabe 2.4

- Betrachten Sie die Lage des Sonnensegels für die Werte $h = 3{,}0$ m und $h = 4{,}5$ m und schlussfolgern Sie dann auf das Intervall.

Teilaufgabe 2.5

- Die Lösung wird einfach, wenn Sie beachten, dass die Befestigungspunkte jeweils im gleichen Abstand vom Koordinatenursprung auf der x- bzw. y-Achse liegen.
- Sowohl die Anwendung von Lagebeziehungen als auch elementargeometrische Berechnungen (z. B. Strahlensatz) führen zum Ergebnis.
- Hier kann auch zuerst der 2. Teil der Aufgabenstellung und damit dann der 1. Teil gelöst werden.

Teilaufgaben 2.6 und 2.7

- Wenden Sie Binomialverteilung an.

Teilaufgabe 2.8

- Mithilfe der summierten Binomialverteilung (Rechnerprogramm) können Sie durch systematisches Probieren den Ablehnungsbereich ermitteln.

Lösungen

2.1 ℓ … Gesamtlänge an Edelstahlrohr

$\ell = 4 \cdot \overline{AB} + 4 \cdot \overline{AE} + 12 \cdot \overline{EI}$

$\ell = 4 \cdot 3{,}0\text{ m} + 4 \cdot 1{,}5\text{ m} + 12 \cdot \sqrt{(1{,}5\text{ m})^2 + (1{,}5\text{ m})^2}$

$\underline{\underline{\ell \approx 43{,}5\text{ m}}}$

Man benötigt $\underline{\underline{\text{ca. }43{,}5\text{ m}}}$ Edelstahlrohr.

2.2 $V = V_W - 4 \cdot V_{Pyr}$

$V = (3{,}0\text{ m})^3 - 4 \cdot \left(\frac{1}{3} \cdot A_G \cdot h\right)$

$V = 27\text{ m}^3 - \frac{4}{3} \cdot \frac{1{,}5\text{ m} \cdot 1{,}5\text{ m}}{2} \cdot 1{,}5\text{ m}$

$\underline{\underline{V = 24{,}75\text{ m}^3}}$

Der umbaute Raum beträgt $\underline{\underline{24{,}75\text{ m}^3}}$.

Skizze Pyramide:

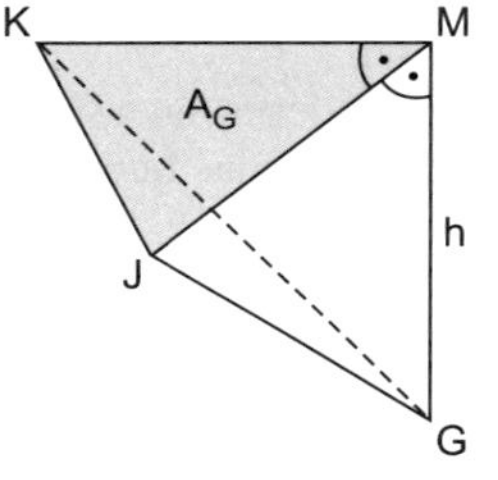

2.3 $\underline{\underline{K(-1{,}5\,|\,0{,}0\,|\,3{,}0)}}$

2.4 $I(1{,}5\,|\,0{,}0\,|\,3{,}0)$

$L(0{,}0\,|\,-1{,}5\,|\,3{,}0)$

$E(1{,}5\,|\,-1{,}5\,|\,1{,}5)$

S_h … Befestigungspunkt des Segels auf der Kletterstange, Höhe h

Da S_h auf der z-Achse und I in der x-z-Ebene liegen, liegt die Gerade S_hI in der x-z-Ebene. Da der Befestigungspunkt S_x in der x-y-Ebene liegen soll, kann er somit nur auf der x-Achse sein (ebenso S_y auf der y-Achse).

Skizze:

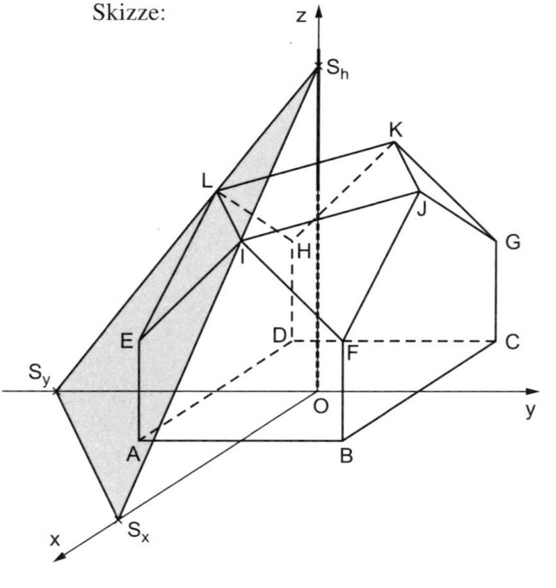

$h = 3$ m $\Rightarrow$ S_h befindet sich in der Deckfläche und somit auch das Segel, also parallel zum ebenen Gelände und damit wäre z. B. (1) nicht erfüllt.

$h < 3$ m $\Rightarrow$ S_h liegt im Inneren des Klettergerüstes und damit wäre (3) nicht erfüllt.

$h = 4{,}5$ m $\Rightarrow$ $S_h(0{,}0\,|\,0{,}0\,|\,4{,}5)$

$E_{S_hLI} \dots\ x - y + z = 4{,}5$

$E_{ELI} \dots\ x - y + z = 4{,}5$

Die Ebenen sind identisch, also liegt E in der Segelebene.
Das Segel berührt das Gerüst in der Fläche EIL.

$h > 4{,}5$ m $\Rightarrow$ E liegt über dem Segel, welches zum Teil im Inneren des Gerüstes verlaufen würde, was im Widerspruch zu (3) wäre.

$\Rightarrow$ Es muss gelten: $\underline{\underline{3{,}0\text{ m} < h \leq 4{,}5\text{ m}}}$

2.5 $h = 4{,}0$ m $\Rightarrow$ $S_h(0{,}0\,|\,0{,}0\,|\,4{,}0)$

$E_{S_hLI} \dots\ x - y + 1{,}5z = 6$ (mittels Rechner)

Durchstoßpunkte: x-Achse: $S_x(6\,|\,0\,|\,0)$
y-Achse: $S_y(0\,|\,-6\,|\,0)$

S_x und S_y können auch als Durchstoßpunkte der Geraden S_hI und S_hL durch die x-y-Ebene ermittelt werden.

$$d = \overline{S_xS_y} = \sqrt{36 + 36} = \sqrt{72} \approx 8{,}5$$

Der Abstand beträgt für $h = 4{,}0$ m $\underline{\underline{\text{ca. } 8{,}5\text{ m}}}$.

1. Möglichkeit: Gleiche Betrachtung allgemein für $S_h(0{,}0\,|\,0{,}0\,|\,h)$

$$S_hI \dots \vec{x} = \begin{pmatrix} 1{,}5 \\ 0{,}0 \\ 3{,}0 \end{pmatrix} + s\begin{pmatrix} 1{,}5 \\ 0{,}0 \\ 3{,}0 - h \end{pmatrix}, \quad s \in \mathbb{R}$$

Durchstoßpunkt mit x-y-Ebene:

(1) $x = 1{,}5 + 1{,}5s$

(2) $y = 0$

(3) $0 = 3{,}0 + (3{,}0 - h)s$

aus (3) $s = \dfrac{-3{,}0}{3{,}0 - h}$

in (1) $x = 1{,}5 + 1{,}5 \cdot \dfrac{-3{,}0}{3{,}0 - h}$

$$x = \frac{4{,}5 - 1{,}5h - 4{,}5}{3{,}0 - h}$$

$$x = \frac{-1{,}5h}{3{,}0 - h} \quad \Rightarrow \quad S_x\left(\frac{-1{,}5h}{3{,}0 - h}\,\middle|\,0\,\middle|\,0\right)$$

$$S_hL\ldots\ \vec{x} = \begin{pmatrix} 0{,}0 \\ -1{,}5 \\ 3{,}0 \end{pmatrix} + r\begin{pmatrix} 0{,}0 \\ -1{,}5 \\ 3{,}0-h \end{pmatrix},\quad r \in \mathbb{R}$$

Durchstoßpunkt mit x-y-Ebene:

(1) $\quad x = 0$

(2) $\quad y = -1{,}5 - 1{,}5r$

(3) $\quad 0 = 3{,}0 + (3{,}0-h)r$

aus (3) $\quad r = \dfrac{-3{,}0}{3{,}0-h}$

in (2) $\quad y = -1{,}5 - 1{,}5 \cdot \dfrac{-3{,}0}{3{,}0-h}$

$$y = \frac{1{,}5h}{3{,}0-h} \quad \Rightarrow \quad S_y\left(0 \,\middle|\, \frac{1{,}5h}{3{,}0-h} \,\middle|\, 0\right)$$

$$\Rightarrow \quad d = \overline{S_xS_y} = \sqrt{\left(\frac{1{,}5h}{3{,}0-h}\right)^2 + \left(\frac{1{,}5h}{3{,}0-h}\right)^2} = \sqrt{2\left(\frac{1{,}5h}{3{,}0-h}\right)^2}$$

$$= \sqrt{2}\left|\frac{1{,}5h}{3{,}0-h}\right| = \underline{\underline{\sqrt{2}\,\frac{1{,}5h}{h-3{,}0}}},\quad \text{da } h > 3{,}0$$

2. Möglichkeit: mithilfe des Strahlensatzes

$S_x(x_0|0|0);\ S_y(0|y_0|0);\ S_h(0{,}0|0{,}0|h)$

$x_0 = -y_0$ bzw. $x_0^2 = y_0^2$

$d = \overline{S_xS_y} = \sqrt{x_0^2 + y_0^2} = \sqrt{2x_0^2} = \sqrt{2}\cdot x_0,\quad x_0 > 0$

Skizze:

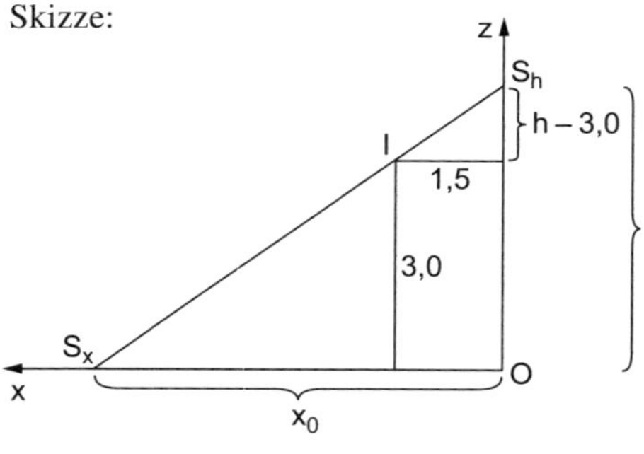

Strahlensatz:

$$\frac{x_0}{1{,}5} = \frac{h}{h-3{,}0}$$

$$x_0 = \frac{1{,}5h}{h-3{,}0}$$

$$\Rightarrow \quad \underline{\underline{d = \sqrt{2}\cdot\frac{1{,}5h}{h-3{,}0}}}$$

Es ist auch erst der allgemeine Weg möglich, um für $h = 4{,}0$ m den Abstand

$$d = \sqrt{2}\cdot\frac{1{,}5\cdot 4{,}0\text{ m}}{4{,}0\text{ m} - 3{,}0\text{ m}} \approx 8{,}5\text{ m}$$

zu berechnen.

2.6 A … Sonnensegel übersteht die ersten 2 Nutzungsjahre ohne Defekt
$P(A) = 0{,}8$

X … Anzahl Sonnensegel, die die ersten 2 Nutzungsjahre ohne Defekt überstehen
(Binomialverteilung: $n = 150;\ p = 0{,}8$)

$P(X \geq 130) \approx \underline{\underline{0{,}0224}}$ (mittels Rechner)

$E(X) = n \cdot p = 150 \cdot 0{,}8 = \underline{\underline{120}}$

Die Wahrscheinlichkeit, dass mindestens 130 Segel die ersten 2 Nutzungsjahre ohne Defekt überstehen, beträgt ca. 0,0224. Es ist zu erwarten, dass 120 Segel die ersten 2 Nutzungsjahre ohne Defekt überstehen.

2.7 Y … Anzahl Sonnensegel mit Defekt nach den ersten 2 Nutzungsjahren
(Binomialverteilung: $p = 0{,}2$)

$$P(Y \geq 1) = 1 - P(Y = 0) \geq 0{,}95$$
$$\Rightarrow \quad P(Y = 0) \leq 0{,}05$$
$$\binom{n}{0} \cdot 0{,}2^0 \cdot 0{,}8^n \leq 0{,}05$$
$$0{,}8^n \leq 0{,}05$$
$$n \geq \frac{\lg 0{,}05}{\lg 0{,}8}$$
$$n \geq 13{,}4$$

Es müssen $\underline{\underline{\text{mindestens 14}}}$ Sonnensegel geprüft werden.

2.8 X … Anzahl Sonnensegel, die die ersten 2 Nutzungsjahre ohne Defekt überstehen
(Binomialverteilung: $n = 20;\ p = 0{,}8$)

Ablehnungsbereich: $P(X \leq k) \leq 0{,}1$

Probieren mittels Rechner:

k = 13

```
.8
U=?
0
O=?
13
            0.08669251357
                 - Disp -
```

$P(X \leq 13) \approx 0{,}0867$

k = 14

```
.8
U=?
0
O=?
14
             0.1957922145
                 - Disp -
```

$P(X \leq 14) \approx 0{,}1958$

$\Rightarrow$ Ablehnungsbereich $\underline{\underline{A = \{0; 1; 2; 3; \ldots; 13\}}}$

Leistungskurs Mathematik (Sachsen): Abiturprüfung 2011 (Nachtermin)
Teil A (ohne Rechenhilfsmittel)

1 In den Aufgaben 1.1 bis 1.5 ist von den jeweils fünf Auswahlmöglichkeiten genau eine Antwort richtig. Kreuzen Sie das jeweilige Feld an.

1.1 Die erste Ableitung der Funktion f_a mit $f_a(x) = -2 \cdot \sin(a \cdot x)$ $(x \in \mathbb{R};\ a \in \mathbb{R},\ a \neq 0)$ an der Stelle $x = 1$ beträgt:

☐	☐	☐	☐	☐
$-2 \cdot \sin(a)$	$2 \cdot a \cdot \sin(a)$	$-2 \cdot a \cdot \cos(a)$	$2 \cdot \cos(a)$	$-2 \cdot a \cdot \sin(a) \cdot \cos(a)$

1.2 Die Funktion f mit $f(x) = \dfrac{(x+4)^2}{(x+2) \cdot (x-3)}$ $(x \in D_f)$ besitzt folgende Eigenschaft:

☐ Der Punkt $P(1 \mid 4)$ liegt auf dem Graphen der Funktion f.

☐ Der Graph der Funktion f besitzt eine senkrechte Asymptote mit der Gleichung $x = -2$.

☐ Die Funktion f besitzt bei $x = 3$ eine Nullstelle.

☐ Die Abszissenachse ist waagerechte Asymptote des Graphen der Funktion f.

☐ Die Funktion f besitzt bei $x = -4$ eine Polstelle.

1.3 Die Gerade g mit g: $\vec{x} = \begin{pmatrix} 0 \\ 3 \end{pmatrix} + t \cdot \begin{pmatrix} 1 \\ 2 \end{pmatrix}$ $(t \in \mathbb{R})$ schneidet

☐ den positiven Teil der x-Achse und den positiven Teil der y-Achse

☐ den positiven Teil der x-Achse und den negativen Teil der y-Achse

☐ den negativen Teil der x-Achse und den positiven Teil der y-Achse

☐ den negativen Teil der x-Achse und den negativen Teil der y-Achse

☐ keine der Koordinatenachsen

1.4 Ein Code besteht aus vier Teilen und besitzt die Form
Buchstabe_Buchstabe_Buchstabe_Ziffer.
Die drei Buchstaben sind paarweise verschieden.

Wie viele verschiedene Codes dieser Form lassen sich aus den Buchstaben A, B und C sowie den Ziffern 0, 2 und 4 bilden?

☐	☐	☐	☐	☐
4	12	18	24	81

1.5 Welche der folgenden Aussagen gilt für jeden Alternativtest?

- ☐ Liegt das Ergebnis der Stichprobe im Ablehnungsbereich, nimmt man die Nullhypothese an.
- ☐ Liegt das Ergebnis der Stichprobe im Annahmebereich, nimmt man die Alternativhypothese an.
- ☐ Lehnt man die Nullhypothese ab, kann man einen Fehler 1. Art begehen.
- ☐ Der Annahmebereich und der Ablehnungsbereich überschneiden sich.
- ☐ Wenn durch die Veränderung des kritischen Wertes der Fehler 1. Art kleiner wird, wird der Fehler 2. Art auch kleiner.

Erreichbare BE-Anzahl: 5

2 Gegeben ist die Funktion f durch $f(x) = \frac{3}{2} \cdot x^2 + e^{-x} \quad (x \in D_f)$.

Bestimmen Sie eine Gleichung der Stammfunktion F von f so, dass der Graph von F durch den Punkt $A(0\,|\,2)$ verläuft.

Erreichbare BE-Anzahl: 4

3 Gegeben sind die Gerade g durch $g\colon\ \vec{x} = \begin{pmatrix} 0 \\ 4 \\ -1 \end{pmatrix} + s \cdot \begin{pmatrix} 3 \\ -2 \\ 2 \end{pmatrix} \quad (s \in \mathbb{R})$ und für jedes $b\ (b \in \mathbb{R})$ eine Ebene E_b durch $E_b\colon\ (b-2) \cdot x + y + b \cdot z = 1$.

3.1 Bestimmen Sie den Wert für b, für den die Gerade g parallel zur Ebene E_b verläuft.

Erreichbare BE-Anzahl: 2

3.2 Untersuchen Sie, ob es einen Wert für b gibt, für den die Gerade g orthogonal zur Ebene E_b verläuft.

Erreichbare BE-Anzahl: 2

4 In einem Behälter befinden sich genau vier ideale Würfel.
Jeder der Würfel ist entweder von Variante 1 oder von Variante 2.
Würfel der Variante 1: Genau eine Seitenfläche des Würfels trägt die Zahl 1.
Würfel der Variante 2: Genau zwei Seitenflächen des Würfels tragen die Zahl 1.

Aus dem Behälter wird zufällig ein Würfel gezogen und dieser wird genau einmal geworfen. Die Zahl 1 tritt bei diesem Experiment mit der Wahrscheinlichkeit $\frac{5}{24}$ auf.

Bestimmen Sie, wie viele Würfel der Variante 1 der Behälter enthält.

Erreichbare BE-Anzahl: 2

Tipps und Hinweise

Teilaufgabe 1.1

- Beachten Sie, dass es sich um eine verkettete Funktion handelt.

Teilaufgabe 1.2

- Kontrollieren Sie alle Eigenschaften.
- Die Funktion hat eine Nullstelle, wenn der Zähler null ist (und der Nenner nicht), und eine Polstelle, wenn der Nenner null ist (und der Zähler nicht). An Polstellen gibt es senkrechte Asymptoten.
- Die waagerechte Asymptote finden Sie über $\lim\limits_{x \to \pm\infty} f(x)$.

Teilaufgabe 1.3

- Aus der Geradengleichung können Sie den Schnittpunkt mit der y-Achse und den Richtungsvektor bzw. den Anstieg ablesen.
- Fertigen Sie ggf. eine Skizze zur Veranschaulichung an.

Teilaufgabe 1.4

- Betrachten Sie zunächst nur die Buchstaben (Permutation) und fügen Sie dann die Ziffer dazu.

Teilaufgabe 1.5

- Hier ist es sinnvoll, falsche Aussagen oder unpassende Antworten auszuschließen.

Teilaufgabe 2

- Ermitteln Sie zunächst die Menge aller Stammfunktionen mit einem beliebigen konstanten Summanden.

Teilaufgabe 3.1

- Eine Gerade g ist zu einer Ebene E parallel, wenn ihr Richtungsvektor orthogonal zum Normalenvektor der Ebene verläuft, d. h., es muss gelten: $\vec{a}_g \circ \vec{n}_E = 0$

Teilaufgabe 3.2

- Eine Gerade g ist zu einer Ebene E orthogonal, wenn ihr Richtungsvektor parallel zum Normalenvektor der Ebene ist, d. h., es muss ein k geben mit: $k \cdot \vec{n}_E = \vec{a}_g$

Teilaufgabe 4

- Fertigen Sie ein Baumdiagramm an.
- Bezeichnen Sie die Anzahl der Würfel von Variante 1 mit n.

Lösungen

1 *Vorbemerkung:* Als Lösung ist nur das Kreuz im jeweils richtigen Feld verlangt; im Folgenden sind zusätzlich Rechnungen und Begründungen für die richtige Antwort angegeben.

1.1 Richtige Antwort: Kreuz in $\underline{\underline{\text{Feld 3}}}$

$$f_a(x) = -2\sin(ax); \quad a \neq 0$$
$$f_a'(x) = -2\cos(ax)\cdot a$$
$$= -2a\cdot\cos(ax)$$
$$f_a'(1) = -2a\cdot\cos a$$

1.2 Richtige Antwort: Kreuz in $\underline{\underline{\text{Feld 2}}}$

$$f(x) = \frac{(x+4)^2}{(x+2)(x-3)}$$

P(1 | 4): $\quad f(1) = \frac{25}{3\cdot(-2)} = -\frac{25}{6} \neq 4$

Polstellen: $x_{P_1} = -2;\ x_{P_2} = 3$, also senkrechte Asymptoten $x = -2;\ x = 3$

Nullstelle: $x_N = -4 \;\Rightarrow\; x_N = -4$ ist Nullstelle, keine Polstelle
$x_{P_2} = 3$ ist Polstelle, keine Nullstelle

Waagerechte Asymptote:
$\lim\limits_{x\to\pm\infty} f(x) = 1$, also $y = 1$ ist waagerechte Asymptote, nicht die Abszissenachse

1.3 Richtige Antwort: Kreuz in $\underline{\underline{\text{Feld 3}}}$

$$g\ldots\ \vec{x} = \begin{pmatrix}0\\3\end{pmatrix} + t\begin{pmatrix}1\\2\end{pmatrix};\ t\in\mathbb{R}$$

$P_0(0\,|\,3);\quad m = \frac{a_y}{a_x} = \frac{2}{1} = 2$

$g\ldots\ y = 2x + 3$

oder:
$S_y(0\,|\,3)$ vgl. Stützvektor
$y = 0:\ 0 = 3 + 2t$
$\qquad t = -1{,}5$ in g
$\Rightarrow\ S_x(-1{,}5\,|\,0)$

Skizze:

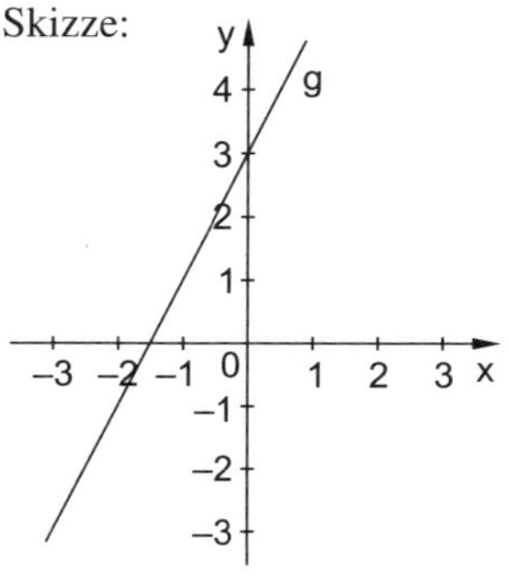

1.4 Richtige Antwort: Kreuz in Feld 3

Möglichkeiten für die Anordnung der Buchstaben A, B, C: $P_3 = 3! = 6$
Zu jeder Permutation der Buchstaben können 3 Ziffern zugeordnet werden, d. h., es gibt $6 \cdot 3 = 18$ Möglichkeiten.

1.5 Richtige Antwort: Kreuz in Feld 3

- Wenn das Ergebnis der Stichprobe im Ablehnungsbereich liegt, lehnt man die Nullhypothese ab, liegt es im Annahmebereich, nimmt man die Nullhypothese an.
- Ein Fehler 1. Art bedeutet, dass die Nullhypothese verworfen wird, obwohl sie wahr ist (richtige Aussage).
- Annahme- und Ablehnungsbereich überschneiden sich nicht. Sie werden durch den kritischen Wert getrennt.
- Wird der kritische Wert verändert und damit der Fehler 1. Art kleiner, wird der Fehler 2. Art größer, da der Bereich insgesamt gleich groß bleibt.

2 $f(x) = \frac{3}{2}x^2 + e^{-x}; \quad A(0 \mid 2)$

$$F(x) = \frac{1}{2}x^3 - e^{-x} + c$$

$$2 = 0 - 1 + c$$

$$c = 3$$

$$\Rightarrow \quad \underline{\underline{F(x) = \frac{1}{2}x^3 - e^{-x} + 3}}$$

3 $g \; \dots \; \vec{x} = \begin{pmatrix} 0 \\ 4 \\ -1 \end{pmatrix} + s \begin{pmatrix} 3 \\ -2 \\ 2 \end{pmatrix}; \quad s \in \mathbb{R}$

$$E_b \dots (b-2)x + y + bz = 1; \quad b \in \mathbb{R}$$

3.1 $g \parallel E_b$, wenn $\vec{n}_E \perp \vec{a}_g$, also $\vec{n}_E \circ \vec{a}_g = 0$

$$\vec{n}_E = \begin{pmatrix} b-2 \\ 1 \\ b \end{pmatrix}; \quad \vec{a}_g = \begin{pmatrix} 3 \\ -2 \\ 2 \end{pmatrix}$$

$$\vec{n}_E \circ \vec{a}_g = (b-2) \cdot 3 + 1 \cdot (-2) + b \cdot 2$$

$$0 = 5b - 8$$

$$\underline{\underline{b = \frac{8}{5}}}$$

3.2 $g \perp E_b$, wenn $\vec{n}_E \parallel \vec{a}_g$, also $k \cdot \vec{n}_E = \vec{a}_g$

$$k \cdot \begin{pmatrix} b-2 \\ 1 \\ b \end{pmatrix} = \begin{pmatrix} 3 \\ -2 \\ 2 \end{pmatrix}$$

$$\left.\begin{array}{lll} k(b-2)=3 & \overset{(*)}{\Rightarrow} & -2(b-2)=3 \\ & & -2b+4=3 \Rightarrow b=\frac{1}{2} \\ k=-2 \quad (*) & & \\ k \cdot b = 2 & \overset{(*)}{\Rightarrow} & -2b=2 \Rightarrow b=-1 \end{array}\right\} \text{Widerspruch}$$

Es gibt keinen Wert für b, sodass die Gerade g orthogonal zur Ebene E_b verläuft.

4 Variante 1: Genau 1×1
Variante 2: Genau 2×1

A … Zahl 1 wird gewürfelt

$$P(A) = \frac{5}{24}$$

n … Anzahl der Würfel von Variante 1

Baumdiagramm:

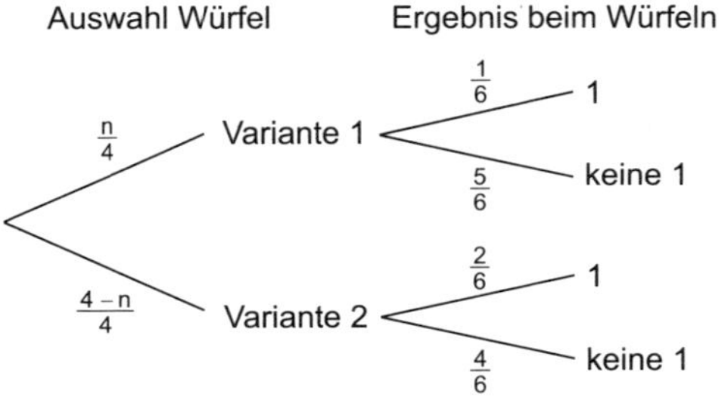

$$P(A) = \frac{n}{4} \cdot \frac{1}{6} + \frac{4-n}{4} \cdot \frac{2}{6} = \frac{n}{24} + \frac{8-2n}{24} = \frac{8-n}{24} = \frac{5}{24}$$

$$\Rightarrow \quad n = 3$$

Es gibt 3 Würfel von Variante 1.

Leistungskurs Mathematik (Sachsen): Abiturprüfung 2011 (Nachtermin)
Teil B – Aufgabe 1

Der Querschnitt der Hülle eines mit Heißluft gefüllten Ballons kann in einem kartesischen Koordinatensystem mit dem Koordinatenursprung O (1 Längeneinheit entspricht 1 Meter) dargestellt werden (siehe Abbildung).
Die Rotationsachse der Ballonhülle liegt auf der Abszissenachse. Der Durchmesser $\overline{AB}$ der unteren kreisförmigen Öffnung des Ballons liegt auf einer zur Ordinatenachse parallelen Geraden. Die Stärke des Materials der Ballonhülle wird vernachlässigt.

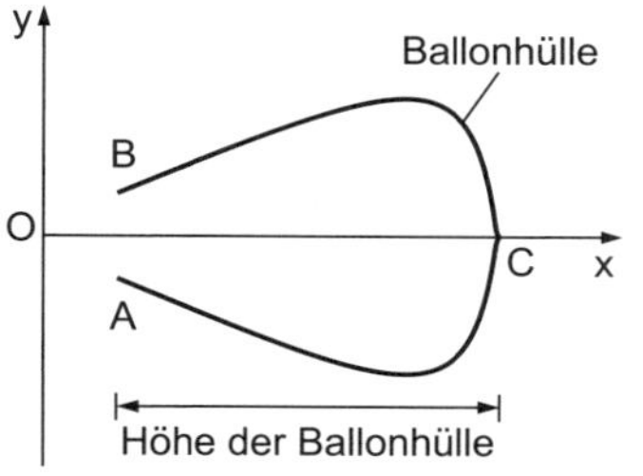

Abbildung (nicht maßstäblich)

Für bestimmte Werte für t ($t \in \mathbb{R}$, $0 < t < 10$) liegt die Querschnittslinie der Ballonhülle zwischen den Punkten B und C näherungsweise auf dem Graphen der Funktion f_t mit

$f_t(x) = \frac{x}{10-t} \cdot \sqrt{25-t-x}$ $(x \in D_{f_t})$. Die erste Ableitungsfunktion von f_t kann

dargestellt werden durch $f_t'(x) = \frac{50-2\cdot t-3\cdot x}{(20-2\cdot t)\cdot\sqrt{25-t-x}}$ $(x \in D_{f_t'})$.

1.1 Geben Sie den größtmöglichen Definitionsbereich der Funktion f_t an.
Geben Sie die Nullstellen der Funktion f_t an.
Geben Sie den größtmöglichen Definitionsbereich der ersten Ableitungsfunktion f_t' an.
Die Funktion f_t besitzt genau eine Extremstelle.
Geben Sie diese Extremstelle an.

Erreichbare BE-Anzahl: 5

Betrachtet wird ein mit Heißluft gefüllter Ballon, dessen Querschnittslinie der Ballonhülle zwischen den Punkten B und C auf dem Graphen der Funktion f_4 liegt. Jeder zur Rotationsachse senkrechte Schnitt durch die Ballonhülle ergibt einen Kreis. Der Durchmesser der unteren kreisförmigen Öffnung des Ballons beträgt 3,00 m.

1.2 Ermitteln Sie den maximalen Durchmesser der Ballonhülle dieses Ballons.
Bestimmen Sie die Höhe der Ballonhülle dieses Ballons.

Zur Stabilisierung sind in die Ballonhülle 20 Lastbänder eingenäht. Jedes Band verläuft entlang der Ballonhülle auf kürzestem Weg vom unteren Ballonrand bis zu einer Höhe von 18,00 m über der unteren kreisförmigen Öffnung des Ballons.

Bestimmen Sie die Gesamtlänge des benötigten Bandmaterials für alle Lastbänder, wenn für die Verarbeitung zusätzlich 12 % der berechneten Länge berücksichtigt werden.

Erreichbare BE-Anzahl: 7

1.3 Die heiße Luft im Inneren des Ballons hat die mittlere Dichte $0{,}984\,\frac{\text{kg}}{\text{m}^3}$.

Bestimmen Sie die Masse der heißen Luft im Inneren des Ballons.

Erreichbare BE-Anzahl: 3

Der beschriebene Heißluftballon wird aufgerichtet und ist startbereit.
Die Bewegung des Ballons wird in einem dreidimensionalen kartesischen Koordinatensystem (1 Einheit entspricht 1 Meter) beobachtet. Zum Startzeitpunkt liegt die Symmetrieachse der Ballonhülle auf der z-Achse und der Punkt C der Hülle besitzt die z-Koordinate $z_C = 21{,}00$. Das punktförmige Objektiv einer Kamera befindet sich im betrachteten Koordinatensystem im Punkt $K(0{,}00 \mid 40{,}00 \mid 2{,}07)$.

1.4 Jeder Punkt des Ballons bewegt sich nach dem Start für 300 Sekunden mit der konstanten Geschwindigkeit $3{,}00\,\frac{\text{m}}{\text{s}}$ in Richtung des Vektors $\vec{r} = \begin{pmatrix} -2{,}00 \\ 4{,}00 \\ 1{,}50 \end{pmatrix}$.

Bestimmen Sie die Entfernung des Punktes C vom Objektiv der Kamera nach diesen 300 Sekunden.

Erreichbare BE-Anzahl: 4

Zum Einnähen der Lastbänder kommen zwei Garnsorten zur Anwendung, die bei unterschiedlicher Belastung reißen. Die Reißfestigkeit Z (in N) gibt die Zugkraft an, ab der das Garn reißt. Die Reißfestigkeit jeder Garnsorte wird als normalverteilt angenommen.

1.5 Bei Garnsorte 1 gilt für die Reißfestigkeit Z_1: $\mu_1 = 2{,}31$ N und $\sigma_1 = 0{,}35$ N.

Berechnen Sie die Wahrscheinlichkeit dafür, dass die Garnsorte 1 bei einer Belastung von weniger als 2,90 N reißt.

Erreichbare BE-Anzahl: 3

1.6 In Tests zur Untersuchung der Reißfestigkeit Z_2 der Garnsorte 2 wurde festgestellt, dass 95 % der Proben bei einer Belastung von weniger als 2,80 N rissen. Bei Garnsorte 2 gilt für die Reißfestigkeit Z_2: $\sigma_2 = 0{,}38$ N

Ermitteln Sie den Erwartungswert μ_2 der Reißfestigkeit Z_2 der Garnsorte 2.

Erreichbare BE-Anzahl: 2

Tipps und Hinweise

Teilaufgabe 1.1

- Beachten Sie, dass man die Wurzel nur aus einer nicht negativen Zahl ziehen kann und der Nenner nicht null sein darf.
- Für Nullstellen gilt: $f(x_N) = 0$
- Für Extremstellen gilt notwendigerweise: $f'(x_E) = 0$

Teilaufgabe 1.2

- Der maximale Durchmesser der Ballonhülle entspricht dem doppelten Funktionswert an der Extremstelle.
- Zur Berechnung der Höhe benötigen Sie den x-Wert des Punktes B (oder A). Diesen kann man wegen $y_B = 1{,}5$ z. B. grafisch ermitteln.
- Der x-Wert des Punktes C ist die Nullstelle der Funktion f_4.
- Für die Berechnung der Länge eines Bandes können Sie mittels Rechner die Formel

$$\ell = \int_a^b \sqrt{1 + (f'(x))^2}\, dx$$ verwenden.

Teilaufgabe 1.3

- Für die Dichte gilt die Formel $\rho = \frac{m}{V}$.
- Das Volumen V erhalten Sie aus der Rotation von f_4 um die x-Achse.

Teilaufgabe 1.4

- Veranschaulichen Sie sich den Sachverhalt ggf. an einer Skizze.
- Ermitteln Sie zunächst den Weg $s = v \cdot t$, der in den 300 s zurückgelegt wird.
- Der Punkt C' ergibt sich aus der Verschiebung des Punktes C um den Weg s in Richtung $\vec{r}$.

Teilaufgabe 1.5

- Verwenden Sie zur Berechnung der Wahrscheinlichkeit die Formel:

$$P(Z < k) = \Phi\left(\frac{k - \mu}{\sigma}\right)$$

- Zur Berechnung können Rechner oder Tabelle verwendet werden.

Teilaufgabe 1.6

- Gehen Sie wie in Teilaufgabe 1.5 vor und lesen Sie x mit $\Phi(x) = 0{,}95$ aus der Tabelle ab.

Lösungen

$$f_t(x) = \frac{x}{10-t} \cdot \sqrt{25-t-x} \quad (t \in \mathbb{R};\ 0 < t < 10)$$

$$f_t'(x) = \frac{50-2t-3x}{(20-2t) \cdot \sqrt{25-t-x}}$$

1.1 Definitionsbereich von f_t: $25-t-x \geq 0$

$$25-t \geq x$$

$$\underline{\underline{D_{f_t} = \{x:\ x \leq 25-t;\ x \in \mathbb{R}\}}}$$

Nullstellen: $f_t(x_N) = 0$

$$x_N \sqrt{25-t-x_N} = 0$$

$$\underline{\underline{x_{N_1} = 0}} \qquad 0 = 25-t-x_N$$

$$\underline{\underline{x_{N_2} = 25-t}}$$

Definitionsbereich von f_t': $25-t-x > 0$

$$25-t > x$$

$$\underline{\underline{D_{f_t'} = \{x:\ x < 25-t;\ x \in \mathbb{R}\}}}$$

Extremstelle: $0 = f_t'(x_E)$

$$0 = 50-2t-3x_E$$

$$3x_E = 50-2t$$

$$\underline{\underline{x_E = \frac{50-2t}{3}}}$$

1.2 $f_4(x) = \frac{x}{6} \cdot \sqrt{21-x}$; $\overline{AB} = 3{,}00\ \text{m}$

Maximaler Durchmesser: $x_{E_4} = \frac{50-2\cdot 4}{3} = 14$ (vgl. Teilaufgabe 1.1)

$$f_4(x_{E_4}) = \frac{14}{6} \cdot \sqrt{21-14} \approx 6{,}1734$$

$$\Rightarrow \quad d_{max} = 2 \cdot f_4(x_{E_4}) = \frac{14}{3} \cdot \sqrt{7} \approx 12{,}35$$

Für diesen Ballon beträgt der maximale Durchmesser der Hülle ca. $\underline{\underline{12{,}35\ \text{m}}}$.

Höhe h der Ballonhülle: $x_C = x_N; \quad x_A = x_B$

$$h = x_C - x_B = x_N - x_B$$

$$f_4(x_B) = 1{,}5$$

$$\frac{x_B}{6} \cdot \sqrt{21 - x_B} = 1{,}5$$

Grafische Lösung mittels Rechner:

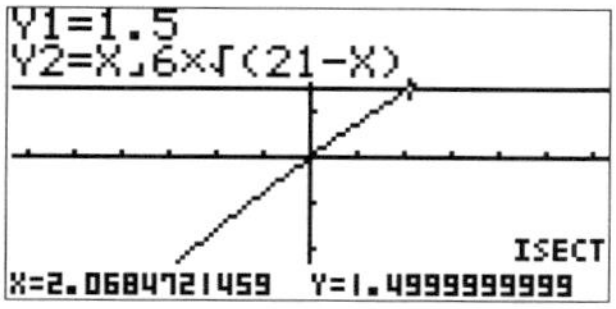

$\Rightarrow \quad x_B \approx 2{,}07$

Rechnerische Lösung: $\quad \frac{9}{x_B} = \sqrt{21 - x_B}$

$$\frac{81}{x_B^2} = 21 - x_B$$

$$0 = -x_B^3 + 21x_B^2 - 81$$

$$x_B \approx 2{,}07$$

(Lösungen –1,88 bzw. 20,81 entfallen hier)

$x_{N_4} = 25 - 4 = 21$ (vgl. Teilaufgabe 1.1)

$h = 21{,}00 - 2{,}07 = 18{,}93$

Diese Ballonhülle hat eine Höhe von $\underline{\underline{18{,}93 \text{ m}}}$.

ℓ … Länge eines Lastbandes

$$\ell = \int_{x_B}^{x_B + 18{,}00} \sqrt{1 + (f_4'(x))^2}\, dx$$

$$\text{NR: } f_4'(x) = \frac{50 - 2 \cdot 4 - 3x}{(20 - 2 \cdot 4) \cdot \sqrt{25 - 4 - x}} = \frac{42 - 3x}{12\sqrt{21 - x}} = \frac{14 - x}{4\sqrt{21 - x}}$$

$$\ell = \int_{2{,}07}^{20{,}07} \sqrt{1 + \frac{(14 - x)^2}{16(21 - x)}}\, dx \approx 20{,}04$$

(*Hinweis:* Gespeicherte genauere Werte für Integrationsgrenzen eingeben.)

$\ell_{ges} = 20 \cdot 20{,}04 = 400{,}8$

Länge inklusive Verarbeitungszuschlag:
$400{,}8 \cdot 1{,}12 = 448{,}896$

Es werden ca. 449 m Band benötigt.

1.3 $\rho = 0{,}984\,\frac{\text{kg}}{\text{m}^3};\quad \rho = \frac{m}{V} \quad\Rightarrow\quad m = \rho \cdot V$

$$V = V_x = \pi \int_{2,07}^{21} (f_4(x))^2\,dx = \pi \int_{2,07}^{21} \frac{x^2}{36}(21-x)\,dx \approx 1\,409$$

$$m = 0{,}984\,\frac{\text{kg}}{\text{m}^3} \cdot 1\,409\ \text{m}^3 \approx 1\,386\ \text{kg}$$

Die heiße Luft im Inneren des Ballons hat eine Masse von ca. 1 390 kg.

1.4 Skizze:

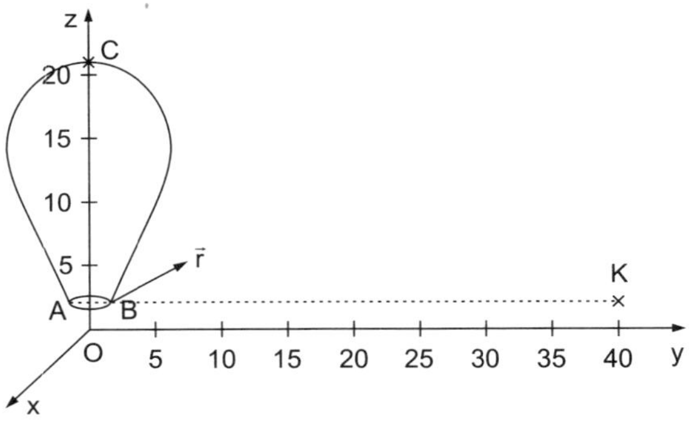

$$\vec{r} = \begin{pmatrix} -2{,}00 \\ 4{,}00 \\ 1{,}50 \end{pmatrix};\quad t = 300\ \text{s};\quad v = 3{,}00\,\frac{\text{m}}{\text{s}}$$

$$v = \frac{s}{t} \quad\Rightarrow\quad s = v \cdot t$$

$$s = 3{,}00\,\frac{\text{m}}{\text{s}} \cdot 300\ \text{s} = 900\ \text{m}$$

$$|\vec{r}| = \sqrt{4 + 16 + 2{,}25} = \sqrt{22{,}25}$$

$\vec{b}$ … Vektor der Länge 900 und der Richtung von $\vec{r}$

$$\vec{b} = \frac{900}{|\vec{r}|} \cdot \vec{r} = \frac{900}{\sqrt{22{,}25}} \cdot \begin{pmatrix} -2{,}00 \\ 4{,}00 \\ 1{,}50 \end{pmatrix} \approx \begin{pmatrix} -381{,}6 \\ 763{,}2 \\ 286{,}2 \end{pmatrix}$$

$$\overrightarrow{OC}' = \overrightarrow{OC} + \vec{b} = \begin{pmatrix} 0-381,6 \\ 0+763,2 \\ 21+286,2 \end{pmatrix} = \begin{pmatrix} -381,6 \\ 763,2 \\ 307,2 \end{pmatrix}$$

$\Rightarrow$ C'(–381,6 | 763,2 | 307,2)

$$|\overrightarrow{KC'}| = \sqrt{381,6^2 + (763,2-40,00)^2 + (307,2-2,07)^2}$$

$$|\overrightarrow{KC'}| \approx 873$$

Der Punkt C ist nach 300 s ca. 873 m vom Objektiv der Kamera entfernt.

1.5 Z_1 … Reißfestigkeit der Garnsorte 1
(normalverteilt mit $\mu_1 = 2{,}31$ N und $\sigma_1 = 0{,}35$ N)

$$P(Z_1 < 2{,}90\text{ N}) = \Phi\left(\frac{2{,}90\text{ N} - 2{,}31\text{ N}}{0{,}35\text{ N}}\right)$$

$$= \Phi(1{,}6857)$$

$$\approx 0{,}9541 \qquad \text{(mittels Rechner)}$$

Mit einer Wahrscheinlichkeit von ca. 0,9541 reißt Garnsorte 1 bei einer Belastung von weniger als 2,90 N.

Bei direkter Verwendung des Rechners oder beim Arbeiten mit der Tabelle treten geringe Abweichungen vom angegebenen Ergebnis auf.

1.6 Z_2 … Reißfestigkeit der Garnsorte 2
(normalverteilt mit unbekanntem μ_2 und $\sigma_2 = 0{,}38$ N)

$$P(Z_2 < 2{,}80\text{ N}) = 0{,}95$$

$$\Phi\left(\frac{2{,}80\text{ N} - \mu_2}{0{,}38\text{ N}}\right) = 0{,}95$$

Tabelle: $\dfrac{2{,}80\text{ N} - \mu_2}{0{,}38\text{ N}} = 1{,}645$

$$\mu_2 \approx 2{,}17\text{ N}$$

Der Erwartungswert für die Reißfertigkeit der Garnsorte 2 liegt bei ca. 2,17 N.

Leistungskurs Mathematik (Sachsen): Abiturprüfung 2011 (Nachtermin)
Teil B – Aufgabe 2

Die Studenten einer Kunsthochschule erhalten im Rahmen eines Projektes den Auftrag, einen Gegenstand des täglichen Gebrauchs zu gestalten.

Student Peter experimentiert dabei mit Paaren zueinander kongruenter, gerader und quadratischer Pyramiden. Die Grundflächen der Pyramiden aller Paare haben eine Kantenlänge von 25 mm.

Jedes Paar von Pyramiden unterscheidet sich von einem anderen Pyramidenpaar durch die Neigung der Seitenflächen zur Grundfläche.

Peter zersägt jede der Pyramiden eines Paares parallel zu ihrer Grundfläche in einer Höhe h (in Millimeter) so, dass die Seitenlänge der quadratischen Deckfläche des entstehenden Restkörpers 15 mm beträgt.

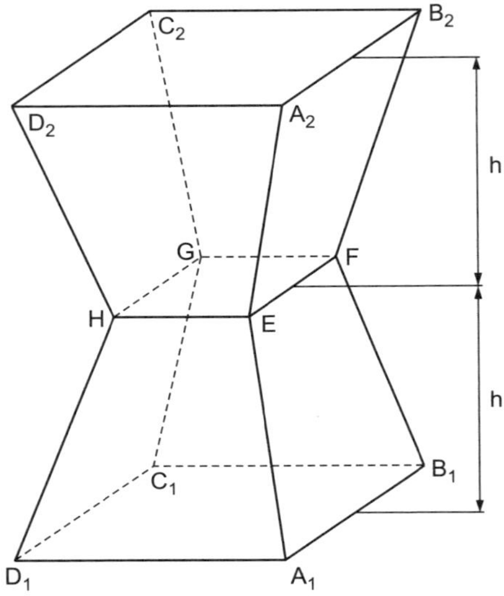

Abbildung (nicht maßstäblich)

Die beiden Restkörper eines Pyramidenpaares setzt er zu einer Eieruhr zusammen (siehe Abbildung).

Jede dieser so entstandenen Eieruhren kann in einem kartesischen Koordinatensystem (1 Längeneinheit entspricht 1 Millimeter) mit den Punkten $A_1(0\,|\,25\,|\,0)$, $B_1(-25\,|\,25\,|\,0)$, $D_1(0\,|\,0\,|\,0)$ und $E(-5\,|\,20\,|\,h)$ dargestellt werden.

2.1 Geben Sie die Koordinaten der Punkte C_1, C_2 und F an.
Ermitteln Sie den Inhalt der Fläche A_1B_1FE in Abhängigkeit von h.

Erreichbare BE-Anzahl: 5

2.2 Bei einer Eieruhr gilt $h = 36$.
Berechnen Sie den Neigungswinkel der Kante $\overline{A_1E}$ zur Grundfläche $A_1B_1C_1D_1$ bei dieser Eieruhr.

Erreichbare BE-Anzahl: 2

2.3 Ermitteln Sie einen Näherungswert für h so, dass die Kanten $\overline{EA_1}$ und $\overline{EA_2}$ einen Winkel von 150° einschließen.

Erreichbare BE-Anzahl: 3

In jeder Eieruhr befinden sich zwei kongruente gerade Kreiskegel, deren Grundflächen in den Flächen $A_1B_1C_1D_1$ bzw. $A_2B_2C_2D_2$ liegen. Die Grundkreisflächen besitzen jeweils einen Durchmesser von 20 mm. Die Spitzen der Kreiskegel treffen im Schnittpunkt M der Diagonalen der Fläche EFGH aufeinander. Im Punkt M befindet sich eine Bohrung, durch die der Sand der Eieruhr gleichmäßig rieseln kann. Der Durchmesser der Bohrung wird vernachlässigt.

2.4 Ermitteln Sie einen Wert für h so, dass das Volumen eines solchen Kreiskegels $4{,}3\ \text{cm}^3$ beträgt.

Erreichbare BE-Anzahl: 2

2.5 Bestimmen Sie einen Wert für h so, dass der Neigungswinkel der Mantellinie des Kreiskegels zur Grundfläche um 15° kleiner als der Neigungswinkel einer Seitenfläche der Eieruhr zur Grundfläche ist.

Erreichbare BE-Anzahl: 3

Student Peter hat schon einen Preis bei einem Wettbewerb erhalten. Erfahrungsgemäß kennen drei von vier Studenten der Kunsthochschule die Preisträger der Wettbewerbe.

2.6 Ermitteln Sie die Wahrscheinlichkeit dafür, dass unter 80 Studenten der Kunsthochschule mehr Studenten Peter als Preisträger kennen, als man erwarten kann.

Berechnen Sie die Wahrscheinlichkeit dafür, dass höchstens 16 dieser 80 Studenten Peter als Preisträger nicht kennen.

Erreichbare BE-Anzahl: 4

2.7 60 % der Studenten, die Peter als Preisträger kennen, interessieren sich auch für sein Projekt Eieruhr. Aber auch 20 % der Studenten, die Peter als Preisträger nicht kennen, interessieren sich für sein Projekt.
Während einer Befragung gibt ein Student an, dass er sich für das Projekt Eieruhr interessiert.

Berechnen Sie die Wahrscheinlichkeit dafür, dass dieser Student auch Peter als Preisträger kennt.

Erreichbare BE-Anzahl: 2

Tipps und Hinweise

Teilaufgabe 2.1

- Die gesuchte Fläche ist ein gleichschenkliges Trapez mit $A_{Tr} = \frac{a+c}{2} \cdot h_{Tr}$.
- Bestimmen Sie h_{Tr} mithilfe des Satzes von Pythagoras.

Teilaufgabe 2.2

- Der Neigungswinkel ist der Winkel zwischen der x-y-Ebene und der Geraden A_1E. Er kann mittels Rechnerprogramm ermittelt werden oder mithilfe der Formel:
  $\sin\alpha = \frac{|\vec{a}_g \circ \vec{n}_E|}{|\vec{a}_g| \cdot |\vec{n}_E|}$

Teilaufgabe 2.3

- Aus der Beziehung $\cos\beta = \frac{\vec{u} \circ \vec{v}}{|\vec{u}| \cdot |\vec{v}|}$ lässt sich h grafisch, aber auch rechnerisch ermitteln.

Teilaufgabe 2.4

- Die Höhe lässt sich aus der Volumenformel für den Kreiskegel $V_{Ke} = \frac{1}{3}\pi r_{Ke}^2 \cdot h$ berechnen.

Teilaufgabe 2.5

- Fertigen Sie eine Skizze (Aufriss) an und wenden Sie für geeignete rechtwinklige Dreiecke, die die betrachteten Winkel enthalten, den Tangens an.
- Stellen Sie die Gleichungen nach der gemeinsamen Größe h um und setzen Sie sie gleich.
- Ermitteln Sie zunächst die Winkel und daraus die Höhen (2 Möglichkeiten).

Teilaufgabe 2.6

- Berechnen Sie die Wahrscheinlichkeiten mithilfe der Binomialverteilung.

Teilaufgabe 2.7

- Fertigen Sie ein Baumdiagramm an und berechnen Sie die gesuchte Wahrscheinlichkeit mithilfe des Satzes von Bayes.

Lösungen

$\overline{A_1D_1} = \overline{A_2D_2} = \overline{A_1B_1} = \overline{A_2B_2} = 25\text{ mm}$

$\overline{HE} = \overline{EF} = 15\text{ mm}$

$A_1(0|25|0)$; $B_1(-25|25|0)$; $D_1(0|0|0)$; $E(-5|20|h)$

2.1 $C_1(-25|0|0)$

$C_2(-25|0|2h)$

$F(-20|20|h)$

$A_1B_1FE\ldots$ Trapez mit Fläche A_{Tr}

$A_{Tr} = \frac{a+c}{2} \cdot h_{Tr}$

NR: $a = \overline{A_1B_1} = 25$

$c = \overline{EF} = 15$

$h_{Tr}^2 = (y_{A_1} - y_E)^2 + h^2$

$= 25 + h^2$

$h_{Tr} = \sqrt{25+h^2}$

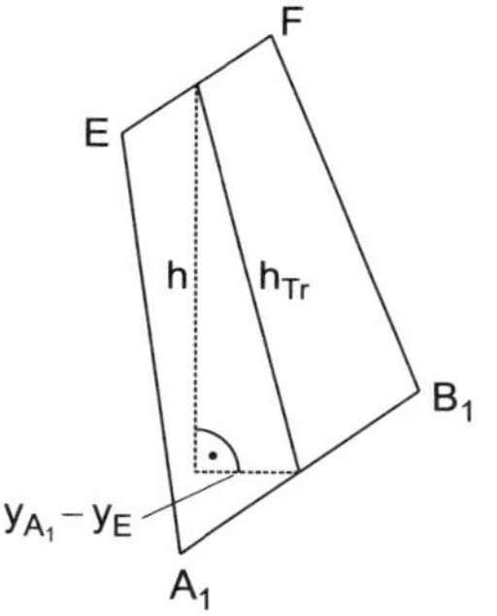

$A_{Tr} = \frac{25+15}{2} \cdot \sqrt{25+h^2}$

$\underline{\underline{A_{Tr} = 20 \cdot \sqrt{25+h^2}}}$

Die Trapezfläche beträgt $\underline{\underline{20 \cdot \sqrt{25+h^2}\ \text{mm}^2}}$.

2.2 $h = 36$

$A_1B_1C_1D_1 \mathrel{\hat{=}}$ x-y-Ebene … $z = 0$ mit $\vec{n} = \begin{pmatrix} 0 \\ 0 \\ 1 \end{pmatrix}$

$A_1E \ldots \vec{x} = \begin{pmatrix} 0 \\ 25 \\ 0 \end{pmatrix} + t\begin{pmatrix} -5 \\ -5 \\ 36 \end{pmatrix}$; $t \in \mathbb{R}$

$$\sin\alpha = \frac{\left|\begin{pmatrix} -5 \\ -5 \\ 36 \end{pmatrix} \circ \begin{pmatrix} 0 \\ 0 \\ 1 \end{pmatrix}\right|}{\sqrt{1346} \cdot 1} = \frac{36}{\sqrt{1346}}$$

$\underline{\underline{\alpha \approx 78{,}9°}}$

Der Neigungswinkel bei dieser Eieruhr beträgt $\underline{\underline{\text{ca. } 78{,}9°}}$.

Der Winkel α kann auch mittels Rechnerprogramm bestimmt werden.

2.3 $\beta = \sphericalangle(\overline{EA_1};\ \overline{EA_2}) = 150°$; $\quad A_2(0\,|\,25\,|\,2h)$

$$\cos\beta = \frac{\overrightarrow{EA_1} \circ \overrightarrow{EA_2}}{|\overrightarrow{EA_1}| \cdot |\overrightarrow{EA_2}|}$$

$$\cos 150° = \frac{\begin{pmatrix} 5 \\ 5 \\ -h \end{pmatrix} \circ \begin{pmatrix} 5 \\ 5 \\ h \end{pmatrix}}{\sqrt{50+h^2} \cdot \sqrt{50+h^2}}$$

$$-\frac{1}{2}\sqrt{3} = \frac{50-h^2}{50+h^2}$$

$\cos 150° = -\cos 30° = -\frac{1}{2}\sqrt{3}$ (spezieller Funktionswert aus Formelsammlung)

Grafische Lösung:

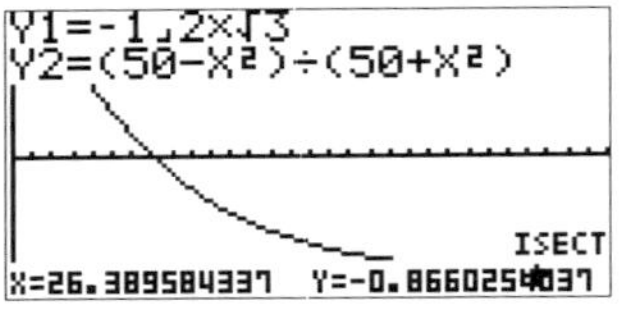

$h \approx 26{,}4$

Für einen Winkel von 150° beträgt h ca. 26,4 mm.

Rechnerische Lösung:

$$-\frac{1}{2}\sqrt{3} = \frac{50-h^2}{50+h^2}$$

$$-\frac{1}{2}\sqrt{3} \cdot (50+h^2) = 50-h^2$$

$$-\frac{1}{2}\sqrt{3} \cdot h^2 + h^2 = 50 + \frac{1}{2}\sqrt{3} \cdot 50$$

$$\left(-\frac{1}{2}\sqrt{3}+1\right) \cdot h^2 = 50 + \frac{1}{2}\sqrt{3} \cdot 50$$

$$h^2 = \frac{50+\frac{1}{2}\sqrt{3} \cdot 50}{-\frac{1}{2}\sqrt{3}+1}$$

$$h \approx 26{,}4$$

2.4 $V_{Ke} = 4{,}3\ cm^3$

$d_{Ke} = 20\ mm = 2\ cm \quad \Rightarrow \quad r_{Ke} = 1\ cm$

$$V_{Ke} = \frac{1}{3}\pi r_{Ke}^2 \cdot h$$

$$h = \frac{3 \cdot V_{Ke}}{\pi \cdot r_{Ke}^2}$$

$$h = \frac{3 \cdot 4{,}3\ cm^{\cancel{3}}}{\pi \cdot 1\ \cancel{cm^2}}$$

$$\underline{\underline{h \approx 4{,}1\ cm}}$$

Für ein Volumen von 4,3 cm³ beträgt h $\underline{\underline{\text{ca. } 4{,}1\ cm.}}$

2.5 Skizze:

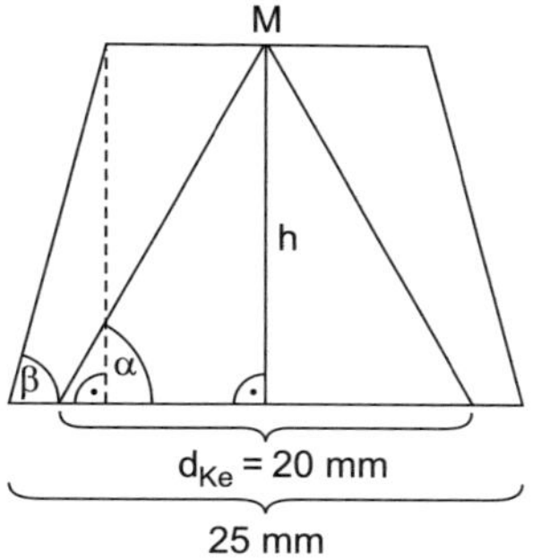

$$\tan\alpha = \frac{h}{10} \quad \Rightarrow \quad h = 10 \cdot \tan\alpha$$

$$\tan\beta = \frac{h}{5}; \quad \beta = \alpha + 15°$$

$$\Rightarrow \quad h = 5 \cdot \tan(\alpha + 15°)$$

$$\Rightarrow \quad 10 \cdot \tan\alpha = 5 \cdot \tan(\alpha + 15°)$$

Grafische Lösung:

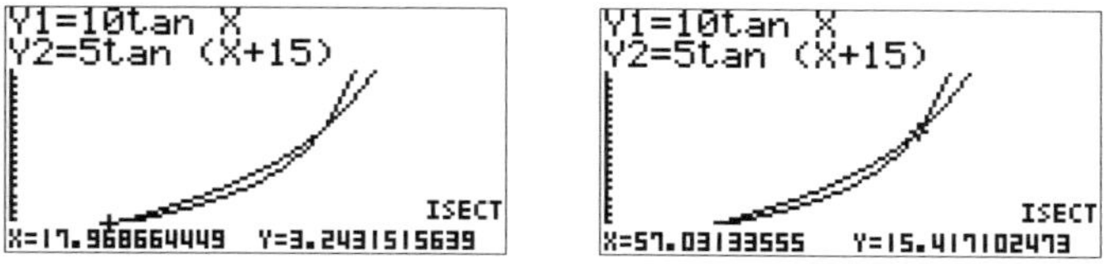

$\alpha_1 \approx 17{,}97° \quad \Rightarrow \quad h_1 = 10 \cdot \tan\alpha_1 \approx 3{,}2$

$\alpha_2 \approx 57{,}03° \quad \Rightarrow \quad h_2 = 10 \cdot \tan\alpha_2 \approx 15{,}4$

Für die Höhen $\underline{\underline{h \approx 3{,}2\ mm}}$ und $\underline{\underline{h \approx 15{,}4\ mm}}$ haben die Neigungswinkel einen Unterschied von 15°.

2.6 X … Anzahl der Studenten, die Peter erkennen
(Binomialverteilung: $n = 80$, $p = 0{,}75$)

$\mu = n \cdot p = 80 \cdot 0{,}75 = 60$

$$P(X > 60) = 1 - P(X \leq 60) = 1 - 0{,}5428 = \underline{\underline{0{,}4572}}$$

Y … Anzahl der Studenten, die Peter nicht erkennen
(Binomialverteilung: $n = 80$, $p = 0{,}25$)

$P(X \leq 16) = \underline{\underline{0{,}1841}}$

2.7 K … Kennen Peter als Preisträger
I … Interessieren sich für das Projekt Eieruhr

Baumdiagramm:

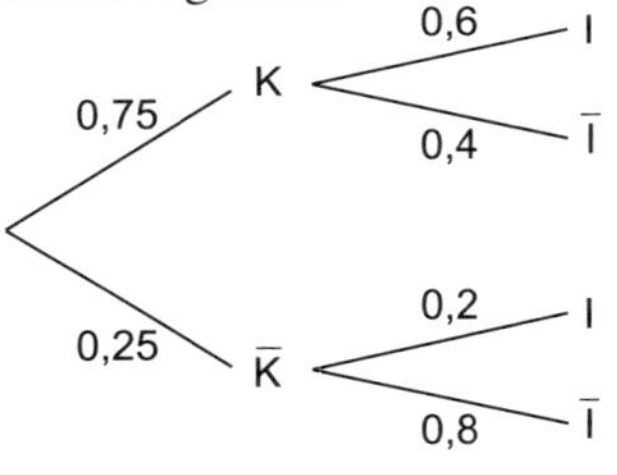

$$P_I(K) = \frac{0{,}75 \cdot 0{,}6}{0{,}75 \cdot 0{,}6 + 0{,}25 \cdot 0{,}2} = \underline{\underline{0{,}9}}$$

Mit einer Wahrscheinlichkeit von $\underline{\underline{0{,}9}}$ kennt der Student Peter auch als Preisträger.

Leistungskurs Mathematik (Sachsen): Abiturprüfung 2012
Teil A (ohne Rechenhilfsmittel)

1 In den Aufgaben 1.1 bis 1.5 ist von den jeweils fünf Auswahlmöglichkeiten genau eine Antwort richtig. Kreuzen Sie das jeweilige Feld an.

1.1 Welcher der angegebenen Terme beschreibt einen Funktionsterm der ersten Ableitungsfunktion f' der Funktion f mit $f(x) = x^2 \cdot e^x$ $(x \in D_f)$?

☐	☐	☐	☐	☐
$2 \cdot x \cdot e^x + e \cdot x^2$	$x^2 \cdot e^x$	$2 \cdot x \cdot e^x + x^2$	$2 \cdot x \cdot e^x$	$2 \cdot x \cdot e^x + x^2 \cdot e^x$

1.2 Die Funktion f mit $y = f(x) = \dfrac{x^2 - x}{x - 1}$ $(x \in D_f)$ besitzt für $x = 1$

- ☐ den Funktionswert $y = 1$
- ☐ keinen Funktionswert
- ☐ eine Nullstelle
- ☐ eine Polstelle
- ☐ eine Extremstelle

1.3 Welches bestimmte Integral mit $a \in \mathbb{R}$ und $a > 0$ hat den Wert 0?

☐	☐	☐	☐	☐
$\int_{-2}^{2} (x + a)\,dx$	$\int_{-2}^{2} e^{a \cdot x}\,dx$	$a \cdot \int_{-2}^{2} \sin x\,dx$	$a \cdot \int_{-2}^{2} x^4\,dx$	$\int_{-a}^{a} (x^2 + 2)\,dx$

1.4 Die Gerade g mit g: $\vec{x} = \begin{pmatrix} 0 \\ 2 \\ 0 \end{pmatrix} + t \cdot \begin{pmatrix} 1 \\ 0 \\ -3 \end{pmatrix}$ $(t \in \mathbb{R})$ verläuft

- ☐ parallel zur x-y-Koordinatenebene
- ☐ parallel zur y-z-Koordinatenebene
- ☐ parallel zur x-z-Koordinatenebene
- ☐ parallel zur z-Achse
- ☐ durch den Koordinatenursprung

1.5 Gegeben sind alle ganzrationalen Funktionen f mit $D_f = \{x \mid x \in \mathbb{R}\}$, deren erste Ableitungsfunktionen f' jeweils die folgenden Eigenschaften haben:

(1) Die erste Ableitungsfunktion f' besitzt genau eine Nullstelle.

(2) Für alle $x \in \mathbb{R}$ gilt: $f'(x) \leq 0$

Welche Aussage ist unter diesen Voraussetzungen für jede dieser Funktionen wahr?

☐ Die Funktion f besitzt eine Polstelle.

☐ Die Funktion f besitzt ein Minimum.

☐ Die Funktion f besitzt ein Maximum.

☐ Die Funktion f ist monoton wachsend.

☐ Die Funktion f besitzt eine Wendestelle.

Erreichbare BE-Anzahl: 5

2 Gegeben ist die Ebene E mit E: $x + 2 \cdot y - 2 \cdot z = 2$ und für jedes a ($a \in \mathbb{R}$) eine Ebene G_a mit G_a: $3 \cdot x + 4 \cdot y + a \cdot z = 1$.
Für jedes b ($b \in \mathbb{R}$) ist ein Punkt $P_b(1 \mid -2 \mid b)$ gegeben.

2.1 Geben Sie den Wert für b an, für den der Punkt P_b in der Ebene E liegt.

Erreichbare BE-Anzahl: 1

2.2 Bestimmen Sie den Abstand der Punkte P_b zur Ebene G_a für $a = 0$.

Erreichbare BE-Anzahl: 2

2.3 Geben Sie den Wert für a an, für den die Ebenen E und G_a orthogonal zueinander verlaufen.

Erreichbare BE-Anzahl: 1

3 Für jedes p ($p \in \mathbb{R}$) ist eine Funktion f_p mit $f_p(x) = x^2 - p \cdot x - 2$ ($x \in \mathbb{R}$) gegeben. Für jeden Wert für p besitzt der Graph von f_p genau einen lokalen Extrempunkt. Alle diese Extrempunkte liegen auf dem Graphen einer Funktion g.

Ermitteln Sie eine Gleichung der Funktion g.

Erreichbare BE-Anzahl: 4

4 Eine Umfrage unter 32 Schülern hat ergeben:

Genau 20 Schüler besitzen einen internetfähigen Computer, genau 14 Schüler besitzen ein Fahrrad und genau 4 Schüler besitzen weder einen internetfähigen Computer noch ein Fahrrad.

Ermitteln Sie die Wahrscheinlichkeit dafür, dass ein zufällig ausgewählter Schüler sowohl einen internetfähigen Computer als auch ein Fahrrad besitzt.

Erreichbare BE-Anzahl: 2

Tipps und Hinweise

Teilaufgabe 1.1

- Bilden Sie die Ableitungsfunktion mithilfe der Produktregel.

Teilaufgabe 1.2

- Beachten Sie, dass für $x = 1$ sowohl Zähler als auch Nenner null werden, und schließen Sie falsche Aussagen aus.

Teilaufgabe 1.3

- Das bestimmte Integral kann nur dann den Wert 0 haben, wenn die Integrandenfunktion im vorgegebenen Integrationsintervall zum Teil oberhalb und zum Teil unterhalb der x-Achse verläuft.
- Wenn die Teilflächen zwischen x-Achse und Funktionsgraph (oberhalb und unterhalb der x-Achse) zudem gleich groß sind, ist der Wert des Integrals 0.

Teilaufgabe 1.4

- Betrachten Sie zunächst den Richtungsvektor von g und dann den Stützvektor von g.

Teilaufgabe 1.5

- Beachten Sie, dass f für alle $x \in \mathbb{R}$ definiert und monoton fallend (da $f'(x) \leq 0$) ist. Schließen Sie damit falsche Aussagen aus.

Teilaufgabe 2.1

- Setzen Sie die Koordinaten von P_b in die Gleichung von E ein und berechnen Sie b.

Teilaufgabe 2.2

- Verwenden Sie die Gleichung $d = |(\vec{v}_R - \vec{v}_0) \circ \vec{n}_0|$, wobei $\vec{v}_R = \overrightarrow{OP_b}$, $\vec{v}_0$ der Ortsvektor zu einem beliebigen Punkt der Ebene G_0 und $\vec{n}_0$ der Normaleneinheitsvektor der Ebene G_0 ist.

Teilaufgabe 2.3

- Die beiden Ebenen verlaufen orthogonal zueinander, wenn dies für ihre Normalenvektoren gilt; d. h., es muss gelten: $\vec{n}_E \circ \vec{n}_{G_a} = 0$

Teilaufgabe 3

- Berechnen Sie x_E aus $f'_p(x_E) = 0$ sowie $y_E = f_p(x_E)$ in Abhängigkeit von p.
- Lösen Sie x_E nach p auf und setzen Sie das Ergebnis in y_E ein.

Teilaufgabe 4

- Sie können die gesuchte Wahrscheinlichkeit mithilfe des Additionssatzes berechnen.
- Das Aufstellen einer Vier-Felder-Tafel führt hier aber schneller zum Ziel.

Lösungen

1 *Vorbemerkung:* Als Lösung ist nur das Kreuz im jeweils richtigen Feld verlangt; im Folgenden sind zusätzlich Rechnungen und Begründungen für die richtige Antwort angegeben.

1.1 Richtige Antwort: Kreuz in Feld 5

$f(x) = x^2 \cdot e^x$

$f'(x) = 2x \cdot e^x + x^2 \cdot e^x$ (Produktregel)

1.2 Richtige Antwort: Kreuz in Feld 2

$$y = f(x) = \frac{x^2 - x}{x - 1}$$

Für $x = 1$ wird der Nenner von f null.

$\Rightarrow$ $1 \notin D_f$, d. h., f besitzt für $x = 1$ keinen Funktionswert.

$\Rightarrow$ f besitzt an der Stelle $x = 1$ nicht den Funktionswert 1.

$\Rightarrow$ $x = 1$ kann weder Null- noch Extremstelle sein.

$x = 1$ ist auch keine Polstelle, da auch der Zähler für $x = 1$ null ist, d. h., f hat an dieser Stelle eine Lücke, sonst entspricht f der linearen Funktion $y = x$:

$$f(x) = \frac{x^2 - x}{x - 1} = \frac{x\,\cancel{(x-1)}}{\cancel{x-1}} = x \quad \text{für } x \neq 1$$

1.3 Richtige Antwort: Kreuz in Feld 3

Das bestimmte Integral hat den Wert 0, wenn im vorgegebenen, zur y-Achse symmetrisch gelegenen Integrationsintervall die Flächen, die die Integrandenfunktion mit der x-Achse oberhalb und unterhalb dieser einschließt, gleich groß sind. Die Integrandenfunktion muss also punktsymmetrisch zum Koordinatenursprung sein.

Dies trifft nur für $f(x) = \sin x$ zu.
(Der Faktor a vor dem Integral ändert daran nichts.)

1.4 Richtige Antwort: Kreuz in Feld 3

$$g \ldots \vec{x} = \begin{pmatrix} 0 \\ 2 \\ 0 \end{pmatrix} + t \begin{pmatrix} 1 \\ 0 \\ -3 \end{pmatrix}, \quad t \in \mathbb{R}$$

Die y-Koordinate des Richtungsvektors $\begin{pmatrix} 1 \\ 0 \\ -3 \end{pmatrix}$ ist 0.

$\Rightarrow$ $g \parallel$ x-z-Ebene oder g liegt in der x-z-Ebene.

$P_0(0\,|\,2\,|\,0) \in g$ besitzt die y-Koordinate 2.

$\Rightarrow$ $g \parallel$ x-z-Ebene

1.5 Richtige Antwort: Kreuz in $\underline{\underline{\text{Feld 5}}}$

$D_f = \mathbb{R} \;\Rightarrow\;$ f besitzt keine Polstelle.

$f'(x) \leq 0$ für alle $x \in \mathbb{R} \;\Rightarrow\;$ f ist für alle x monoton fallend, d. h., sie besitzt weder Minimum noch Maximum.

Es bleibt also nur eine Wendestelle x_W übrig, an der $f'(x_W) = 0$ gilt (Sattelstelle).

2 $E \ldots x + 2y - 2z = 2$

$G_a \ldots 3x + 4y + az = 1, \; a \in \mathbb{R}$

$P_b(1 \mid -2 \mid b), \; b \in \mathbb{R}$

2.1 P_b in E: $1 + 2 \cdot (-2) - 2 \cdot b = 2$

$$-2b = 5$$

$$\underline{\underline{b = -\frac{5}{2}}}$$

2.2 $a = 0$: $G_0 \ldots 3x + 4y = 1$

$$\vec{n} = \begin{pmatrix} 3 \\ 4 \\ 0 \end{pmatrix} \text{ mit } |\vec{n}| = \sqrt{9+16} = 5 \;\Rightarrow\; \vec{n}_0 = \frac{1}{5}\begin{pmatrix} 3 \\ 4 \\ 0 \end{pmatrix}$$

$A \in G_0$, z. B. $A(-1 \mid 1 \mid 0)$

$$d = \left| \left[\begin{pmatrix} 1 \\ -2 \\ b \end{pmatrix} - \begin{pmatrix} -1 \\ 1 \\ 0 \end{pmatrix} \right] \circ \frac{1}{5}\begin{pmatrix} 3 \\ 4 \\ 0 \end{pmatrix} \right| = \frac{1}{5} \cdot \left| \begin{pmatrix} 2 \\ -3 \\ b \end{pmatrix} \circ \begin{pmatrix} 3 \\ 4 \\ 0 \end{pmatrix} \right| = \frac{1}{5} \cdot |6 - 12|$$

$$\underline{\underline{d = \frac{6}{5} = 1{,}2}}$$

2.3 $E \perp G_a$, wenn $\vec{n}_E \perp \vec{n}_{G_a}$, also $\vec{n}_E \circ \vec{n}_{G_a} = 0$

$$\vec{n}_E \circ \vec{n}_{G_a} = \begin{pmatrix} 1 \\ 2 \\ -2 \end{pmatrix} \circ \begin{pmatrix} 3 \\ 4 \\ a \end{pmatrix} = 3 + 8 - 2a = 11 - 2a$$

$$0 = 11 - 2a$$

$$\underline{\underline{a = \frac{11}{2} = 5{,}5}}$$

3 $f_p(x) = x^2 - px - 2,\ p \in \mathbb{R}, x \in \mathbb{R}$

$$f_p'(x) = 2x - p$$

$$0 = 2x_E - p$$

$$x_E = \frac{p}{2} \quad \Rightarrow \quad y_E = f_p(x_E) = \left(\frac{p}{2}\right)^2 - p \cdot \frac{p}{2} - 2$$

$$y_E = \frac{p^2}{4} - \frac{p^2}{2} - 2$$

$$y_E = -\frac{p^2}{4} - 2$$

$$p = 2x_E \quad \Rightarrow \quad y_E = -\frac{(2x_E)^2}{4} - 2$$

$$y_E = -\frac{{}^1\not{4}x_E^2}{\not{4}_1} - 2$$

$$y_E = -x_E^2 - 2$$

$$\Rightarrow \quad \underline{\underline{g(x) = -x^2 - 2}}$$

4 32 Schüler insgesamt
I … Schüler besitzt einen internetfähigen Computer.
F … Schüler besitzt ein Fahrrad.

$$P(I) = \frac{20}{32}, \quad P(F) = \frac{14}{32}, \quad P(\overline{I} \cap \overline{F}) = \frac{4}{32}$$

1. Möglichkeit: Vier-Felder-Tafel

	I	$\overline{I}$	
F	$\frac{6}{32}$	$\frac{8}{32}$	$\mathbf{\frac{14}{32}}$
$\overline{F}$	$\frac{14}{32}$	$\mathbf{\frac{4}{32}}$	$\frac{18}{32}$
	$\mathbf{\frac{20}{32}}$	$\frac{12}{32}$	**1**

Hinweis: Die fett gedruckten Werte sind gegeben. Aus ihnen lässt sich der Rest berechnen.

$$P(I \cap F) = \frac{6}{32} = \underline{\underline{\frac{3}{16}}}$$

2. Möglichkeit: Additionssatz

$$P(I \cup F) = P(I) + P(F) - P(I \cap F)$$

$$1 - P(\overline{I} \cap \overline{F}) = P(I) + P(F) - P(I \cap F)$$

$$1 - \frac{4}{32} = \frac{14}{32} + \frac{20}{32} - P(I \cap F)$$

$$P(I \cap F) = \frac{14}{32} + \frac{20}{32} - 1 + \frac{4}{32} = \frac{6}{32} = \underline{\underline{\frac{3}{16}}}$$

Leistungskurs Mathematik (Sachsen): Abiturprüfung 2012
Teil B – Aufgabe 1

Betrachtet wird ein 200 m langer geradlinig verlaufender Abschnitt eines Hochwasserschutzdammes.
Sein Querschnitt kann in einem kartesischen Koordinatensystem (1 Längeneinheit entspricht 1 Meter) dargestellt werden. Dieser Querschnitt wird im gesamten Abschnitt näherungsweise durch den Graphen der Funktion f mit $y = f(x) = \left(\frac{1}{20} \cdot x^2 - \frac{9}{5}\right)^2$ $(x \in \mathbb{R},\ x_A \le x \le x_B)$ und die Abszissenachse begrenzt (siehe Abbildung).

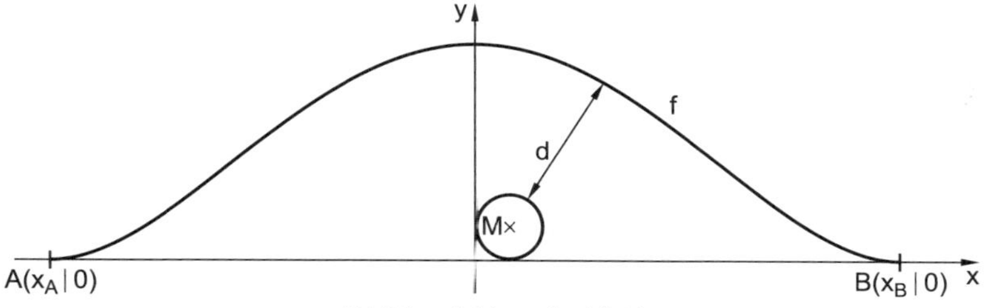

Abbildung (nicht maßstäblich)

1.1 Geben Sie die Breite und die Höhe dieses Dammes an.
Ermitteln Sie den größten Steigungswinkel des Dammes.

Erreichbare BE-Anzahl: 4

1.2 Im betrachteten Abschnitt soll auf der gesamten Oberfläche des Dammes die Grasnarbe erneuert werden.
Ermitteln Sie, für wie viele Quadratmeter Grassamen bestellt werden müssen.

Erreichbare BE-Anzahl: 3

1.3 Der Grassamen wird in zwei unterschiedlichen Qualitäten (erste und zweite Wahl) angeboten. Der Hersteller gibt für die Grassamen erster Wahl eine Keimgarantie von 95 % und für die Grassamen zweiter Wahl eine Keimgarantie von 80 % an.
Ein Gartenbaubetrieb erhält vom Hersteller eine unbeschriftete Probepackung Grassamen. Der Hersteller behauptet, dass diese Grassamen von erster Wahl sind.
Der Gartenbaubetrieb will in einer Stichprobe von 100 ausgesäten Grassamen die Nullhypothese H_0 mit $p_0 = 0{,}95$ gegen die Alternativhypothese H_1 mit $p_1 = 0{,}80$ testen, indem er prüft, wie viele Grassamen von den 100 ausgesäten Samen keimen.

Ermitteln Sie für den Ablehnungsbereich $\overline{A}$ der Nullhypothese von $\overline{A} = \{0; \ldots; 90\}$ die Wahrscheinlichkeiten für die Fehler 1. und 2. Art.

Erreichbare BE-Anzahl: 4

1.4 Grassamen wird in Tüten angeboten. Bestimmt man von diesen Tüten mit Grassamen jeweils die Masse, dann sind diese Massen annähernd normalverteilt.

Für Tüten mit Grassamen erster Wahl ergibt sich für die Masse einer Tüte mit Grassamen der Erwartungswert $\mu_1 = 3\,000$ g und die Standardabweichung $\sigma_1 = 30$ g.
Geben Sie die Wahrscheinlichkeit dafür an, dass die Masse m einer zufällig ausgewählten Tüte mit Grassamen erster Wahl im Intervall $2\,980 \text{ g} \leq m \leq 3\,020 \text{ g}$ liegt.

Für Tüten mit Grassamen zweiter Wahl ergibt sich für die Masse einer Tüte mit Grassamen der Erwartungswert $\mu_2 = 3\,000$ g und die Standardabweichung σ_2.
Mit einer Wahrscheinlichkeit von 58 % beträgt die Masse einer zufällig ausgewählten Tüte mit Grassamen zweiter Wahl mindestens 2 990 g.
Ermitteln Sie die Standardabweichung σ_2.

Erreichbare BE-Anzahl: 4

1.5 Eine Rohrleitung mit einem Außendurchmesser von 1 Meter verläuft im Innern des Dammes (siehe Abbildung).
Im Querschnitt hat der die Rohrleitung darstellende Kreis den Mittelpunkt $M(0{,}5 \mid 0{,}5)$.
Ermitteln Sie den minimalen Abstand d der Rohroberfläche zur Profillinie der Dammoberfläche.

Erreichbare BE-Anzahl: 3

1.6 Für Werte a und b $(a, b \in \mathbb{R};\ a > 0;\ b > 0)$ begrenzen der Graph der Funktion $f_{a,b}$ mit $f_{a,b}(x) = \left(\frac{1}{a} \cdot x^2 - b\right)^2$ $(x \in D_{f_{a,b}})$ und die Abszissenachse den Querschnitt eines Dammes.

Beschreiben Sie ein Verfahren zum Nachweis dafür, dass der Graph jeder dieser Funktionen die Abszissenachse als Tangente hat.

Ermitteln Sie die Werte für a und b so, dass der Damm eine Höhe von 4 m und eine Breite von 8 m besitzt.

Erreichbare BE-Anzahl: 6

Tipps und Hinweise

Teilaufgabe 1.1

- Die Breite des Dammes ergibt sich aus dem Abstand der Nullstellen, die Höhe ist der Funktionswert an der Stelle 0.
- Die Werte können rechnerisch oder grafisch ermittelt werden.
- Die maximale Steigung ist an den Wendestellen. Da die Funktion symmetrisch zur y-Achse ist und um sofort den gesuchten spitzen Winkel zu erhalten, ist eine Ermittlung der negativen Wendestelle sinnvoll und ausreichend.
- Für Wendepunkte gilt $f''(x_W) = 0$. Auf den Nachweis kann aufgrund des bekannten Verlaufs der Funktion verzichtet werden.
- Der maximale Anstieg kann auch als lokales Maximum der Funktion f' ermittelt werden.

Teilaufgabe 1.2

- Die Länge des Funktionsgraphen kann mithilfe der Gleichung
$\ell = \int_{x_A}^{x_B} \sqrt{1 + [f'(x)]^2}\, dx$ ermittelt werden.

Teilaufgabe 1.3

- Definieren Sie als Zufallsgröße die Anzahl der keimenden Grassamen und wenden Sie die Binomialverteilung an.
- Beim Fehler 1. Art wird die Nullhypothese verworfen, obwohl sie wahr ist, beim Fehler 2. Art wird sie angenommen, obwohl sie falsch ist.

Teilaufgabe 1.4

- Verwenden Sie jeweils als normalverteilte Zufallsgröße die Masse einer Samentüte.
- Zur Berechnung der gesuchten Wahrscheinlichkeit können Sie die Tabelle oder den Rechner benutzen, für die Berechnung von σ_2 die Tabelle von innen nach außen.

Teilaufgabe 1.5

- Veranschaulichen Sie sich den Sachverhalt an einer Skizze.
- Stellen Sie eine Zielfunktion für den Abstand eines beliebigen Punktes des Graphen von f zum Punkt M in Abhängigkeit von x auf und ermitteln Sie grafisch das lokale Minimum.
- Der gesuchte Abstand ist dann um den Radius der Rohrleitung (0,5 m) kleiner.

Teilaufgabe 1.6

Die Abszissenachse ist Tangente an jeden der Graphen, wenn x_A und x_B sowohl Nullstellen als auch lokale Extrema sind.

Man muss also zeigen, dass $f'_{a,\,b}(x_N)=0$ gilt.

Berechnen Sie aus der Höhe zunächst b: $f_{a,\,b}(0)=4$

Bei einer Breite von 8 m muss $x_N=\pm 4$ sein.

Lösungen

Länge des Dammes: 200 m

$1\text{ LE} \mathrel{\hat{=}} 1\text{ m}$

$$y=f(x)=\left(\frac{1}{20}\cdot x^2-\frac{9}{5}\right)^2 \quad (x\in\mathbb{R},\ x_A\le x\le x_B)$$

1.1 Nullstellen:

$$0=\frac{1}{20}x_N^2-\frac{9}{5}$$

$$x_N^2=36$$

$$x_A=-6 \qquad x_B=6$$

$\Rightarrow$ Die Breite des Dammes beträgt $\underline{\underline{12\text{ m}}}$.

Maximum: $f(0)=\left(-\frac{9}{5}\right)^2=\frac{81}{25}=3{,}24$

$\Rightarrow$ Die Höhe des Dammes beträgt $\underline{\underline{3{,}24\text{ m}}}$.

Grafische Lösung:

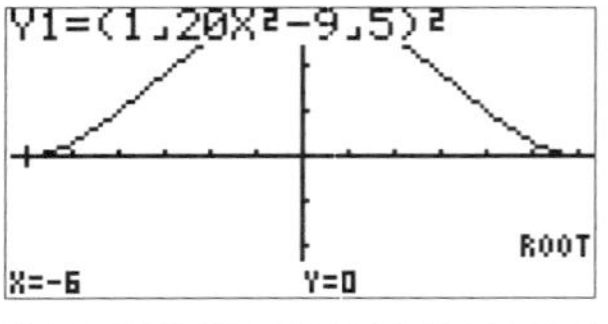

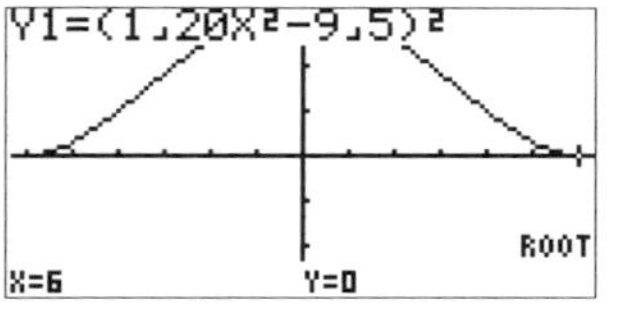

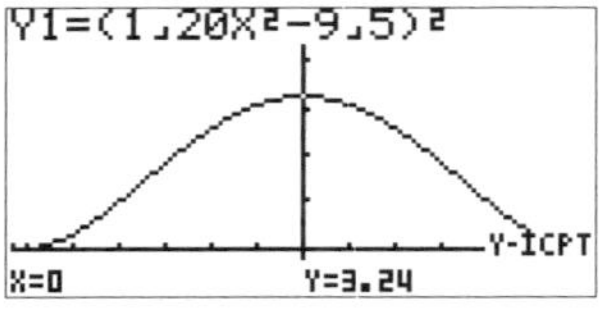

Bei ungünstiger Wahl des Fensters beim GTR werden die Nullstellen nicht angezeigt.

Die maximale Steigung, also der größte Steigungswinkel befindet sich an den Wendepunkten:

$$f(x)=\left(\frac{1}{20}x^2-\frac{9}{5}\right)^2=\frac{1}{400}x^4-\frac{9}{50}x^2+\frac{81}{25} \quad (-6 \le x \le 6)$$

$$f'(x)=\frac{1}{100}x^3-\frac{9}{25}x$$

$$f''(x)=\frac{3}{100}x^2-\frac{9}{25}$$

$$0=\frac{3}{100}x_W^2-\frac{9}{25}$$

$$x_W^2=12$$

$$x_{W_1}=-\sqrt{12};\quad x_{W_2}=\sqrt{12}$$

Wegen der Symmetrie zur y-Achse kann man sich z. B. auf $x_{W_1}=-\sqrt{12}$ beschränken und erhält so den gesuchten spitzen Winkel, der in der Praxis von Interesse ist:

$$m=f'(-\sqrt{12})=-\frac{1}{100}\cdot 12\sqrt{12}+\frac{9}{25}\sqrt{12}=\frac{6}{25}\sqrt{12}$$

$$\tan\alpha=\frac{6}{25}\sqrt{12}$$

$$\underline{\underline{\alpha\approx 39{,}7^\circ}}$$

Grafische Lösung:

$$f'(x)=\frac{1}{100}x^3-\frac{9}{25}x$$

Lokales Maximum: $E_{Max}(-3{,}46\,|\,0{,}83)$

$\Rightarrow\quad m=\tan\alpha=0{,}83\quad\Rightarrow\quad\underline{\underline{\alpha\approx 39{,}7^\circ}}$

1.2 Länge des Funktionsgraphen im Intervall [–6; 6]:

$$\ell=\int_{-6}^{6}\sqrt{1+[f'(x)]^2}\,dx=\int_{-6}^{6}\sqrt{1+\left[\frac{1}{100}x^3-\frac{9}{25}x\right]^2}\,dx\approx 13{,}91$$

$$A=\ell\cdot 200\text{ m}\approx 13{,}91\text{ m}\cdot 200\text{ m}$$

$$\underline{\underline{A\approx 2\,782\text{ m}^2}}$$

Es müssen für <u>2 782 Quadratmeter</u> Grassamen bestellt werden.

1.3 1. Wahl: Samen keimt mit $p_0 = 0{,}95$.
2. Wahl: Samen keimt mit $p_1 = 0{,}80$.

$n = 100$

X ... Anzahl der Grassamen, die keimen

H_0 ... Nullhypothese: Es ist Grassamen 1. Wahl.

H_1 ... Alternativhypothese: Es ist Grassamen 2. Wahl.

$\overline{A}$ ... Ablehnungsbereich: $\overline{A} = \{0; \ldots; 90\}$

Fehler 1. Art: H_0 verwerfen, obwohl wahr
(X ist binomialverteilt mit $n = 100$ und $p_0 = 0{,}95$)

$P(X \leq 90) \approx \underline{\underline{0{,}0282}}$ (mittels Rechner)

Fehler 2. Art: H_0 annehmen, obwohl falsch
(X ist binomialverteilt mit $n = 100$ und $p_1 = 0{,}80$)

$P(X \geq 91) \approx \underline{\underline{0{,}0023}}$ (mittels Rechner)

1.4 X ... Masse einer Tüte mit Grassamen 1. Wahl
(normalverteilt mit $\mu_1 = 3\,000$ g und $\sigma_1 = 30$ g)

$$\begin{aligned}
P(2980\,\text{g} \leq X \leq 3020\,\text{g}) &= \Phi\left(\frac{3020\,\text{g} - 3000\,\text{g}}{30\,\text{g}}\right) - \Phi\left(\frac{2980\,\text{g} - 3000\,\text{g}}{30\,\text{g}}\right) \\
&= \Phi\left(\frac{2}{3}\right) - \Phi\left(-\frac{2}{3}\right) \\
&= \Phi\left(\frac{2}{3}\right) - \left[1 - \Phi\left(\frac{2}{3}\right)\right] \\
&= 2 \cdot \Phi\left(\frac{2}{3}\right) - 1 \\
&\approx \underline{\underline{0{,}4950}} \quad \text{(mittels Rechner)}
\end{aligned}$$

Bei direkter Verwendung des Rechners oder beim Arbeiten mit der Tabelle treten geringe Abweichungen vom angegebenen Ergebnis auf.

Y ... Masse einer Tüte mit Grassamen 2. Wahl
(normalverteilt mit $\mu_2 = 3\,000$ g und unbekanntem σ_2)

$0{,}58 = P(Y \geq 2990\,\text{g})$

$\Rightarrow \quad 0{,}42 = P(Y \leq 2990\,\text{g})$

$$0{,}42 = \Phi\left(\frac{2990\,\text{g} - 3000\,\text{g}}{\sigma_2}\right)$$

$$0{,}42 = \Phi\left(-\frac{10\text{ g}}{\sigma_2}\right)$$

$$0{,}42 = 1 - \Phi\left(\frac{10\text{ g}}{\sigma_2}\right)$$

$$0{,}58 = \Phi\left(\frac{10\text{ g}}{\sigma_2}\right)$$

$$\frac{10\text{ g}}{\sigma_2} \approx 0{,}2 \qquad \text{(Tabelle)}$$

$$\underline{\underline{\sigma_2 \approx 50\text{ g}}}$$

1.5 M(0,5 | 0,5)

Skizze:

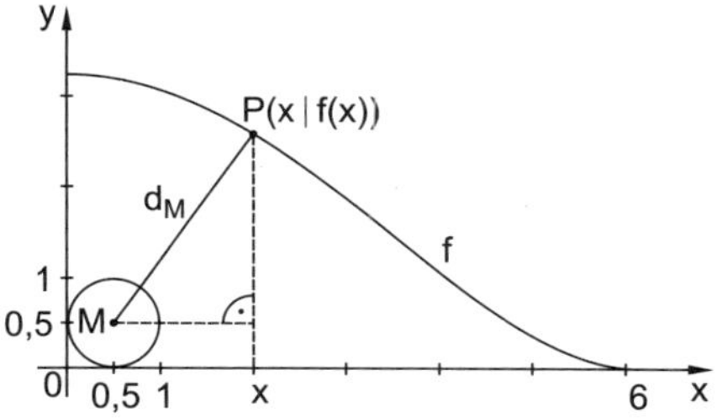

d_M … Abstand der Profillinie zu M

$$d_M = \sqrt{(x-0{,}5)^2 + \left[\left(\frac{1}{20}x^2 - \frac{9}{5}\right)^2 - 0{,}5\right]^2}$$

Mittels Rechner:

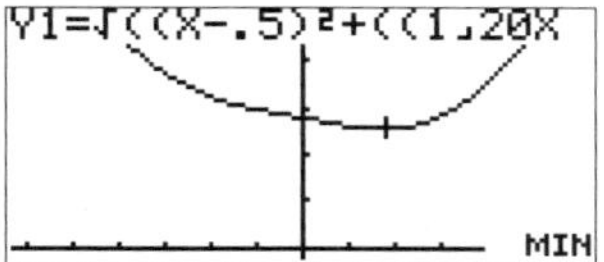

Lokales Minimum: $E_{Min}(1{,}78 \mid 2{,}54)$

$\Rightarrow \quad d = 2{,}54 - 0{,}50 = 2{,}04$

Der minimale Abstand der Rohroberfläche zur Profillinie der Dammoberfläche beträgt $\underline{\underline{2{,}04\text{ m}}}$.

1.6 Wenn die Abszissenachse Tangente sein soll, muss die Funktion an den Nullstellen lokale Extrema besitzen. Da die Funktion symmetrisch zur y-Achse ist, reicht die Betrachtung für eine solche Stelle.
Zuerst ermittelt man eine Nullstelle von $f_{a,b}$ in Abhängigkeit von a und b. Diese setzt man in die 1. Ableitung $f'_{a,b}$ ein und zeigt, dass diese für alle $a>0$ und $b>0$ den Wert null hat (notwendige Bedingung für lokale Extrema).
Als hinreichende Bedingung zeigt man dann, dass die 2. Ableitung $f''_{a,b}$ an der Nullstelle stets ungleich null ist.

Die folgenden Rechnungen sind nicht gefordert, sie sollen nur den Text veranschaulichen:

$$f_{a,b}(x) = \left(\frac{1}{a}x^2 - b\right)^2 = \frac{1}{a^2}x^4 - \frac{2b}{a}x^2 + b^2$$

Nullstellen: $\frac{1}{a}x_N^2 - b = 0$

$$x_N^2 = ab$$
$$x_N = \pm\sqrt{ab} \quad (\text{z.B. } x_N = \sqrt{ab})$$

Lokales Extremum: $f'_{a,b}(x) = \frac{4}{a^2}x^3 - \frac{4b}{a}x$

$$f'_{a,b}(\sqrt{ab}) = \frac{4}{a^{\not{2}1}}\not{a}^1 b\sqrt{ab} - \frac{4b}{a}\sqrt{ab} = 0$$

$$f''_{a,b}(x) = \frac{12}{a^2}x^2 - \frac{4b}{a}$$

$$f''_{a,b}(\sqrt{ab}) = \frac{12}{a^{\not{2}1}}\not{a}^1 b - \frac{4b}{a} = \frac{8b}{a} > 0 \quad (\text{da } a>0,\, b>0)$$

(es ist also stets ein Minimum)

Ermittlung der Parameterwerte a und b:

Höhe 4 m: $f_{a,b}(0) = 4$

$$f_{a,b}(0) = \left(\frac{1}{a}\cdot 0^2 - b\right)^2$$
$$4 = (-b)^2$$
$$\Rightarrow \quad \underline{\underline{b=2}} \quad (b>0)$$

Breite 8 m: $x_N = \pm 4$

$$\frac{1}{a}x_N^2 - 2 = 0$$
$$\frac{1}{a}\cdot 16 - 2 = 0$$
$$\underline{\underline{a = 8}}$$

Leistungskurs Mathematik (Sachsen): Abiturprüfung 2012
Teil B – Aufgabe 2

Im Rahmen einer internationalen Reisemesse präsentiert sich das Reiseland Ägypten. Auf dem ebenen Boden des Messegeländes wurde dazu ein Modell einer geraden Pyramide aus Holz errichtet.
Die quadratische Grundfläche ABCD der Pyramide ABCDS liegt in der x-y-Koordinatenebene eines kartesischen Koordinatensystems (1 Längeneinheit entspricht 1 Meter).
Für die Koordinaten der Punkte gilt: $A(8{,}0\,|\,0{,}0\,|\,0{,}0)$, $C(0{,}0\,|\,8{,}0\,|\,0{,}0)$ und $D(0{,}0\,|\,0{,}0\,|\,0{,}0)$.
Die Pyramide umschließt ein Volumen von $160{,}0\ \text{m}^3$.
Alle Materialstärken werden vernachlässigt.

2.1 Zeigen Sie, dass die Spitze S der Pyramide die Koordinaten $S(4{,}0\,|\,4{,}0\,|\,7{,}5)$ besitzt.

Erreichbare BE-Anzahl: 2

In den Pyramiden von Gizeh in Ägypten gelangt man über schräg ansteigende Gänge zu den Grabkammern der Pharaonen. Um dies auf der Reisemesse zu simulieren, hat man eine gegenüber der Grundfläche ABCD der Pyramide geneigte, ebene Bodenfläche in die Pyramide eingebaut. Diese Bodenfläche hat die Eckpunkte A, E, $F(6{,}0\,|\,7{,}2\,|\,1{,}5)$ und $G(6{,}0\,|\,0{,}0\,|\,0{,}0)$.
Die Strecken $\overline{AE}$ und $\overline{EF}$ liegen in den Seitenflächen ABS bzw. BCS der Pyramide (siehe Abbildung).

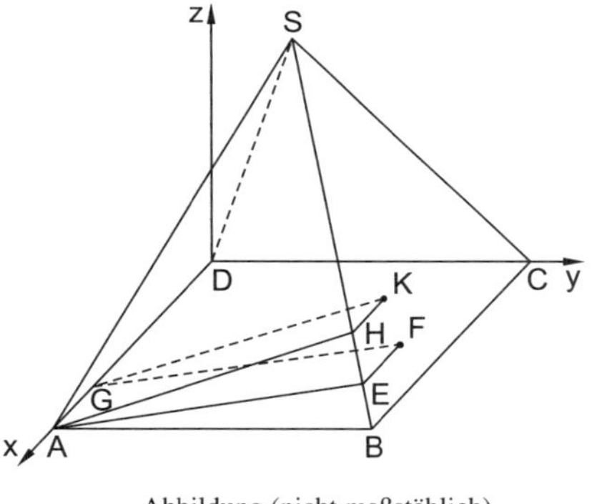

Abbildung (nicht maßstäblich)

2.2 Geben Sie eine Gleichung der Ebene an, in der die Bodenfläche AEFG liegt.
Bestimmen Sie den Neigungswinkel dieser Bodenfläche gegenüber der Grundfläche ABCD der Pyramide.
Weisen Sie nach, dass die Bodenfläche AEFG ein Trapez ist.
Berechnen Sie den Flächeninhalt der Bodenfläche AEFG.

Erreichbare BE-Anzahl: 8

2.3 In der Cheopspyramide in Ägypten führt ein Gang in die Königskammer. Dieser Gang soll durch den Einbau einer weiteren trapezförmigen Fläche AHKG in das Modell der Pyramide verdeutlicht werden (siehe Abbildung). Die 50-prozentige Steigung des Ganges soll durch die Neigung der Fläche AHKG gegenüber der Grundfläche ABCD der Pyramide simuliert werden. Die Strecken $\overline{AH}$ und $\overline{HK}$ liegen in den Seitenflächen ABS bzw. BCS der Pyramide. Der Punkt K besitzt die Koordinaten $K(6{,}0 \mid y_K \mid z_K)$.
Ermitteln Sie die z-Koordinate des Punktes K.

Erreichbare BE-Anzahl: 3

2.4 Um die Aufmerksamkeit auf den Messestand zu erhöhen, möchte man Lichtstrahler installieren.
Einer dieser punktförmigen Lichtstrahler soll an einem Mast befestigt werden, welcher senkrecht zum Boden über dem Punkt $L(4{,}0 \mid 11{,}0 \mid 0{,}0)$ steht. Der Lichtstrahl soll im Punkt $T(4{,}0 \mid 6{,}4 \mid 3{,}0)$ senkrecht auf die Seitenfläche BCS der Pyramide treffen.
Bestimmen Sie die Höhe über dem Punkt L, in welcher der Lichtstrahler am Mast befestigt werden muss.

Erreichbare BE-Anzahl: 3

Am Messestand von Ägypten wird in ausgelegten Werbebroschüren für Nilkreuzfahrten geworben.
Erfahrungsgemäß nimmt ein Besucher dieses Messestandes mit einer Wahrscheinlichkeit von 60 % eine solche Broschüre mit. Von den Besuchern, die eine Werbebroschüre mitgenommen haben, buchen erfahrungsgemäß 10 % während der Messe eine der angebotenen Nilkreuzfahrten.
Von allen Besuchern dieses Messestandes buchen erfahrungsgemäß 7 % während der Messe eine Nilkreuzfahrt.

2.5 Ermitteln Sie die Wahrscheinlichkeit dafür, dass von 100 Besuchern des Messestandes mehr Besucher eine Werbebroschüre mitnehmen als zu erwarten ist.

Erreichbare BE-Anzahl: 2

2.6 Berechnen Sie die Wahrscheinlichkeit dafür, dass ein Besucher des Messestandes, der während der Messe keine Nilkreuzfahrt gebucht hat, auch keine Werbebroschüre mitgenommen hatte.

Erreichbare BE-Anzahl: 3

Tipps und Hinweise

Teilaufgabe 2.1

- Die Spitze S befindet sich senkrecht über dem Diagonalenschnittpunkt (bzw. über dem Mittelpunkt) der quadratischen Grundfläche ABCD. Daraus ergeben sich die x- und y-Koordinate von S.
- Über das Pyramidenvolumen erhält man die Höhe der Pyramide und damit die z-Koordinate von S.

Teilaufgabe 2.2

- Die Punkte A, F und G sind gegeben. Ermitteln Sie entweder eine parameterfreie Gleichung der Ebene mittels eines geeigneten Rechnerprogramms oder geben Sie eine Parametergleichung der Ebene an.
- Zur Berechnung des Neigungswinkels zwischen der Boden- und Grundfläche können Sie die Formel $\cos\sphericalangle(E_1, E_2) = \frac{|\vec{n}_{E_1} \circ \vec{n}_{E_2}|}{|\vec{n}_{E_1}| \cdot |\vec{n}_{E_2}|}$ oder ein Rechnerprogramm nutzen.
- Bestimmen Sie für den Nachweis, dass AEFG ein Trapez ist, zunächst die Koordinaten von E. Nutzen Sie dabei die Lage von E auf $\overline{BS}$.
- Damit die Bodenfläche AEFG ein Trapez ist, muss gelten: $\overrightarrow{AG} \parallel \overrightarrow{EF}$
- Wenden Sie die Formel für den Flächeninhalt eines Trapezes an. Die Höhe ist der Abstand der parallelen Seiten, der mittels Rechnerprogramm ermittelt werden kann.

Teilaufgabe 2.3

- Für eine 50-prozentige Steigung gilt: $m = \tan\alpha = 0{,}5$
- Nutzen Sie zur Bestimmung der z-Koordinate von K den Anstiegswinkel des Ganges, der gleichzeitig der Winkel zwischen den Vektoren $\overrightarrow{AB}$ und $\overrightarrow{GK}$ ist, sowie die Tatsache, dass K in der Ebene BCS liegt.

Teilaufgabe 2.4

- Veranschaulichen Sie sich den Sachverhalt an einer Skizze.
- Trifft der Lichtstrahl senkrecht auf die Seitenfläche BCS, so verläuft er zu deren Normalenvektor parallel.

Teilaufgabe 2.5

- Wenden Sie die Binomialverteilung an, wobei für μ gilt: $\mu = n \cdot p$

Teilaufgabe 2.6

- Fertigen Sie ein Baumdiagramm an.
- Berechnen Sie aus der gegebenen Wahrscheinlichkeit von 7 % die Wahrscheinlichkeit dafür, dass eine Kreuzfahrt gebucht wird, ohne dass eine Broschüre mitgenommen wurde.
- Berechnen Sie schließlich $P_{\overline{K}}(\overline{B})$ (bedingte Wahrscheinlichkeit).

Lösungen

A(8,0 | 0,0 | 0,0); C(0,0 | 8,0 | 0,0); D(0,0 | 0,0 | 0,0)

1 LE $\hat{=}$ 1 m

$V_{Pyr} = 160{,}0 \text{ m}^3$

2.1 Da es sich um eine gerade Pyramide handelt, liegt die Spitze S senkrecht über dem Diagonalenschnittpunkt (bzw. über dem Mittelpunkt) der quadratischen Grundfläche ABCD.

$M_{\overline{AC}}$ … Mittelpunkt der Strecke $\overline{AC}$, über dem S liegt

$M_{\overline{AC}}(4{,}0 \,|\, 4{,}0 \,|\, 0{,}0)$

$\Rightarrow \quad x_S = 4{,}0 \quad \text{und} \quad y_S = 4{,}0$

$$V_{Pyr} = \frac{1}{3} \cdot A_G \cdot h$$

$$h = \frac{3 \cdot V_{Pyr}}{A_G}$$

$$h = \frac{3 \cdot 160{,}0 \text{ m}^3}{8{,}0 \text{ m} \cdot 8{,}0 \text{ m}}$$

$$h = 7{,}5 \text{ m} \qquad \Rightarrow \quad z_S = 7{,}5$$

$\Rightarrow \quad S(4{,}0 \,|\, 4{,}0 \,|\, 7{,}5)$

2.2 E_B … Ebene der Bodenfläche AEFG (F(6,0 | 7,2 | 1,5), G(6,0 | 0,0 | 0,0))

Parameterfreie Gleichungen (mittels Rechnerprogramm):

E_B … $\underline{\underline{-3y + 14{,}4z = 0}}$ <u>oder</u> beide Seiten mit $-\frac{5}{3}$ multiplizieren

E_B … $\underline{\underline{5y - 24z = 0}}$

Parametergleichung:

$$E_B \ldots \ \underline{\underline{\vec{x} = \begin{pmatrix} 8 \\ 0 \\ 0 \end{pmatrix} + r \begin{pmatrix} -2 \\ 7{,}2 \\ 1{,}5 \end{pmatrix} + t \begin{pmatrix} -2 \\ 0 \\ 0 \end{pmatrix}}}; \quad r, t \in \mathbb{R}$$

Es genügt die Angabe einer Gleichung.

Berechnung des Neigungswinkels:

E_G … Ebene der Grundfläche ABCD (entspricht der x-y-Ebene)
z = 0

$$\vec{n}_G = \begin{pmatrix} 0 \\ 0 \\ 1 \end{pmatrix}; \ \vec{n}_B = \begin{pmatrix} 0 \\ 5 \\ -24 \end{pmatrix}$$

$$\cos\sphericalangle(E_G, E_B) = \frac{|\vec{n}_G \circ \vec{n}_B|}{|\vec{n}_G|\cdot|\vec{n}_B|} = \frac{|-24|}{1\cdot\sqrt{25+576}} = \frac{24}{\sqrt{601}}$$

$$\sphericalangle(E_G, E_B) \approx \underline{\underline{11{,}8^\circ}}$$

Der Neigungswinkel der Bodenfläche AEFG gegenüber der Grundfläche beträgt ca. 11,8°.

Der Neigungswinkel kann auch mittels Rechnerprogramm bestimmt werden.

Ermitteln der Koordinaten von E als Durchstoßpunkt der Geraden BS durch die Ebene E_B der Bodenfläche AEFG:

$$BS \ \dots \ \vec{x} = \begin{pmatrix} 8{,}0 \\ 8{,}0 \\ 0{,}0 \end{pmatrix} + t\begin{pmatrix} -4{,}0 \\ -4{,}0 \\ 7{,}5 \end{pmatrix}, \quad t \in \mathbb{R} \qquad (\text{bzw. } \overline{BS} \text{ mit } 0 \le t \le 1,\ t \in \mathbb{R})$$

$$E_B \dots \ 5y - 24z = 0$$

Mittels Rechnerprogramm: $\underline{E(7{,}2\,|\,7{,}2\,|\,1{,}5)}$

Viereck AEFG:

$$\overrightarrow{AG} = \begin{pmatrix} -2{,}0 \\ 0{,}0 \\ 0{,}0 \end{pmatrix}, \quad \overrightarrow{EF} = \begin{pmatrix} -1{,}2 \\ 0{,}0 \\ 0{,}0 \end{pmatrix}$$

$\Rightarrow \quad \overrightarrow{AG} \parallel \overrightarrow{EF}$, also ist AEFG ein Trapez.

Flächeninhalt der Bodenfläche AEFG:

$$A_{Tr} = \frac{\overline{AG} + \overline{EF}}{2} \cdot h_{Tr}$$

NR: $h_{Tr} = d(AG, EF) = \overline{GF}$
$= \sqrt{54{,}09}\ \text{m} \approx 7{,}35\ \text{m}$
(auch mittels Rechnerprogramm)

$$A_{Tr} = \frac{2{,}0\ \text{m} + 1{,}2\ \text{m}}{2} \cdot 7{,}35\ \text{m}$$

$$\underline{\underline{A_{Tr} \approx 11{,}8\ \text{m}^2}}$$

Die Trapezfläche beträgt ca. 11,8 m².

2.3 Für eine 50-prozentige Steigung gilt:

$$m = 0{,}5$$
$$\tan\alpha = 0{,}5$$
$$\underline{\alpha \approx 26{,}565^\circ}$$

$\alpha = \sphericalangle(\overrightarrow{AB}, \overrightarrow{GK}) \quad (K(6{,}0 \mid y_K \mid z_K),\ G(6{,}0 \mid 0{,}0 \mid 0{,}0))$

$$\cos(26{,}565°) = \frac{\overrightarrow{AB} \circ \overrightarrow{GK}}{|\overrightarrow{AB}| \cdot |\overrightarrow{GK}|} = \frac{\begin{pmatrix} 0{,}0 \\ 8{,}0 \\ 0{,}0 \end{pmatrix} \circ \begin{pmatrix} 0{,}0 \\ y_K \\ z_K \end{pmatrix}}{8 \cdot \sqrt{y_K^2 + z_K^2}} = \frac{\cancel{8}^1 y_K}{{}_1\cancel{8} \cdot \sqrt{y_K^2 + z_K^2}} = \frac{y_K}{\sqrt{y_K^2 + z_K^2}} \quad (*)$$

$K \in BCS$: $BCS \ldots\ 60y + 32z = 480$ (mittels Rechnerprogramm)

$\Rightarrow \quad y_K = 8 - \frac{8}{15} z_K \quad$ in (*)

$$\Rightarrow \quad 0{,}8944 = \frac{8 - \frac{8}{15} z_K}{\sqrt{\left(8 - \frac{8}{15} z_K\right)^2 + z_K^2}}$$

Grafische Lösung:

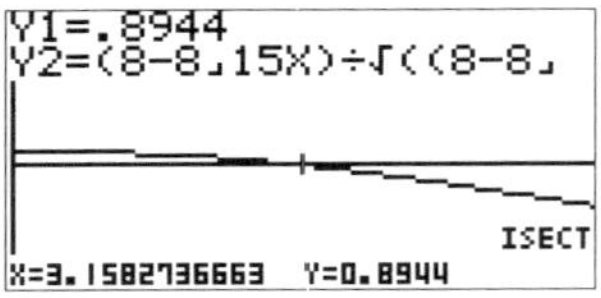

$\Rightarrow \quad \underline{\underline{z_K \approx 3{,}2}}$

2.4 $L(4{,}0 \mid 11{,}0 \mid 0{,}0)$; $T(4{,}0 \mid 6{,}4 \mid 3{,}0)$

Skizze:

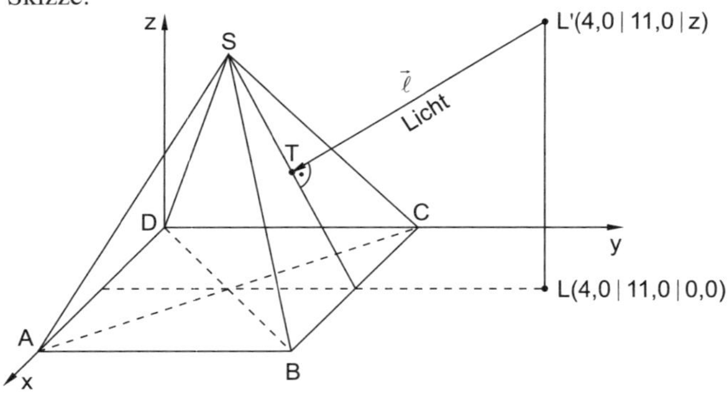

$\sphericalangle(E_{BCS}, \vec{\ell}) = 90° \quad \Rightarrow \quad \vec{n}_E \parallel \vec{\ell}$

$\vec{n}_E = \begin{pmatrix} 0{,}0 \\ 60{,}0 \\ 32{,}0 \end{pmatrix}$ (vgl. Teilaufgabe 2.3), $\quad \vec{\ell} = \overrightarrow{L'T} = \begin{pmatrix} 0{,}0 \\ -4{,}6 \\ 3{,}0 - z \end{pmatrix}$

$k \cdot \vec{n}_E = \vec{\ell}$: $\quad k \cdot 0{,}0 = 0{,}0 \quad \Rightarrow \quad k \in \mathbb{R}$

$$k \cdot 60{,}0 = -4{,}6 \quad \Rightarrow \quad k = -\frac{23}{300}$$

$$k \cdot 32{,}0 = 3{,}0 - z \quad \Rightarrow \quad z = 3{,}0 + \frac{23}{300} \cdot 32{,}0 = 5\frac{34}{75} \approx 5{,}5$$

Der Strahler muss in einer Höhe von ca. 5,5 m angebracht werden.

2.5 X … Anzahl der Besucher, die eine Werbebroschüre mitnehmen (Binomialverteilung: $n = 100$; $p = 0{,}6$)

$\mu = n \cdot p = 100 \cdot 0{,}6 = 60$

$$P(X > 60) = 1 - P(X \leq 60)$$
$$= 1 - 0{,}5379 \quad \text{(mittels Rechner)}$$
$$= 0{,}4621$$

2.6 B … Besucher nimmt eine Broschüre mit. $P(B) = 0{,}6$

$\overline{B}$ … Besucher nimmt keine Broschüre mit. $P(\overline{B}) = 0{,}4$

K … Besucher bucht eine Nilkreuzfahrt.

$\overline{K}$ … Besucher bucht keine Nilkreuzfahrt.

Baumdiagramm:

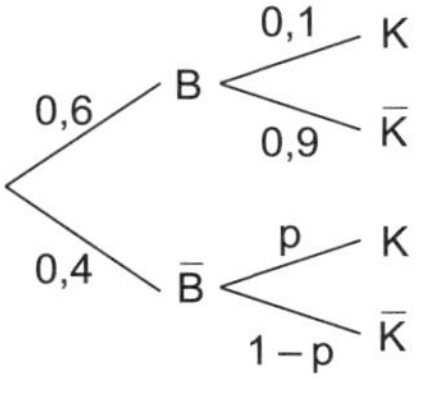

$P(K) = 0{,}07$

$P(K) = 0{,}6 \cdot 0{,}1 + 0{,}4 \cdot p$

$0{,}07 = 0{,}06 + 0{,}4p$

$p = 0{,}025 \quad \Rightarrow \quad 1 - p = 0{,}975$

$$P_{\overline{K}}(\overline{B}) = \frac{0{,}4 \cdot 0{,}975}{0{,}4 \cdot 0{,}975 + 0{,}6 \cdot 0{,}9} \approx 0{,}4194$$

Mit einer Wahrscheinlichkeit von ca. 0,4194 hat ein Besucher des Messestandes, der während der Messe keine Nilkreuzfahrt gebucht hat, auch keine Werbebroschüre mitgenommen.

Leistungskurs Mathematik (Sachsen): Abiturprüfung 2013
Teil A (ohne Rechenhilfsmittel)

1 In den Aufgaben 1.1 bis 1.5 ist von den jeweils fünf Auswahlmöglichkeiten genau eine Antwort richtig. Kreuzen Sie das jeweilige Feld an.

1.1 Der größtmögliche Definitionsbereich D_f der Funktion f mit $f(x) = \ln(2 \cdot x - 3)$ ist

☐ $D_f = \{x \mid x \in \mathbb{R}\}$

☐ $D_f = \left\{x \,\middle|\, x \in \mathbb{R}, x < \frac{3}{2}\right\}$

☐ $D_f = \{x \mid x \in \mathbb{R}, x > 0\}$

☐ $D_f = \left\{x \,\middle|\, x \in \mathbb{R}, x \geq \frac{3}{2}\right\}$

☐ $D_f = \left\{x \,\middle|\, x \in \mathbb{R}, x > \frac{3}{2}\right\}$

1.2 Für jeden Wert für k ($k \in \mathbb{R}$) ist die Funktion g_k gegeben mit $g_k(x) = 4 \cdot e^{-k \cdot x}$ ($x \in \mathbb{R}$).

Für welchen Wert für k gilt $g'_k(0) = -\frac{1}{2}$?

☐	☐	☐	☐	☐
$k = -8$	$k = -\frac{1}{8}$	$k = 0$	$k = \frac{1}{8}$	$k = 8$

1.3 Gegeben ist die Funktion h mit $h(x) = \frac{x^2 - 9}{x + 3}$ ($x \in D_h$).

Für $\lim\limits_{x \to -3} \frac{x^2 - 9}{x + 3} = u$ gilt:

☐	☐	☐	☐	☐
$u = -6$	$u = -3$	$u = 0$	$u = 3$	$u = 6$

1.4 Für jeden Wert für a ($a \in \mathbb{R}$) ist die Ebene E_a mit E_a: $2 \cdot x + a \cdot y - 6 \cdot z = 12$ gegeben.

Für welchen Wert für a verläuft die Gerade g mit g: $\vec{x} = \begin{pmatrix} 4 \\ -3 \\ 5 \end{pmatrix} + t \cdot \begin{pmatrix} -2 \\ 1 \\ 6 \end{pmatrix}$ ($t \in \mathbb{R}$) parallel zur Ebene E_a?

☐	☐	☐	☐	☐
$a = -40$	$a = -1$	$a = 1$	$a = 40$	$a = 42$

1.5 Gegeben ist die Menge aller Ebenen $E_{a,b,d}$ mit $E_{a,b,d}$: $a \cdot x + b \cdot y = d$ ($a, b, d \in \mathbb{R}$; $a \neq 0$; $b \neq 0$; $d \neq 0$). Jede dieser Ebenen kann in einem kartesischen Koordinatensystem mit dem Koordinatenursprung O dargestellt werden.

Welche Aussage ist für jede Ebene $E_{a,b,d}$ dieser Menge wahr?

- ☐ Die Ebene $E_{a,b,d}$ verläuft senkrecht zur z-Koordinatenachse.
- ☐ Der Koordinatenursprung O liegt in der Ebene $E_{a,b,d}$.
- ☐ Die Ebene $E_{a,b,d}$ verläuft parallel zur x-y-Koordinatenebene.
- ☐ Die Ebene $E_{a,b,d}$ verläuft orthogonal zur x-y-Koordinatenebene.
- ☐ Die Ebene $E_{a,b,d}$ schneidet die z-Koordinatenachse im Punkt $S(0|0|d)$.

Erreichbare BE-Anzahl: 5

2 An einer Mathematikklausur nahmen genau 23 Schüler teil.
In dieser Klausur bearbeiteten die teilnehmenden Schüler genau zwei Aufgaben, eine Geometrie- und eine Analysisaufgabe.

Das Ergebnis dieser Klausur ist in folgenden zwei Aussagen zusammengefasst:

(1) Genau 11 Schüler haben die Analysisaufgabe richtig gelöst.
Von diesen 11 Schülern haben genau 4 auch die Geometrieaufgabe richtig gelöst.

(2) Genau 16 Schüler haben genau eine der beiden Aufgaben richtig gelöst.

Ermitteln Sie, wie viele der teilnehmenden Schüler die Geometrieaufgabe richtig gelöst haben.

Erreichbare BE-Anzahl: 2

3 Für jeden Wert für t ($t \in \mathbb{R}$, $t > 0$) ist die Funktion f_t mit $f_t(x) = \frac{1}{3} \cdot x^3 - t \cdot x^2$ ($x \in \mathbb{R}$) gegeben.

3.1 Alle lokalen Minimumpunkte der Graphen der Funktionen f_t liegen auf dem Graphen einer Funktion h.

Ermitteln Sie eine Gleichung der Funktion h.

Erreichbare BE-Anzahl: 5

3.2 Berechnen Sie den Wert für t, für den gilt: $\int_0^1 f_t(x)\,dx = \frac{1}{24}$

Erreichbare BE-Anzahl: 3

Tipps und Hinweise

Teilaufgabe 1.1

- Der Logarithmus ist nur für positive Argumente definiert: $y = \ln z$ mit $z > 0$

Teilaufgabe 1.2

- Bilden Sie die 1. Ableitung mithilfe der Kettenregel und setzen Sie für x null ein.

Teilaufgabe 1.3

- Formen Sie den Term so um, dass Sie für $x \neq -3$ mit dem Nenner kürzen können.
- Wenden Sie dazu die dritte binomische Formel an.

Teilaufgabe 1.4

- Eine Ebene und eine Gerade sind parallel, wenn der Normalenvektor der Ebene orthogonal zum Richtungsvektor der Geraden ist.
- Verwenden Sie als Ansatz die Tatsache, dass das Skalarprodukt der beiden Vektoren dann null sein muss.

Teilaufgabe 1.5

- Lesen Sie vom Normalenvektor der Ebene ihre Lage ab.
- Auch durch das Ausschließen falscher Antworten kommt man auf die richtige Lösung.

Teilaufgabe 2

- Die Aufgabe ist mittels absoluter oder relativer Häufigkeiten lösbar.
- Hilfreich können ein Baumdiagramm oder eine Vier-Felder-Tafel sein.
- Beachten Sie, dass es auch Schüler gibt, die keine der zwei Aufgaben richtig gelöst haben.

Teilaufgabe 3.1

- Untersuchen Sie die Funktion f_t auf lokale Extrema:
  Notwendige Bedingung: $f_t'(x_E) = 0$
  Hinreichende Bedingung für lokale Minima: $f_t'(x_E) = 0$ und $f_t''(x_E) > 0$
  Beachten Sie, dass $t > 0$ vorgegeben ist.
- Zum Erstellen der Funktion h stellen Sie die Gleichung für x_E in Abhängigkeit von t nach t um und setzen diesen Wert für t in y_E ein.

Teilaufgabe 3.2

- Berechnen Sie das bestimmte Integral mittels Hauptsatz der Differenzial- und Integralrechnung.

Lösungen

1 *Vorbemerkung:* Als Lösung ist nur das Kreuz im jeweils richtigen Feld verlangt; im Folgenden sind zusätzlich Rechnungen und Begründungen für die richtige Antwort angegeben.

1.1 Richtige Antwort: Kreuz in Feld 5

$$f(x) = \ln(2 \cdot x - 3)$$

$$2 \cdot x - 3 > 0$$

$$2 \cdot x > 3$$

$$x > \frac{3}{2}$$

1.2 Richtige Antwort: Kreuz in Feld 4

$$g_k(x) = 4 \cdot e^{-k \cdot x}; \quad x \in \mathbb{R}; \; k \in \mathbb{R}$$

$$g_k'(x) = -4 \cdot k \cdot e^{-k \cdot x}$$

$$g_k'(0) = -4k$$

$$-\frac{1}{2} = -4k$$

$$k = \frac{1}{8}$$

1.3 Richtige Antwort: Kreuz in Feld 1

$$u = \lim_{x \to -3} \frac{x^2 - 9}{x + 3} = \lim_{x \to -3} \frac{(x-3) \cdot \cancel{(x+3)}}{\cancel{x+3}} = \lim_{x \to -3} (x - 3) = -6$$

1.4 Richtige Antwort: Kreuz in Feld 4

$$E_a \; \ldots \; 2 \cdot x + a \cdot y - 6 \cdot z = 12$$

$$g \; \ldots \; \vec{x} = \begin{pmatrix} 4 \\ -3 \\ 5 \end{pmatrix} + t \begin{pmatrix} -2 \\ 1 \\ 6 \end{pmatrix}; \; t \in \mathbb{R}$$

$E_a \parallel g$, wenn $\vec{n}_{E_a} \perp \vec{a}_g$, also $\vec{n}_{E_a} \circ \vec{a}_g = 0$

$$\vec{n}_{E_a} = \begin{pmatrix} 2 \\ a \\ -6 \end{pmatrix}; \; \vec{a}_g = \begin{pmatrix} -2 \\ 1 \\ 6 \end{pmatrix}$$

$$\vec{n}_{E_a} \circ \vec{a}_g = \begin{pmatrix} 2 \\ a \\ -6 \end{pmatrix} \circ \begin{pmatrix} -2 \\ 1 \\ 6 \end{pmatrix} = -4 + a - 36 = a - 40$$

$$0 = a - 40$$

$$a = 40$$

1.5 Richtige Antwort: Kreuz in Feld 4

$E_{a,b,d}$ … $a \cdot x + b \cdot y = d$ $(a, b, d \in \mathbb{R};\ a \neq 0;\ b \neq 0;\ d \neq 0)$

$$\vec{n}_{E_{a,b,d}} = \begin{pmatrix} a \\ b \\ 0 \end{pmatrix}$$

Der Normalenvektor der Ebene liegt wegen $n_z = 0$ in der x-y-Ebene, also muss die Ebene orthogonal zu dieser sein.

Man kann auch nach dem Ausschlussprinzip vorgehen:
Die Antworten 1 und 3 würden zu einer Ebene der Form $c \cdot z = d$ gehören. Wegen $d \neq 0$ kann der Koordinatenursprung O nicht in der Ebene liegen und auch die Antwort 5 nicht gelten.

2 A … Analysisaufgabe richtig gelöst
$\overline{A}$ … Analysisaufgabe nicht richtig gelöst
G … Geometrieaufgabe richtig gelöst
$\overline{G}$ … Geometrieaufgabe nicht richtig gelöst

1. Möglichkeit: mittels absoluter Häufigkeiten

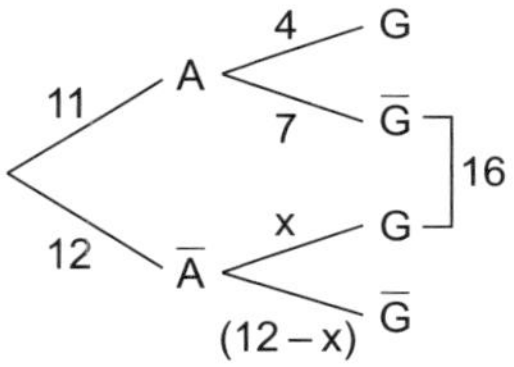

$x = 16 - 7 = 9$

$\Rightarrow\ 12 - x = 3$

$4 + x = 4 + 9 = \underline{\underline{13}}$ Schüler haben (unabhängig von A bzw. $\overline{A}$) die Geometrieaufgabe richtig gelöst.

2. Möglichkeit: mittels relativer Häufigkeiten

	G	$\overline{G}$	
A	$\mathbf{\frac{4}{23}}$	$\mathbf{\frac{7}{23}}$	$\mathbf{\frac{11}{23}}$
$\overline{A}$	$\mathbf{\frac{9}{23}}$	$\frac{3}{23}$	$\frac{12}{23}$
	$\frac{13}{23}$	$\frac{10}{23}$	**1**

Hinweis: Die fett gedruckten Werte sind direkt oder indirekt gegeben. Aus ihnen lässt sich der Rest berechnen.

↓

$\underline{\underline{13}}$ von 23 Schülern haben die Geometrieaufgabe richtig gelöst.

Das Baumdiagramm kann auch mit relativen Häufigkeiten und die Vier-Felder-Tafel mit absoluten Häufigkeiten erarbeitet werden.

3 $f_t(x)=\frac{1}{3}\cdot x^3-t\cdot x^2;\quad x\in\mathbb{R};\ t\in\mathbb{R};\ t>0$

3.1 $f_t'(x)=x^2-2tx$

$$0=x_E(x_E-2t)$$

$$x_{E_1}=0 \qquad x_{E_2}=2t$$

$f_t''(x)=2x-2t$

$f_t''(0)=-2t<0,\ \text{da } t>0 \Rightarrow$ lokales Maximum (interessiert hier nicht)

$f_t''(2t)=2\cdot(2t)-2t$

$=2t>0,\ \text{da } t>0 \Rightarrow$ <u>lokales Minimum</u>

$$y_{E_2}=\frac{1}{3}\cdot(2t)^3-t\cdot(2t)^2$$

$$y_{E_2}=\frac{8}{3}t^3-4t^3$$

$y_{E_2}=-\frac{4}{3}t^3 \qquad \Rightarrow$ lokale Minima: $\underline{\underline{E\left(2t\,\middle|\,-\frac{4}{3}t^3\right)}}$

$$x=2t \;\Rightarrow\; t=\frac{x}{2}$$

$$y=-\frac{4}{3}t^3=-\frac{4}{3}\cdot\left(\frac{x}{2}\right)^3=-\frac{\not{4}^{\,1}}{3}\cdot\frac{x^3}{\not{8}_{\,2}}=-\frac{1}{6}x^3$$

$$\underline{\underline{h(x)=-\frac{1}{6}x^3}}$$

3.2 $\int_0^1 f_t(x)\,dx=\int_0^1\left(\frac{1}{3}x^3-tx^2\right)dx=\left[\frac{1}{12}x^4-\frac{1}{3}tx^3\right]_0^1=\left(\frac{1}{12}-\frac{1}{3}t\right)-0$

$$\frac{1}{24}=\frac{1}{12}-\frac{1}{3}t$$

$$\frac{1}{3}t=\frac{1}{24}$$

$$\underline{\underline{t=\frac{1}{8}}}$$

Leistungskurs Mathematik (Sachsen): Abiturprüfung 2013
Teil B – Aufgabe 1

Eine Firma stellt Endstücke für Gardinenstangen her, welche die Form eines Rotationskörpers haben.
Ein solches Endstück kann in einem kartesischen Koordinatensystem mit dem Koordinatenursprung O (1 Längeneinheit entspricht 1 Zentimeter) durch die Rotation der Graphen der Funktionen f und g um die x-Koordinatenachse beschrieben werden.
Dabei rotiert im Intervall $0{,}0 \leq x \leq 11{,}0$ der Graph der Funktion f mit
$y = f(x) = 0{,}008 \cdot x^3 - 0{,}180 \cdot x^2 + 1{,}200 \cdot x \quad (x \in \mathbb{R})$ und im Intervall $11{,}0 \leq x \leq 15{,}0$ der Graph der Funktion g mit $y = g(x) = 0{,}144 \cdot x + 0{,}484 \quad (x \in \mathbb{R})$.
Dieses Endstück besitzt zunächst keinen Hohlraum.
Das Endstück wird durch eine Ebene geschnitten, welche die x- und y-Koordinatenachse enthält. Dabei entsteht die in Abbildung 1 dargestellte Schnittfläche.

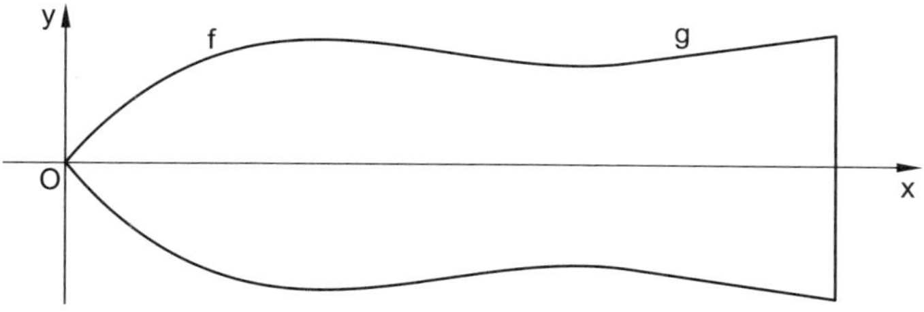

Abbildung 1 (nicht maßstäblich)

1.1 Weisen Sie nach, dass der Graph der Funktion f im Punkt $P(11{,}0 \mid f(11{,}0))$ tangential (ohne Knick) in den Graphen der Funktion g übergeht.

Erreichbare BE-Anzahl: 3

1.2 An jeder Stelle x ($x \in \mathbb{R}$; $0{,}0 \leq x \leq 15{,}0$) besitzt das Endstück einen Durchmesser. Ermitteln Sie den größten Durchmesser des Endstücks.

Erreichbare BE-Anzahl: 3

1.3 Das aus Eichenholz hergestellte Endstück besitzt eine Dichte von $0{,}8 \, \frac{g}{cm^3}$.
Zum Befestigen an der Gardinenstange wird ausgehend vom Mittelpunkt M der ebenen Begrenzungsfläche des Endstücks und senkrecht zu dieser ein 10,0 cm tiefer, zylinderförmiger Hohlraum mit dem Durchmesser 3,0 cm gebohrt (siehe Abbildung 2).

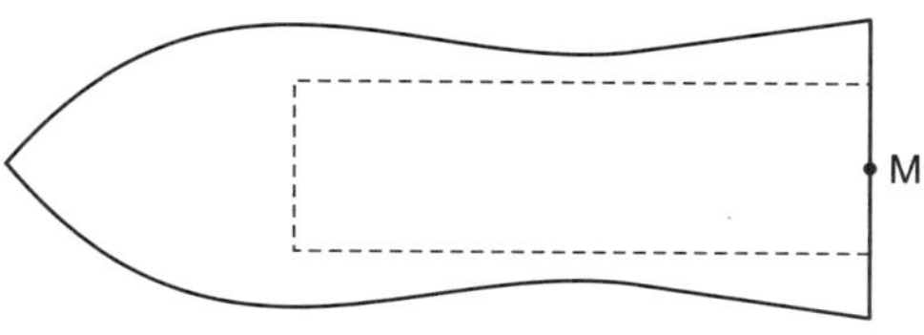

Abbildung 2 (nicht maßstäblich)

Ermitteln Sie die Masse des Endstücks nach der Bohrung.

Erreichbare BE-Anzahl: 4

1.4 Zum Verpacken des Endstücks stellt die Firma ein ebenfalls rotationssymmetrisches Behältnis her. Ein solches Behältnis entsteht durch Rotation der Geraden h mit $y = h(x) = m \cdot x + n$ ($x \in \mathbb{R}$; $m \in \mathbb{R}$; $n \in \mathbb{R}$) im Intervall $0{,}0 \leq x \leq 15{,}5$ um die x-Koordinatenachse. Die Gerade h verläuft durch den Punkt $R(15{,}5 \mid 3{,}5)$.
Für genau einen Wert für m wird das Volumen des dabei entstehenden Behältnisses minimal.

Berechnen Sie für diesen Fall den Durchmesser des Behältnisses an der Stelle $x = 0{,}0$.

Erreichbare BE-Anzahl: 4

1.5 Die Endstücke werden von der Firma mit zwei Maschinen produziert. Maschine A produziert 60 % und Maschine B produziert 40 % der Gesamtproduktion.

Erfahrungsgemäß sind 96 % der von Maschine A produzierten Endstücke und 94 % der von Maschine B produzierten Endstücke normgerecht.

Der Gesamtproduktion der Firma wird ein Endstück zufällig entnommen. Es ist nicht normgerecht.

Bestimmen Sie die Wahrscheinlichkeit dafür, dass dieses Endstück von der Maschine A produziert wurde.

Erreichbare BE-Anzahl: 3

1.6 Die Herstellung eines Endstücks kostet die Firma 3,20 €.
Die Firma liefert die Endstücke zu einem Preis von 7,00 € je Stück an eine Handelskette.

Trotz Qualitätskontrollen werden erfahrungsgemäß 2 % nicht normgerechte Endstücke ausgeliefert. Erfahrungsgemäß werden nur 65 % der gelieferten nicht normgerechten Endstücke reklamiert und die Firma muss nur für diese den Preis von 7,00 € je Stück an die Handelskette zurückerstatten.

Berechnen Sie den Gewinn, den die Firma für ein an die Handelskette geliefertes Endstück erwarten kann.

Erreichbare BE-Anzahl: 4

Tipps und Hinweise

Teilaufgabe 1.1

- Die Graphen gehen ohne Knick ineinander über, wenn die Funktionswerte und die Anstiege an der Übergangsstelle übereinstimmen.

Teilaufgabe 1.2

- Der größte Durchmesser kann sich am lokalen Maximum von f oder an der rechten Intervallgrenze von g ergeben.
- Beide Werte sind zu bestimmen und zu vergleichen, um das globale Maximum zu finden.

Teilaufgabe 1.3

- Berechnen Sie das Volumen des gesamten Rotationskörpers mittels der allgemeinen Formel $V_x = \pi \cdot \int_{x_1}^{x_2} (f(x))^2 \, dx$ und subtrahieren Sie das Volumen des zylindrischen Hohlraums.
- Unter Verwendung der Formel $\rho = \frac{m}{V}$ wird die Masse des Endstücks ermittelt.

Teilaufgabe 1.4

- Die kleinste Verpackung stellt einen Kegelstumpf dar, der das Endstück berührt, d. h., die Begrenzungsgerade h muss Tangente an f durch R sein.
- Zur Ermittlung des Durchmessers an der Stelle $x = 0{,}0$ benötigen Sie die Gleichung dieser Tangente t.
- Nutzen Sie dazu folgende Gegebenheiten:
  $R \in t$, $B \in t$ und $B \in f$ sowie $m_t = f'(x_B)$
- Als Zwischenschritt kann der Berührungspunkt B grafisch ermittelt werden.

Teilaufgabe 1.5

- Fertigen Sie ein Baumdiagramm an und berechnen Sie die gesuchte Wahrscheinlichkeit mithilfe des Satzes von Bayes.

Teilaufgabe 1.6

- Für die Zufallsgröße „Gewinn für ein ausgeliefertes Endstück“ ist eine Wahrscheinlichkeitsverteilung aufzustellen.
- Für 65 % von 2 % der Endstücke würde ein „Verlust“ von 3,20 € entstehen, für den Rest ein „Gewinn“ von 3,80 €.
- Berechnen Sie den Erwartungswert E(X).

Lösungen

$1\ LE \mathrel{\hat{=}} 1\ cm$

$y = f(x) = 0{,}008x^3 - 0{,}180x^2 + 1{,}200x;\quad 0{,}0 \le x \le 11{,}0$

$y = g(x) = 0{,}144x + 0{,}484;\quad 11{,}0 \le x \le 15{,}0$

1.1 Zum vollständigen Nachweis ist zu zeigen:

(1) $f(11{,}0) = g(11{,}0)$ (obwohl man dies von der Aufgabenstellung her annehmen kann)

(2) $f'(11{,}0) = g'(11{,}0)$

zu (1): $f(11{,}0) = 0{,}008 \cdot 11{,}0^3 - 0{,}180 \cdot 11{,}0^2 + 1{,}200 \cdot 11{,}0$

$f(11{,}0) = \underline{\underline{2{,}068}}$

$g(11{,}0) = 0{,}144 \cdot 11{,}0 + 0{,}484$

$g(11{,}0) = \underline{\underline{2{,}068}}$

zu (2): $f'(x) = 0{,}024x^2 - 0{,}360x + 1{,}200$

$f'(11{,}0) = 0{,}024 \cdot 11{,}0^2 - 0{,}360 \cdot 11{,}0 + 1{,}200$

$f'(11{,}0) = \underline{\underline{0{,}144}}$

$g'(x) = \underline{\underline{0{,}144}} = g'(11{,}0)$

Damit sind sowohl die Funktionswerte als auch die Anstiege beider Funktionen an der Stelle $x = 11{,}0$ gleich und ein tangentialer Übergang ist bestätigt.

1.2 $x \in [0{,}0;\ 15{,}0]$

Lokales Maximum von f:

$E_{Max}(5{,}0 \mid 2{,}5)$

$\Rightarrow\ y_{max} = 2{,}5$

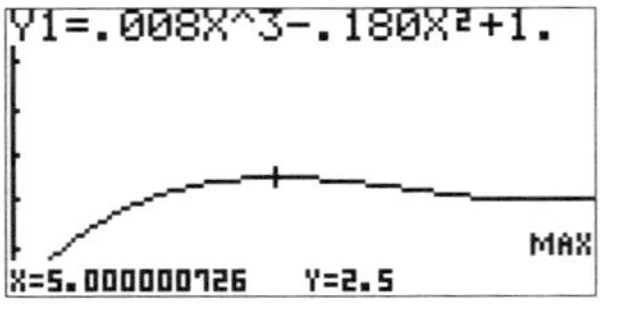

Maximaler Funktionswert von g:

$g(15{,}0) = 2{,}644$

Globales Maximum im Intervall:

$y_{max} = 2{,}644 \mathrel{\hat{=}} r_{max}$

$d_{max} = 2 \cdot 2{,}644\ cm$

$d_{max} = 5{,}288\ cm$

$\underline{\underline{d_{max} \approx 5{,}3\ cm}}$

Der größte Durchmesser des Endstücks ist am rechten Rand und beträgt $\underline{\underline{5{,}3\ cm}}$.

1.3 $\rho = 0{,}8\,\frac{\text{g}}{\text{cm}^3}$

Zylinderförmiger Hohlraum: $d = 3{,}0\text{ cm} \;\Rightarrow\; r = 1{,}5\text{ cm}$

$h = 10{,}0\text{ cm}$

$V_Z = \pi r^2 \cdot h$

$V_Z = \pi \cdot (1{,}5\text{ cm})^2 \cdot 10{,}0\text{ cm}$

$V_Z = 22{,}5\pi\text{ cm}^3$

$\underline{V_Z \approx 70{,}7\text{ cm}^3}$

Gesamtvolumen des Endstücks:

$$V_x = \pi \cdot \int_{0,0}^{11,0} (f(x))^2\,dx + \pi \cdot \int_{11,0}^{15,0} (g(x))^2\,dx$$

$V_x \approx 69{,}83\pi$

$V_x \approx 219{,}4$

Volumen des Endstücks nach der Bohrung:

$V = V_x - V_Z$

$V = 219{,}4\text{ cm}^3 - 70{,}7\text{ cm}^3$

$\underline{V = 148{,}7\text{ cm}^3}$

$\rho = \frac{m}{V} \;\Rightarrow\; m = \rho \cdot V$

$m = 0{,}8\,\frac{\text{g}}{\text{cm}^3} \cdot 148{,}7\text{ cm}^3$

$\underline{\underline{m \approx 119\text{ g}}}$

Die Masse des Endstücks beträgt nach der Bohrung $\underline{\underline{\text{ca. } 119\text{ g}}}$.

1.4 $y = h(x) = m \cdot x + n;\quad 0{,}0 \le x \le 15{,}5$

$R(15{,}5\,|\,3{,}5) \in h$

Die Verpackung muss die Form eines Kegelstumpfes haben. Im Fall des kleinsten Volumens berührt der Mantel des Kegels das Endstück, d. h., die Begrenzungsgerade h ist Tangente an f.

Skizze:

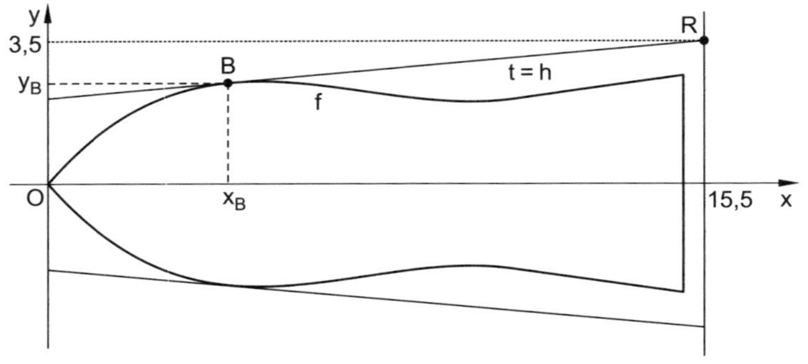

$h \mathrel{\hat{=}} t \; \dots \; y = m_t x + n$

Berührungspunkt von t und f: $B(x_B \mid y_B)$

$R \in t \; \dots \; 3{,}5 = m_t \cdot 15{,}5 + n \;\; \Rightarrow \;\; n = 3{,}5 - 15{,}5 m_t$

$B \in t \; \dots \; y_B = m_t \cdot x_B + (3{,}5 - 15{,}5 m_t)$

$y_B = m_t (x_B - 15{,}5) + 3{,}5 \qquad (1)$

$B \in f \; \dots \; y_B = 0{,}008 x_B^3 - 0{,}180 x_B^2 + 1{,}200 x_B \qquad (2)$

$m_t = f'(x_B) = 0{,}024 x_B^2 - 0{,}360 x_B + 1{,}200$

in (1): $y_B = (0{,}024 x_B^2 - 0{,}360 x_B + 1{,}200) \cdot (x_B - 15{,}5) + 3{,}5 \qquad (1)'$

Gleichsetzen von (2) und (1)':

$$0{,}008 x_B^3 - 0{,}180 x_B^2 + 1{,}200 x_B = (0{,}024 x_B^2 - 0{,}360 x_B + 1{,}200) \cdot (x_B - 15{,}5) + 3{,}5$$

Grafische Lösung mittels GTR:

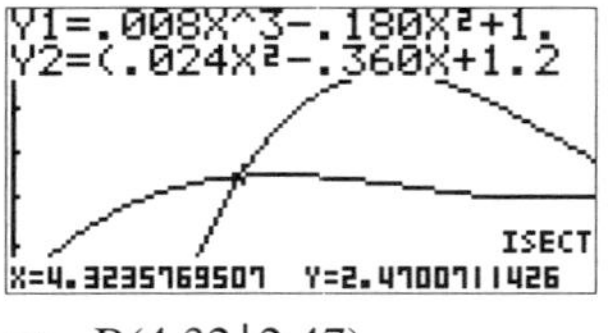

$\Rightarrow \;\; B(4{,}32 \mid 2{,}47)$

$m_t = f'(x_B) \approx 0{,}093$

$n = 3{,}5 - 15{,}5 m_t \approx 2{,}059$

$t \; \dots \; y = 0{,}093x + 2{,}059$

$x = 0$: $y = 2{,}059$

$d = 2 \cdot 2{,}059$

$d \approx 4{,}1$

Der Durchmesser des Behältnisses an der Stelle $x = 0{,}0$ beträgt ca. 4,1 cm.

1.5 N … normgerechtes Endstück

$\overline{\text{N}}$ … nicht normgerechtes Endstück

Baumdiagramm:

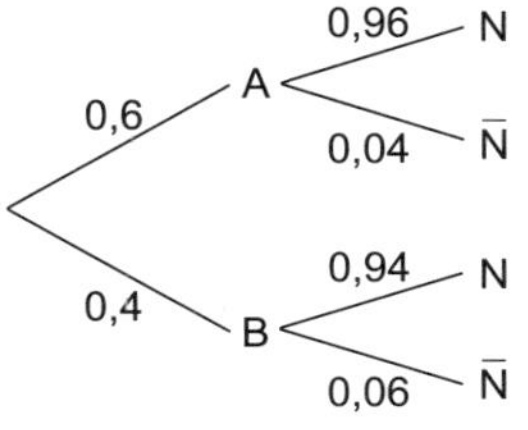

$$P_{\overline{N}}(A) = \frac{0{,}6 \cdot 0{,}04}{0{,}6 \cdot 0{,}04 + 0{,}4 \cdot 0{,}06} = \underline{\underline{0{,}5}}$$

Mit einer Wahrscheinlichkeit von $\underline{\underline{0{,}5}}$ wurde das Endstück von Maschine A produziert.

1.6 Kosten je Stück: 3,20 €
Verkaufspreis: 7,00 €

Stück nicht normgerecht: p = 0,02

X … Gewinn für ausgeliefertes Endstück (in €)

$X = x_i$	3,80 €	–3,20 €
	Endstück in Ordnung bzw. nicht zurückgegeben	Endstück nicht in Ordnung und zurückgegeben
$P(X = x_i)$	$0{,}98 + 0{,}35 \cdot 0{,}02 = 0{,}987$	$0{,}65 \cdot 0{,}02 = 0{,}013$

$E(X) = 3{,}80\ € \cdot 0{,}987 - 3{,}20\ € \cdot 0{,}013$

$E(X) = 3{,}709\ €$

$\underline{\underline{E(X) \approx 3{,}71\ €}}$

Die Firma kann je geliefertem Endstück mit einem Gewinn von $\underline{\underline{3{,}71\ €}}$ rechnen.

Leistungskurs Mathematik (Sachsen): Abiturprüfung 2013
Teil B – Aufgabe 2

In einer Burganlage einer sächsischen Stadt befindet sich ein Turm. Er hat die Form eines geraden Prismas ABCDEFGH, auf dessen Deckfläche EFGH eine vierseitige Pyramide als Dach aufgesetzt ist. Die Strecke $\overline{AE}$ ist eine Kante des Prismas. Die Eckpunkte der Deckfläche des Prismas und die entsprechenden Eckpunkte der Grundfläche der Pyramide sind identisch.
Der Turm kann in einem kartesischen Koordinatensystem (1 Längeneinheit entspricht 1 Meter) dargestellt werden.
Die Punkte $A(4{,}0 \mid -8{,}0 \mid 0{,}0)$, $B(10{,}0 \mid -1{,}0 \mid 0{,}0)$ und $C(3{,}0 \mid 5{,}0 \mid 0{,}0)$ sind Eckpunkte der Grundfläche ABCD des Turms. Die Höhe des Turms ohne Dach beträgt 18,0 m.

2.1 Zeigen Sie, dass das Dreieck ABC gleichschenklig und rechtwinklig ist.

Ermitteln Sie die Koordinaten des Punktes D so, dass die Grundfläche ABCD des Turms ein Quadrat ist.

Erreichbare BE-Anzahl: 4

Die Spitze S des Daches des Turms mit der quadratischen Grundfläche ABCD besitzt die Koordinaten $S(3{,}5 \mid -1{,}5 \mid h)$ $(h \in \mathbb{R},\ h > 18{,}0)$.

2.2 Begründen Sie, dass das Dach des Turms die Form einer geraden Pyramide besitzt.

Erreichbare BE-Anzahl: 2

2.3 Die Punkte E und F liegen in der Ebene ε_h mit

ε_h: $7 \cdot (h-18) \cdot x - 6 \cdot (h-18) \cdot y + 42{,}5 \cdot z = 76 \cdot h - 603$.

Weisen Sie nach, dass die komplette Teildachfläche EFS in ε_h liegt.

Der Neigungswinkel jeder dreieckigen Teildachfläche zur Fläche EFGH beträgt 47,3°. Bestimmen Sie das Volumen dieses Turms einschließlich des Daches.

Erreichbare BE-Anzahl: 7

2.4 Gegenüber dem Turm befindet sich das Burgwächterhaus.
Eine Fassade des Burgwächterhauses zeigt zur Fassade BCGF des Turms und liegt in der Ebene η. Die beiden Fassaden liegen parallel zueinander und haben einen Abstand von 23,0 m.

Ermitteln Sie eine Gleichung der Ebene η.

Erreichbare BE-Anzahl: 4

Im Burgwächterhaus hat der Heimatverein des Ortes seine Räumlichkeiten. Mit einer Werbeaktion versucht der Verein, seine Aktivitäten noch stärker in der Öffentlichkeit bekannt zu machen. Dazu entwickelte er einen Flyer.

2.5 Die ausführende Druckerei hatte während der Herstellung der Flyer ein Maschinenproblem, sodass Bilder auf dem Flyer mit Farbfehlern oder unvollständig wiedergegeben sind. Beide Fehlerarten traten unabhängig voneinander auf.

Die Druckerei bemerkte die Fehldrucke erst, nachdem alle Flyer bereits gedruckt waren. Nach einer Recherche wird geschätzt, dass 90 % der gedruckten Flyer fehlerfrei gedruckt wurden und auf 3 % der gedruckten Flyer Bilder mit Farbfehlern auftreten.

Berechnen Sie entsprechend dieser Schätzung die Wahrscheinlichkeit dafür, dass ein zufällig ausgewählter Flyer des Druckauftrages genau eine der beiden Fehlerarten aufweist.

Erreichbare BE-Anzahl: 4

2.6 Die gedruckten Flyer wurden in der Stadt verteilt.

Der Vorsitzende des Heimatvereins vermutet, dass der Bekanntheitsgrad der Aktivitäten des Heimatvereins in der Bevölkerung vor der Verteilung der Flyer bei höchstens 40 % lag. Nach der Verteilung der Flyer wird vermutet, dass sich dieser Anteil erhöht hat.

Um dies zu testen, führen Vereinsmitglieder nach der Verteilung der Flyer eine Befragung unter 100 zufällig ausgewählten Personen in der Stadt durch.

Die Vereinsmitglieder formulieren folgende Nullhypothese:
Der Bekanntheitsgrad der Aktivitäten des Heimatvereins in der Bevölkerung liegt nach der Verteilung der Flyer immer noch bei höchstens 40 %.

Ermitteln Sie den Ablehnungsbereich der Nullhypothese bei einer Irrtumswahrscheinlichkeit von höchstens 5 %.

Erreichbare BE-Anzahl: 3

Tipps und Hinweise

Teilaufgabe 2.1

- Fertigen Sie sich eine Skizze an, um die Lage des Turms im Koordinatensystem und später zur Ebene η (s. Teilaufgabe 2.4) zu erkennen.
- Zeigen Sie die Gleichschenkligkeit über den Betrag von Vektoren und die Rechtwinkligkeit über das Skalarprodukt von Vektoren.
- Zum Finden der Koordinaten des Punktes D ersetzen Sie den Ortsvektor von D durch bekannte Vektoren oder vergleichen die Koordinaten gegenüberliegender Vektoren.

Teilaufgabe 2.2

- Zeigen Sie, dass die Spitze die gleichen x- und y-Koordinaten hat wie der Mittelpunkt der quadratischen Grundfläche ABCD.

Teilaufgabe 2.3

- Da E und F bereits in der Ebene liegen, reicht es zu zeigen, dass auch $S = S_h$ in der Ebene liegt.
- Setzen Sie dazu die Koordinaten von S_h in die Gleichung von ε_h ein.
- Das Volumen des gesamten Turms setzt sich zusammen aus dem Volumen des Prismas (Quader) und der Pyramide.
- Wenden Sie zur Berechnung der Höhe der Pyramide Beziehungen im rechtwinkligen Dreieck an.

Teilaufgabe 2.4

- Parallele Ebenen unterscheiden sich in der Koordinatenform $ax + by + cz = d$ nur durch die Variable d.
- Stellen Sie zunächst eine Gleichung der Ebene BCGF auf.
- Zur Ermittlung des Wertes d für die Ebene η benötigen Sie einen Punkt dieser Ebene. Diesen Punkt erhalten Sie z. B., wenn Sie an B 23-mal den Einheitsvektor $\vec{e}$ mit der Richtung von $\overrightarrow{AB}$ antragen.
- Auf die Gleichung von η kommen Sie auch, wenn Sie in die Abstandsformel Punkt–Ebene einen beliebigen Punkt $P_0(x_0 \mid y_0 \mid z_0)$ von η einsetzen.
  Beachten Sie dabei, dass es hier vorerst 2 mögliche Ebenen gibt.

Teilaufgabe 2.5

- Da die Wahrscheinlichkeit für unvollständig wiedergegebene Bilder nicht gegeben ist, müssen Sie diese zunächst mittels Additionssatz berechnen.
- Im weiteren Verlauf sind entweder ein Baumdiagramm oder eine Vier-Felder-Tafel sinnvoll.

Teilaufgabe 2.6

Ermitteln Sie mithilfe des Rechnerprogramms zur Binomialverteilung dasjenige k, für das erstmalig gilt: $P(X \geq k) \leq 0{,}05$. Der Ablehnungsbereich umfasst dann alle weiteren k bis zur 100.

Lösungen

1 LE $\hat{=}$ 1 m; Turmhöhe: 18,0 m (ohne Dach)

Skizze (für Teilaufgaben 2.1 bis 2.4):

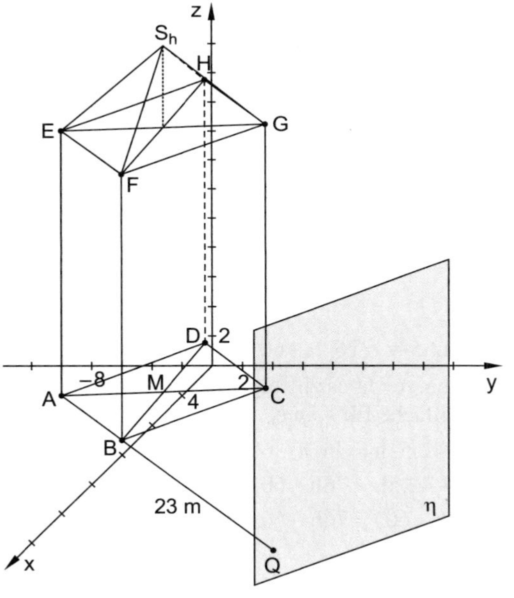

$A(4{,}0 \mid -8{,}0 \mid 0{,}0)$
$B(10{,}0 \mid -1{,}0 \mid 0{,}0)$
$C(3{,}0 \mid 5{,}0 \mid 0{,}0)$
$S_h(3{,}5 \mid -1{,}5 \mid h)$
$(h \in \mathbb{R},\ h > 18{,}0)$

2.1 ΔABC gleichschenklig, wenn $|\overrightarrow{BA}| = |\overrightarrow{BC}|$ (Vermutung laut Skizze)

$$\overrightarrow{BA} = \begin{pmatrix} -6{,}0 \\ -7{,}0 \\ 0{,}0 \end{pmatrix};\quad \overrightarrow{BC} = \begin{pmatrix} -7{,}0 \\ 6{,}0 \\ 0{,}0 \end{pmatrix}$$

$$|\overrightarrow{BA}| = |\overrightarrow{BC}| = \sqrt{36+49} = \underline{\sqrt{85}}$$

ΔABC rechtwinklig, wenn $\sphericalangle(\overrightarrow{BA}; \overrightarrow{BC}) = 90°$, also $\overrightarrow{BA} \circ \overrightarrow{BC} = 0$

$$\overrightarrow{BA} \circ \overrightarrow{BC} = \begin{pmatrix} -6{,}0 \\ -7{,}0 \\ 0{,}0 \end{pmatrix} \circ \begin{pmatrix} -7{,}0 \\ 6{,}0 \\ 0{,}0 \end{pmatrix} = 42 - 42 = 0$$

$\Rightarrow$ ΔABC ist $\underline{\underline{\text{gleichschenklig}}}$ und $\underline{\underline{\text{rechtwinklig}}}$.

$$\overrightarrow{OD} = \overrightarrow{OC} + \overrightarrow{BA} = \begin{pmatrix} 3{,}0 \\ 5{,}0 \\ 0{,}0 \end{pmatrix} + \begin{pmatrix} -6{,}0 \\ -7{,}0 \\ 0{,}0 \end{pmatrix} = \begin{pmatrix} -3{,}0 \\ -2{,}0 \\ 0{,}0 \end{pmatrix}$$

$\Rightarrow$ $\underline{\underline{D(-3{,}0 \mid -2{,}0 \mid 0{,}0)}}$

D kann auch mittels Koordinatenvergleich ermittelt werden:

$$\overrightarrow{BA} = \overrightarrow{CD}$$

$$\begin{pmatrix} -6{,}0 \\ -7{,}0 \\ 0{,}0 \end{pmatrix} = \begin{pmatrix} x_D - 3{,}0 \\ y_D - 5{,}0 \\ z_D - 0{,}0 \end{pmatrix} \Rightarrow \underline{\underline{D(-3{,}0 \mid -2{,}0 \mid 0{,}0)}}$$

2.2 Aufgrund der gegebenen bzw. bereits nachgewiesenen Eigenschaften des Turms reicht es zu zeigen, dass S_h die gleichen x- und y-Koordinaten wie der Mittelpunkt M des Quadrates ABCD (oder EFGH) hat und damit senkrecht darüber liegt.

$$M\left(\frac{4{,}0+3{,}0}{2} \;\middle|\; \frac{-8{,}0+5{,}0}{2} \;\middle|\; \frac{0{,}0+0{,}0}{2}\right)$$

$M(3{,}5 \mid -1{,}5 \mid 0{,}0)$

$S_h(3{,}5 \mid -1{,}5 \mid h)$ gegeben, d. h., die Pyramide ist $\underline{\underline{\text{gerade}}}$.

2.3 $E \in \varepsilon_h$, $F \in \varepsilon_h$

$\varepsilon_h \ldots 7 \cdot (h-18) \cdot x - 6 \cdot (h-18) \cdot y + 42{,}5 \cdot z = 76 \cdot h - 603$

Da E und F bereits in der Ebene liegen, reicht es zu zeigen, dass auch S_h in ε_h liegt. Damit liegt die komplette Dachfläche EFS_h in ε_h.

$$7 \cdot (h-18) \cdot 3{,}5 - 6 \cdot (h-18) \cdot (-1{,}5) + 42{,}5 \cdot h = 76 \cdot h - 603$$
$$24{,}5h - 441 + 9h - 162 + 42{,}5h = 76h - 603$$
$$76h - 603 = 76h - 603 \quad \text{w. A.}$$

$\Rightarrow$ $S_h \in \varepsilon_h$ und damit $\underline{\underline{\Delta EFS_h \subset \varepsilon_h}}$.

$\alpha = 47{,}3°$

$M_{\overline{FG}}$ ... Mittelpunkt von $\overline{FG}$

$M_{\overline{EG}}$ ... Mittelpunkt von $\overline{EG}$

wegen $|\overrightarrow{BA}| = \sqrt{85}$ ist $\overline{M_{\overline{EG}}M_{\overline{FG}}} = \frac{1}{2}\sqrt{85}$

$$\tan\alpha = \frac{h_{Pyr}}{\overline{M_{\overline{EG}}M_{\overline{FG}}}}$$

$$h_{Pyr} = \frac{1}{2}\sqrt{85} \cdot \tan 47{,}3°$$

$\underline{h_{Pyr} \approx 5{,}0}$

Skizze:

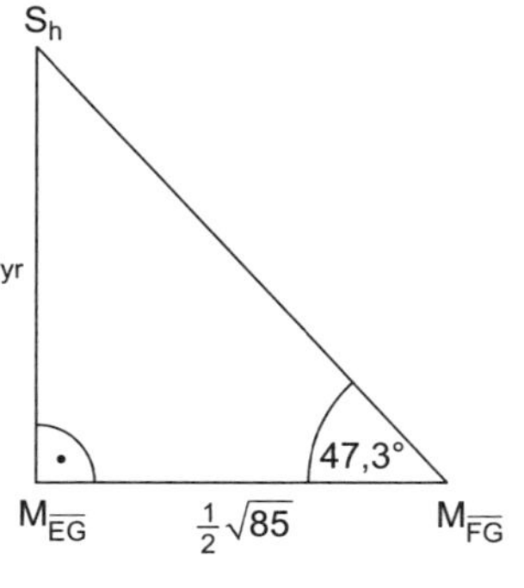

$$V_T = V_{Pr} + V_{Pyr}$$

$$V_T = A_G \cdot h_{Pr} + \frac{1}{3} A_G \cdot h_{Pyr}$$

NR: $A_G = \sqrt{85} \cdot \sqrt{85}\ m^2$
$A_G = 85\ m^2$
$h_{Pr} = 18\ m$
$h_{Pyr} = 5\ m$

$$V_T = 85\ m^2 \cdot 18\ m + \frac{1}{3} \cdot 85\ m^2 \cdot 5\ m$$

$$\underline{\underline{V_T \approx 1\,672\ m^3}}$$

2.4 Ebene BCGF mit B(10,0 | –1,0 | 0,0), C(3,0 | 5,0 | 0,0) und F(10,0 | –1,0 | 18,0)
Mittels Rechnerprogramm:

$$E_{BCGF} \ldots 108x + 126y = 954 \quad |:18$$
$$6x + 7y = 53$$

damit $\eta \ldots 6x + 7y = d$

1. Möglichkeit: Berechnung von d über einen Punkt $Q \in \eta$

$\overrightarrow{OQ} = \overrightarrow{OB} + 23 \cdot \vec{e}$ mit $|\vec{e}| = 1$ und $\vec{e} \uparrow\uparrow \overrightarrow{AB}$

$$\overrightarrow{AB} = \begin{pmatrix} 6,0 \\ 7,0 \\ 0,0 \end{pmatrix} \Rightarrow \vec{e} = \frac{1}{\sqrt{85}} \begin{pmatrix} 6,0 \\ 7,0 \\ 0,0 \end{pmatrix}$$

$$\overrightarrow{OQ} = \begin{pmatrix} 10,0 \\ -1,0 \\ 0,0 \end{pmatrix} + 23 \cdot \frac{1}{\sqrt{85}} \cdot \begin{pmatrix} 6,0 \\ 7,0 \\ 0,0 \end{pmatrix} = \begin{pmatrix} 10,0 + \frac{138}{\sqrt{85}} \\ -1,0 + \frac{161}{\sqrt{85}} \\ 0,0 \end{pmatrix}$$

$$\Rightarrow \quad Q\left(10 + \frac{138}{\sqrt{85}} \,\middle|\, -1 + \frac{161}{\sqrt{85}} \,\middle|\, 0\right)$$

$$Q \in \eta: \quad 6 \cdot \left(10 + \frac{138}{\sqrt{85}}\right) + 7 \cdot \left(-1 + \frac{161}{\sqrt{85}}\right) = d$$

$$60 + \frac{828}{\sqrt{85}} - 7 + \frac{1127}{\sqrt{85}} = d$$

$$53 + \frac{1\,955}{\sqrt{85}} = d$$

$$53 + \frac{23 \cdot 85}{\sqrt{85}} = d$$

$$53 + 23\sqrt{85} = d$$

$$\Rightarrow \quad \eta \ldots \underline{\underline{6x + 7y = 53 + 23\sqrt{85}}}$$

2. Möglichkeit: Anwendung der Abstandsformel

$$P_0(x_0 \mid y_0 \mid z_0) \in \eta; \quad \text{Abstand } d(\eta; E_{BCGF}) = 23{,}0$$

$$d(\eta; E_{BCGF}) = d(P_0; E_{BCGF}) = \left| \left[\begin{pmatrix} x_0 \\ y_0 \\ z_0 \end{pmatrix} - \begin{pmatrix} 10{,}0 \\ -1{,}0 \\ 0{,}0 \end{pmatrix} \right] \circ \frac{1}{\sqrt{85}} \begin{pmatrix} 6{,}0 \\ 7{,}0 \\ 0{,}0 \end{pmatrix} \right|$$

$$23{,}0 = \frac{1}{\sqrt{85}} \cdot |6 \cdot (x_0 - 10{,}0) + 7 \cdot (y_0 + 1{,}0)|$$

$$23{,}0 \cdot \sqrt{85} = |6x_0 - 60{,}0 + 7y_0 + 7{,}0|$$

$$23{,}0 \cdot \sqrt{85} = |6x_0 + 7y_0 - 53{,}0|$$

(1) Für $6x_0 + 7y_0 - 53{,}0 \geq 0$ folgt:

$$6x_0 + 7y_0 - 53{,}0 = 23{,}0 \cdot \sqrt{85}$$

$$6x_0 + 7y_0 = 53{,}0 + 23{,}0 \cdot \sqrt{85}$$

also $\eta \ldots \underline{\underline{6x + 7y = 53 + 23\sqrt{85}}}$, da $P_0 \in \eta$

(2) Für $6x_0 + 7y_0 - 53{,}0 < 0$ folgt:

$$-(6x_0 + 7y_0 - 53{,}0) = 23{,}0 \cdot \sqrt{85}$$

$$-6x_0 - 7y_0 + 53{,}0 = 23{,}0 \cdot \sqrt{85}$$

$$6x_0 + 7y_0 = 53{,}0 - 23{,}0 \cdot \sqrt{85}$$

also $\eta \ldots 6x + 7y = 53 - 23\sqrt{85}$

Diese Lösung entfällt hier, da diese Ebene in anderer Richtung „hinter“ dem Turm liegen würde.

Näherungsweise erhält man: $\eta \ldots 6x + 7y = 265$

2.5 F … Farbfehler

$\overline{F}$ … kein Farbfehler

U … unvollständig

$\overline{U}$ … nicht unvollständig

Beide Fehler treten unabhängig voneinander auf, d. h. $P(F \cap U) = P(F) \cdot P(U)$.

Wahrscheinlichkeit für (mindestens einen) Fehler: $p = 1 - 0{,}9 = 0{,}1 = P(F \cup U)$

$P(F) = 0{,}03 = p_F$

$P(U) = p_U$

Additionssatz:

$$P(F \cup U) = P(F) + P(U) - P(F) \cdot P(U)$$

$$0{,}1 = 0{,}03 + p_U - 0{,}03 \cdot p_U$$

$$0{,}1 = 0{,}03 + (1 - 0{,}03) \cdot p_U$$

$$p_U = \frac{0{,}1 - 0{,}03}{1 - 0{,}03} \approx \underline{0{,}0722}$$

1. Möglichkeit: Baumdiagramm

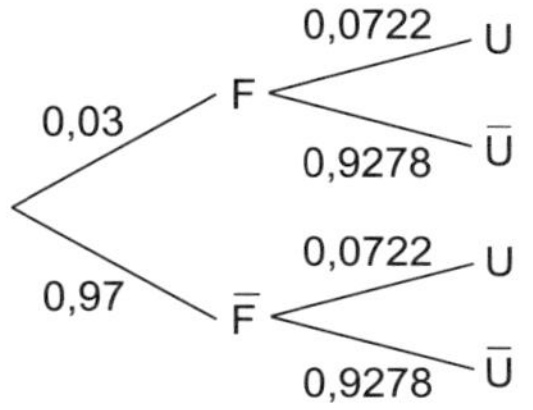

$P((F \cap \overline{U}) \cup (\overline{F} \cap U)) = 0{,}03 \cdot 0{,}9278 + 0{,}97 \cdot 0{,}0722 \approx \underline{\underline{0{,}0979}}$

2. Möglichkeit: Vier-Felder-Tafel

	F	$\overline{F}$	
U	0,0022	0,07	**0,0722**
$\overline{U}$	0,0278	**0,9**	0,9278
	0,03	0,97	**1**

Hinweis: Die fett gedruckten Werte sind direkt oder indirekt gegeben. Aus ihnen lässt sich der Rest berechnen.

$P((F \cap \overline{U}) \cup (\overline{F} \cap U)) = 0{,}0278 + 0{,}07 = \underline{\underline{0{,}0978}}$

Die Abweichung der Ergebnisse ist auf Rundungswerte zurückzuführen.

Genau eine der beiden Fehlerarten tritt mit einer Wahrscheinlichkeit von $\underline{\underline{\text{ca. } 0{,}0978}}$ auf.

2.6 H_0 … Bekanntheitsgrad liegt noch bei höchstens 40 %

X … Anzahl der Personen, die Aktivitäten des Vereins kennen

Binomialverteilung: $n = 100$; $p = 0{,}4$

Irrtumswahrscheinlichkeit: $\alpha \le 0{,}05$

$P(X \ge k) \le 0{,}05$

k durch Probieren mittels Rechnerprogramm ermitteln:

$P(X \ge 46) \approx 0{,}1311$

$P(X \ge 48) \approx 0{,}0638$

$P(X \ge 49) \approx 0{,}0423$

(0,05 liegt dazwischen)

$\Rightarrow$ Ablehnungsbereich $\underline{\underline{\overline{A} = \{49; 50; 51; \ldots; 100\}}}$

Die Nullhypothese ist abzulehnen, wenn mehr als 48 von den 100 befragten Personen den Verein mit seinen Aktivitäten kennen.

Leerseiten verbilligen in diesem Fall die Herstellung des Buches!

Leerseiten verbilligen in diesem Fall die Herstellung des Buches!

Ihre Meinung ist uns wichtig!

Ihre Anregungen sind uns immer willkommen. Bitte informieren Sie uns mit diesem Schein über Ihre Verbesserungsvorschläge!

Titel-Nr.	Seite	Vorschlag

Bitte hier abtrennen

Lernen • Wissen • Zukunft
STARK

Bitte hier abtrennen

Zutreffendes bitte ankreuzen!

Die Absenderin/der Absender ist:

- ☐ Lehrer/in in den Klassenstufen: ____
- ☐ Fachbetreuer/in
  Fächer: ____
- ☐ Seminarlehrer/in
  Fächer: ____
- ☐ Regierungsfachberater/in
  Fächer: ____
- ☐ Oberstufenbetreuer/in
- ☐ Schulleiter/in
- ☐ Referendar/in, Termin 2. Staatsexamen: ____
- ☐ Leiter/in Lehrerbibliothek
- ☐ Leiter/in Schülerbibliothek
- ☐ Sekretariat
- ☐ Eltern
- ☐ Schüler/in, Klasse: ____
- ☐ Sonstiges: ____

Unterrichtsfächer: (Bei Lehrkräften!)

____

STARK Verlag
Postfach 1852
85318 Freising

23_VMN

Bitte ausfüllen und im frankierten Umschlag an uns einsenden. Für Fensterkuverts geeignet.

Kennen Sie Ihre Kundennummer? Bitte hier eintragen.

Absender (Bitte in Druckbuchstaben!)

Name/Vorname

Straße/Nr.

PLZ/Ort/Ortsteil

Telefon privat

Geburtsjahr

E-Mail

Schule/Schulstempel (Bitte immer angeben!)

(Bitte blättern Sie um)